BERGBAU – ERDE – MENSCH

FRANK HOMMEL
EVA-MARIA HOMMEL

BERGBAU – ERDE – MENSCH

WELTERBE MIT ERZ UND SEELE

FP

INHALT

EIN ADELSTITEL FÜR DAS ERZGEBIRGE

Das Erzgebirge ist Weltkulturerbe! Am 6. Juli 2019 verlieh das Welterbe-Komitee der Unesco bei seiner 43. Sitzung in Baku der Montanregion Erzgebirge/ Krušnohoří den begehrten Titel. Das Erzgebirge steht somit in einer Reihe mit Stätten wie dem Kölner Dom, dem Schloss Versailles, dem Tower von London. Denn das reichhaltige Bergbau-Erbe der Montanregion, das unterstreicht der Titel, ist bedeutsam für die gesamte Menschheit. Technologische und wissenschaftliche Errungenschaften, die zwischen dem 16. und dem 20. Jahrhundert vom sächsisch-böhmischen Erzbergbau ausgingen, fanden weltweit Anwendung und Verbreitung. Das System des staatlich organisierten Bergbauwesens wurde zum Vorbild auf dem gesamten Kontinent, förderte die Entstehung einer auf dem Bergbau beruhenden Kultur. Und: Noch heute ist die über 800 Jahre lang vom Bergbau geprägte, grenzübergreifende Kulturlandschaft sichtbar. Der langfristige Erhalt dieser Stätten liegt nun in der Verantwortung der Völkergemeinschaft. Deutschland hat sich ihr gegenüber dazu verpflichtet, die Sachzeugen des Bergbaus nachhaltig zu schützen. Die Montanregion Erzgebirge/ Krušnohoří umfasst 22 Bestandteile, die sich wiederum in Bergbau- und Montanlandschaften, historische Altstädte, einzelne Bergbaustätten gliedern. Allein auf deutscher Seite betrifft das alles in allem rund 400 Sachzeugen. „Gemeinsam vermitteln sie das Bild einer vom Bergbau geprägten historischen Kulturlandschaft“, betonen die Initiatoren des Antrags. „In der Verbindung aller 22 Bestandteile liegt der außergewöhnliche universelle Wert begründet.“ Für die Menschen im Erzgebirge kommt der Welterb-Titel einer Adelung gleich. Das Gebirge erstreckt sich entlang der Grenze zwischen Sachsen und Böhmen. Als Bruchschollengebirge fällt es nach Süden hin steil ab. Nach Norden, ins sächsische Erzgebirgsvorland, geht es eher sanft bergab, die Täler sind ausgeprägt und tief eingeschnitten. Das erste Berggeschrey erscholl im heutigen Freiberg im 12. Jahrhundert, aus dem Nichts wuchs eine Stadt. Eine zweite Welle flächenmäßig noch größeren Ausmaßes folgte an der Schwelle vom 15. zum 16. Jahrhundert, als in Schneeberg, dann in Annaberg, dann in Marienberg Silber gefunden wurde. Und schließlich folgte mit dem Uran-Bergbau Mitte des 20. Jahrhunderts noch eine dritte Welle, als die Sowjets den Rüstungswettlauf mit den USA antraten und für die Atomraketen das erzgebirgische Uran verwendeten. Was sich freilich auch in einem immensen Raubbau an Städten, Natur und Landschaft niederschlug. Diese erzgebirgische Bergbaugeschichte ist nach wie vor allerorten sicht- und erlebbar. Eine Region, in der Menschen das montane Erbe ihrer Vorfahren so verinnerlicht haben wie hier, gibt es in Europa wohl kein zweites Mal. Es ist der Bergbau, dem das Erzgebirge seinen kulturellen Reichtum verdankt, seine Sitten und Gebräuche. Das ist den Menschen über alle Zeiten hindurch im Bewusstsein geblieben. Monatelang bekamen die Bergleute, die frühmorgens ein- und spätabends wieder ausfuhren, keine Sonne zu Gesicht. Mühsam rangen sie, nur mit Schlägel und Eisen ausgerüstet, im trüben Schein des Geleuchts dem Berg die Erze ab. Das hat sie aber auch manches gelehrt: Stolz auf ihrer Hände Arbeit. Achtung vor der Leistung der Vorfahren. Kameradschaft unter Tage. Frömmigkeit. Zusammenhalt. Immer wieder erhoben sich die Bergleute, traten für ihre Rechte ein. Dennoch blieben sie oft arm. Doch dank der Schätze, die sie förderten, blühten Städte auf. So manche technische Errungenschaft hat im Erzgebirge ihren Ursprung, mancher wissenschaftliche Fortschritt geht zurück auf die Versuche und Forschungen der klugen Köpfe der Bergakademie Freiberg. Und als sich die Ausbeute beim besten Willen nicht mehr lohnte, da zogen die Bergleute nicht etwa weiter. Da ersannen sie immer neue Wege, um ein einträgliches, nicht selten ein nur karges Auskommen zu finden. Dieses Buch, das Sie nun in den Händen halten, soll Ihnen, liebe Leser, die Montanregion mit all ihren Facetten vorstellen: Der mitunter dramatischen Geschichte, der reichen Gegenwart, dem Ringen um die Zukunft. Das Buch bringt Ihnen die Menschen nahe, die einst aufbauten, was für uns heute Erbe und Verpflichtung ist. Und es würdigt gleichzeitig auch all jene, die sich dieses Erbes und dieser Verpflichtung annehmen, die dem ihr Leben widmen. „Alles kommt vom Bergwerk her“, sagt man im Erzgebirge, doch hinter jedem Stein, der bewegt, jedem Stollen, der gegraben, jedem Schacht, der geteuft wurde, stehen Menschen. Kommen Sie mit uns und folgen Sie uns auf deren Spuren. Eins steht für uns fest: Wer die Stätten der Montanregion erkundet wie wir, wird nicht umhin kommen, beeindruckt zu sein. Hier geht es um Geschichte von Weltrang. Wir, die Autoren, sind der Faszination des Erzgebirges jedenfalls schon lange erlegen.

Eva-Maria und Frank Hommel

Montane Kulturlandschaft Erzgebirge/Krušnohoři

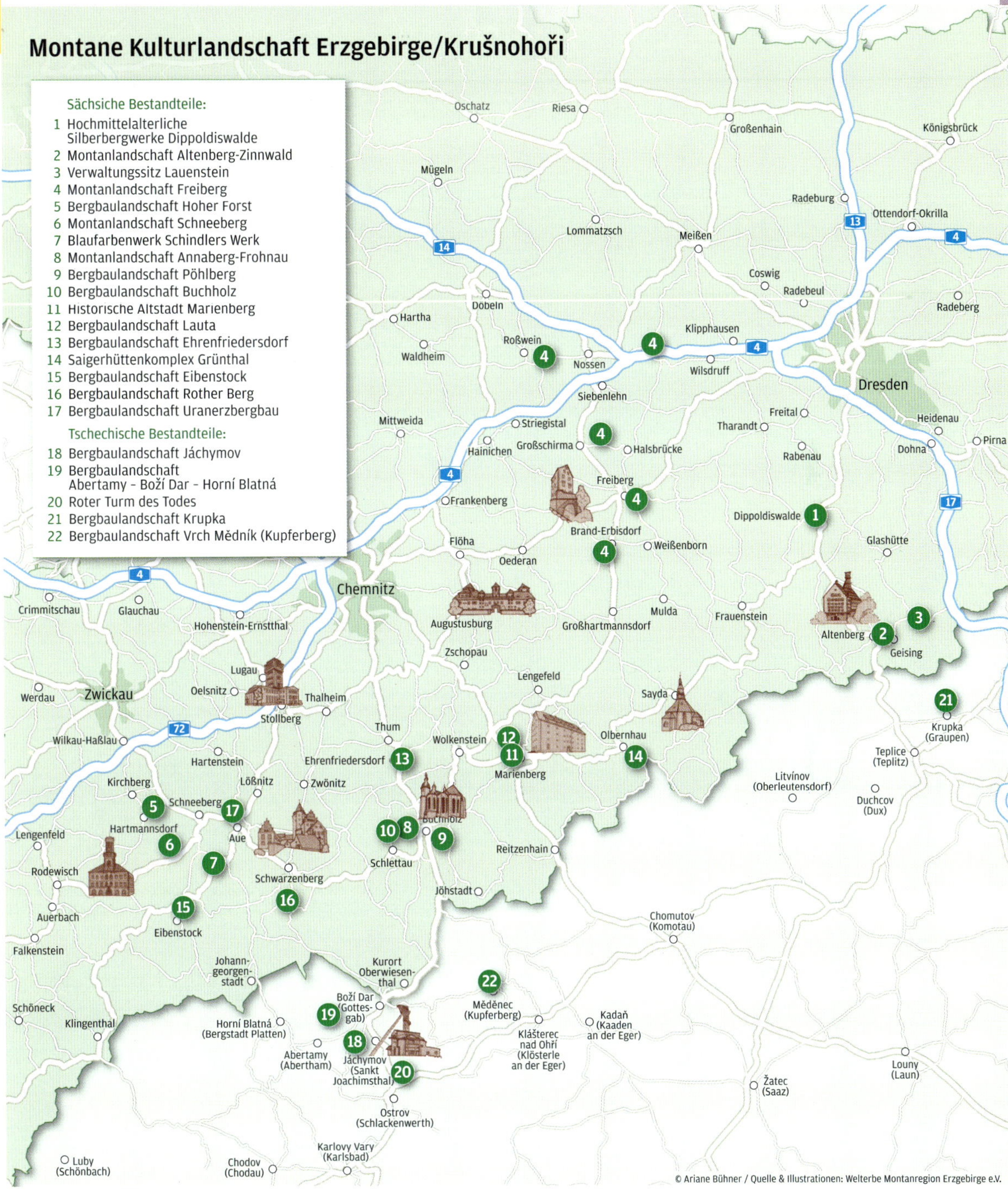

© Ariane Bühner / Quelle & Illustrationen: Welterbe Montanregion Erzgebirge e.V.

1. TEIL

WO ALLES BEGANN – FREIBERG

Mit den ersten Silberfunden um 1168 nahm die beispiellose Bergbaugeschichte des Erzgebirges im heutigen Freiberg ihren Anfang. Rasch entstand eine Bergbausiedlung, die dank der Bergbaufreiheit rasante Entwicklung nahm, lange die bedeutendste Stadt der Grafschaft Meißen war. Über 800 Jahre wurde in Freiberg Silber abgebaut, über Zeugnisse davon stolpert man allerorten: an Bergbau-Anlagen wie der Reichen Zeche oder der Alten Elisabeth, dem Turmhof- und dem Abraham-Schacht, der Roten Grube oder dem erst jüngst wiederentdeckten Familienschacht mitten unter dem Untermarkt. Auch die historische Altstadt mit ihren prunkvollen Gebäuden, der Dom mit seinen Kunstschätzen, die historischen Gebäude von Bergakademie und Oberbergamt sind untrennbar mit der Bergbaugeschichte Sachsens verknüpft. Ebenso Schloss Freudenstein und das darin untergebrachte Bergarchiv des Freistaats Sachsen. Freiberg ist, wenn man so will, Dreh- und Angelpunkt der erzgebirgischen Bergbau-Tradition, und wenn die Historische Freiberger Berg- und Hüttenknappschaft alljährlich am zweiten Advent mit ihren Fackeln durch die Gassen zieht, wenn sie am Obermarkt das Steigerlied anstimmt, dann ist die Gänsehaut bei allen Besuchern garantiert. Und noch immer schlägt in der Stadt des Herz des Sächsischen Bergbaus, wie Oberbergamt, TU Bergakademie, Bergarchiv und zahlreiche hier angesiedelte Beratungs- und Projektierungsfirmen zum Thema Bergbau zeigen. Es liegt auf der Hand, dass unsere Reise durch die mit dem Welterbetitel geadelte Montanregion Erzgebirge hier ihren Anfang nimmt. Und zwar mit einer Zeitreise: Wie war das eigentlich damals, als in Christiansdorf, damals am Rand der Zivilisation gelegen, Silber entdeckt wurde? Was ist Wahrheit, was ist Legende? Diese Fragen treiben Historiker noch immer um. Und auch Romanautoren wie Sabine Ebert, die aus dem Gründungsmythos eine Romansaga mit Millionenauflagen schuf. Wie die Bergbau-Historie die Freiberger heute noch umtreibt, das demonstrieren auch die Anlagen von Abraham-Schacht und Drei-Brüder-Schacht auf ganz unterschiedliche Weise: Das eine Denkmal dient als Wohnstätte, für das andere gibt es kühne Ideen. Und schließlich widmen wir uns einem Mann, dessen Name einen ganz besonderen Klang hat – weil seine Orgeln noch nach 300 Jahren für ganz besonderen Klang sorgen.

Welterbestätten in Freiberg: Himmelfahrt-Fundgrube mit den zugehörigen Bergwerksanlagen Abraham-Schacht sowie Fundgrube Alte Elisabeth und den Anlagen des Kunstgrabens Roter Graben, Historische Altstadt mit den Objekten Kornhaus, Obermarkt, Mohnhaupt-Haus, Oberbergamt, Nikolaikirche, Dom, Domherrenhof, Donatsfriedhof, diversen Gebäuden der TU Bergakademie, Bergwerksanlagen im Ortsteil Zug mit dem Drei-Brüder-Schacht. Assoziierte Stätten: ehemalige Prozellanfabrik (heute Landratsamt).

Foto: Dirk Hanus

Mit der Petrikirche, dem Obermarkt, dem Schloss Freudenstein und dem Dom gehört die Freiberger Altstadt zu den am besten erhaltenen mittelalterlichen Stadtensembles in ganz Sachsen.

IN DEN FUSSSTAPFEN VON SHERLOCK HOLMES

Im zwölften Jahrhundert wurde auf dem Gebiet des heutigen Freiberg das erste Silber entdeckt. Darum ranken sich jede Menge Legenden. Nur: Welche sind wirklich wahr? Das herauszufinden ist Detektivarbeit.

Seit Stunden regnet es in Strömen. Längst hat sich die Furt in einen Morast verwandelt. Gleich danach geht es einen steilen Berg hinauf. Das Pferd ächzt, der schwer beladene Wagen rutscht – und steckt fest. Die Deichsel biegt sich bedenklich. Die Peitsche knallt. Es hilft nichts. Sie sitzen fest. In dieser gottverlassenen Gegend. Es widerstrebt dem Fuhrmann, dieses Christiansdorf überhaupt Dorf zu nennen. Zerlumpte Gestalten hausen in Löchern, mit einem Dach aus Stroh gedeckt. Um das Pferd zu befreien, will der Fuhrmann den Riemen durchtrennen. Er setzt die Klinge an. Das Leder schnellt zurück. „Deckung", brüllt er und wirft sich in den Schlamm. Zu spät. Der Riemen erwischt seinen Begleiter im Gesicht. Der Mann zuckt, dann fällt er kopfüber den Hang hinunter. Der Wagen kommt wieder ins Rutschen: Auf seinen Begleiter zu. Im letzten Moment bleibt das Rad an einem Felsbrocken hängen. Nun droht der Karren zu kippen. Da erwacht der Fuhrmann aus der Schockstarre. Er stürzt los, klammert sich ans Rad, schreit aus Leibeskräften. Endlich kommen Männer, ihm zu helfen. Später trocknen die Kleider am Feuer. Erschöpft spielt der Fuhrmann mit einem Stück jenes Felsens, dem sein Gefährte das Leben zu verdanken hat. Ziemlich schwer, denkt er, und reibt den Stein an seiner Hose. „Sieh mal", sagt jemand. „Das glänzt." Tatsächlich. Der Brocken schimmert. Das hat der Fuhrmann schon einmal gesehen. Im Harz. Wo die Menschen, Kobolden gleich, Löcher in die Berge graben, in denen sie beim Morgengrauen verschwinden und aus denen sie, wenn es längst wieder dunkel ist, mit den Taschen voller Silbererz wieder zum Vorschein kommen.

So etwa mag er sich zugetragen haben, der erste Silberfund 1168 im Erzgebirge, auf dem Gebiet des heutigen Freiberg. Er löste ein Berggeschrey aus und legte so den Grundstein für die Besiedlung des Erzgebirges und seines Vorlands. Eines Gebietes, das mit Städten wie Chemnitz und Zwickau einige hundert Jahre später zu einer Keimzelle der Industrialisierung in Deutsch-

Foto: Eckardt Mildner

Am Schüppchenberg in Freiberg soll sich der Legende nach der erste Silberfund ereignet haben.

Foto: Eckardt Mildner

Silbererze aus der Freiberger Region werden in der Sammlung der TU im Krügerhaus aufbewahrt. Im Bild Silber, Akanthit, Calcit aus der Grube Himmelsfürst Brand- Erbisdorf.

land wurde. All das soll mit Salzfuhrleuten aus Halle begonnen haben, die auf dem Weg nach Böhmen waren oder aus Böhmen kamen und die in einer Furt einen Silberglanz in der Wagenspur fanden, nahe eines eben erst gegründeten Dorfes. Und die eine Gesteinsprobe nach Goslar brachten. Der Arzt Georg Bauer, der unter seinem latinisierten Namen Georgius Agricola die erste systematische Untersuchung über Technologie des erzgebirgischen Bergbaus verfasste, schrieb die Geschichte 400 Jahre später nieder. Seitdem geistert sie durch Bücher und Berichte. Die Bergleute von Goslar, so die Legende weiter, fielen angesichts des Silbergehalts des Funds zuerst vor Aufregung in Ohnmacht – und dann in Scharen in jenes Dorf am Rande des dunklen Waldes ein.

Siegfried Werner, Kunsthandwerker aus Seiffen, hat die Szene des Funds in einem Diorama nachgestellt, das heute im Foyer des Rathauses in Freiberg bewundert werden kann. Werner drechselte und bemalte die Figuren, bastelte Wagen und Gebäude, gab der Landschaft ein stimmiges Bild. Selbst den genauen Fundort weiß die Legende: Es ist der Schüppchenberg in der Freiberger Altstadt. An jenem Ort fließt der Münzbach heute unterirdisch. Steil führt die Berggasse hinauf zur Pfarrgasse. Ein idyllisches Fleckchen. Der wichtigste Erzgang der hiesigen Lagerstätte, der Hauptstollngang Stehender, verläuft dort am Talhang entlang. Einziger kleiner Haken: Von jenem ersten Silberfund gibt es keine einzige schriftliche Urkunde. Aber eine Reihe von Indizien und Hinweisen, die helfen, die Frage zu beantworten: Wie war das damals wirklich mit dem Silberfund, mit dem Sechser im Lotto mit Zusatzzahl?

Historiker, die aus knappen Daten Geschichte rekonstruieren, müssen kombinieren können wie Sherlock Holmes. So wie Uwe Richter. In seinem Büro bei der Denkmalschutzbehörde Freiberg hängen historische Karten der Altstadt. Uwe Richter forscht seit Jahrzehnten über die Stadtgeschichte. Er nutzt historische Zeugnisse, archäologische Funde – und die Logik. „Das ist, als ob man ein Puzzle zusammensetzt“, sagt er. „Das ist aber auch gut so. Es würde keinen Spaß machen, wenn es einfach wäre und man nur alles abschreiben brauchte.“

„Das ist, als ob man ein Puzzle zusammensetzt“

2012 hat Richter mit Yves Hoffmann eine Doktorarbeit verfasst. Titel: „Entstehung und Blüte der Stadt Freiberg“. Lange war hier nichts als unzugänglicher Wald. Die Antwort auf die Frage, wann die ersten Siedler kamen, fand sich im Osten Freibergs, im Tharandter Wald. Wo heute Vögel zwitschern, Insekten summen, wo im Herbst liebeskranke Hirschbullen auf den Lichtungen brüllen und ab und zu der Harvester vorbeikommt und die Stämme im Sekundentakt zersägt, gab es einst ein Dorf namens Warnsdorf. In den 1980er-Jahren gruben Archäologen, für Historiker so etwas wie die Abteilung Spurensicherung für die Polizei, dessen Reste aus. Sie fanden Hausstellen, wo-

Foto: Frank Hommel

Kunsthandwerker Siegfried Werner aus Seiffen hat den Mythos vom ersten Silberfund am Schüppchenberg in Freiberg in einem Diorama anschaulich gemacht. Das Modell steht im Foyer des Freiberger Rathauses.

Foto: Frank Hommel

Bohlen von Holzstraßen sind die ältesten Exponate im Stadt- und Bergbaumuseum. Die Lage der bei archäologischen Ausgrabungen gefundenen Straßen zeigte den Historikern, dass die Straßen schon in den ersten Jahren dem heutigen Verlauf in der Altstadt folgten.

möglich den Standort einer Kirche, hölzerne Brunnen. Dank der Analyse von Jahresringen der Konstruktionshölzer ließ sich feststellen, wann die Bäume gefällt worden waren: 1162.

Nun ist die Gegend um Tharandt vom Freiberger Raum aus urbar gemacht worden. Gab es dort 1162 Siedlungstätigkeit – dann musste die im Freiberger Raum bereits vorher eingesetzt haben. Markgraf Otto, auf den die Besiedlung zurückgeht, hatte die Herrschaft über die Markgrafschaft Meißen aber erst 1156 von seinem Vater übernommen. Richter: „Also steht fest, dass der Freiberger Bereich zwischen 1156 und 1162 besiedelt worden ist." Woher aber weiß man, dass es 1168 war, als das Silber gefunden wurde?

Die Spurensuche führt ins Stadt- und Bergbaumuseum am Untermarkt. Der spätgotische Bau ist selbst ein Ausstellungsstück. Zahlreich sind die Zeugnisse nicht, die Auskunft geben über die Ursprünge Freibergs, berichtet Ulrich Thiel, der das Haus viele Jahre leitete. „Aus den ersten Jahrzehnten existieren so gut wie keine schriftlichen Quellen", sagt er. Aber die, die es gibt, die kennt er. Im Dachgeschoss lagert die Bibliothek des Museums mit den Urkundenbüchern der Stadt. Das ist eine Auflistung nahezu aller besiegelten und beglaubigten Dokumente, die irgendwie mit Freiberg zu tun haben. Von den ersten Anfängen bis ins 15. Jahrhundert. Die Bücher sind Teil des Codex diplomaticus Saxoniae, in dem alle Quellen zur mittelalterlichen Geschichte des Freistaats zusammengetragen werden. Ein Projekt, das vor mehr als 100 Jahren begann – aber noch lange nicht abgeschlossen ist. Die Freiberger Bücher hat der Dresdner Archivar Hubert Ermisch von 1883 bis 1891 vorgelegt. Die drei Bände sind grau eingebunden, das Papier wirkt steif und brüchig. „Unter allen Städten des Königreichs Sachsen dürfte keine ein so reiches und nach verschiedenen Seiten hin interessantes Material für ihre ältere Geschichte besitzen als Freiberg", schrieb der Archivar schon vor mehr als 100 Jahren.

„Unter allen Städten des Königreichs Sachsen dürfte keine ein so reiches und nach verschiedenen Seiten hin interessantes Material für ihre ältere Geschichte besitzen als Freiberg"

In der ältesten, Freiberg betreffenden Urkunde von 1183 wird Christiansdorf erwähnt, also der Vorläufer Freibergs. Dem zweiten Dokument messen die Historiker ungleich mehr Bedeutung bei. Es bezeugt, wie sich Markgraf Otto dieses erst kurz zuvor dem Kloster Altzella gestiftete Christiansdorf im Tausch wieder einverleibte – weil bei Christiansdorf Silbererzgänge gefunden worden waren. Von denen wollte der Markgraf lieber selbst profitieren. Es ist das älteste Schriftstück, das von den Silberfunden berichtet. Jahreszahl: 1185. Von den Umständen der Funde, von Fuhrleuten ist keine Rede. Genauso wenig vom Zeitpunkt.

Aber Hinweise gibt es. Den in der Urkunde festgehaltenen Vertrag bezeugt laut dem Dokument ein Bischof. Der aber, das wissen die Historiker, war bereits Anfang 1170 vor seinen Schöpfer getreten. Den Silberfund und die Rückübertragung der Dörfer muss der Bischof vor seinem Tod bezeugt haben. Die Jahreszahl 1185 heißt für die Historiker also nur, dass die Urkunde zu diesem Zeitpunkt niedergeschrieben wurde. Wovon sie berichtet, war 1170 schon Vergangenheit. Auch der Silberfund. Erst 1162 aber hatte Markgraf Otto Christiansdorf dem Kloster gestiftet. Zu diesem Zeitpunkt wiederum kann der Fund noch nicht bekannt gewesen sein. Und so grenzten die Historiker den Zeitpunkt des Silberfunds immer mehr ein. Auf die Zeit von 1163 bis 1169. Und sie sind sich heute ziemlich sicher, dass es 1168 gewesen sein muss. Weniger sicher ist sich Uwe Richter aber, was die Wahrscheinlichkeit der Legende von den Fuhrleuten angeht.

Beispiel 1: Die Fundstelle. Wurde das Silber wirklich am idyllischen Schüppchenberg gefunden? „Die Existenz einer Straße in der ehemals sumpfigen Aue des Münzbachtals erscheint wenig wahrscheinlich", urteilt Denkmalschützer Richter. „Den genauen Fundort wird man nicht mehr feststellen können." Beispiel 2: Die Finder. Der Legende nach Salzfuhrleute auf dem Weg nach Böhmen. Führte deren Weg damals wirklich durch das entlegene Christiansdorf? Auch daran gibt es Zweifel. Der böhmische Steig, auf dem das Salz nach Prag ging, verlief den Überlieferungen zufolge gut 15 Kilometer weiter östlich an Oederan vorbei in Richtung Erzgebirgskamm. Erst 1318 verpflichtete der Markgraf die Salzfuhrwerke, auf ihrem Weg nach Böhmen durch Freiberg zu fahren. Das heißt nicht, dass die Silber-Finder keine Fuhrleute gewesen sein können. Es können aber genauso gut Bauern, Waschfrauen, der Schmied, ein Ritter oder ein Ziegenhirte gewesen sein.

Foto: Andreas Massanek

Die Mineralogische Sammlung der TU Bergakademie Freiberg hält auch diesen Proustit aus Niederschlema parat.

Beispiel 3: Das Berggeschrey. Der Legende nach wurde der gefundene Brocken nach Goslar gebracht und löste von dort einen starken Ruf in Richtung Erzgebirge aus. Dass die bei Christiansdorf entstehende Bergbausiedlung Sächsstadt genannt worden sein soll, werten viele Forscher als Beleg dafür, denn damals gehörte Goslar zu Sachsen, Christiansdorf war meißnisch. Uwe Richter ist sich auch bei diesem Teil der Legende nicht so sicher. Er verweist auf eine spezielle Schalenlampe mit Griffloch, die die Bergleute ab dem 13. Jahrhundert in Freiberg und dem Erzgebirge nutzten. Im Harzer Raum und in Goslar seien diese Lampen so gut wie nie aufgetreten, argumentiert Richter. „Man findet sie aber häufig in Tirol, Böhmen, Mähren, der Slowakei und Schlesien." Folglich kamen die Bergleute beim ersten Berggeschrei aus unterschiedlichen Revieren Mitteleuropas herbei, argumentiert der detektivische Denkmalpfleger.

Unbestritten nahm die Gegend nach den reichen Funden eine rasante Entwicklung. Mit der Urkunde von 1185 verschwand der Name Christiansdorf bereits wieder im Dunkel der Geschichte. Dafür tauchte dann 1218 erstmals

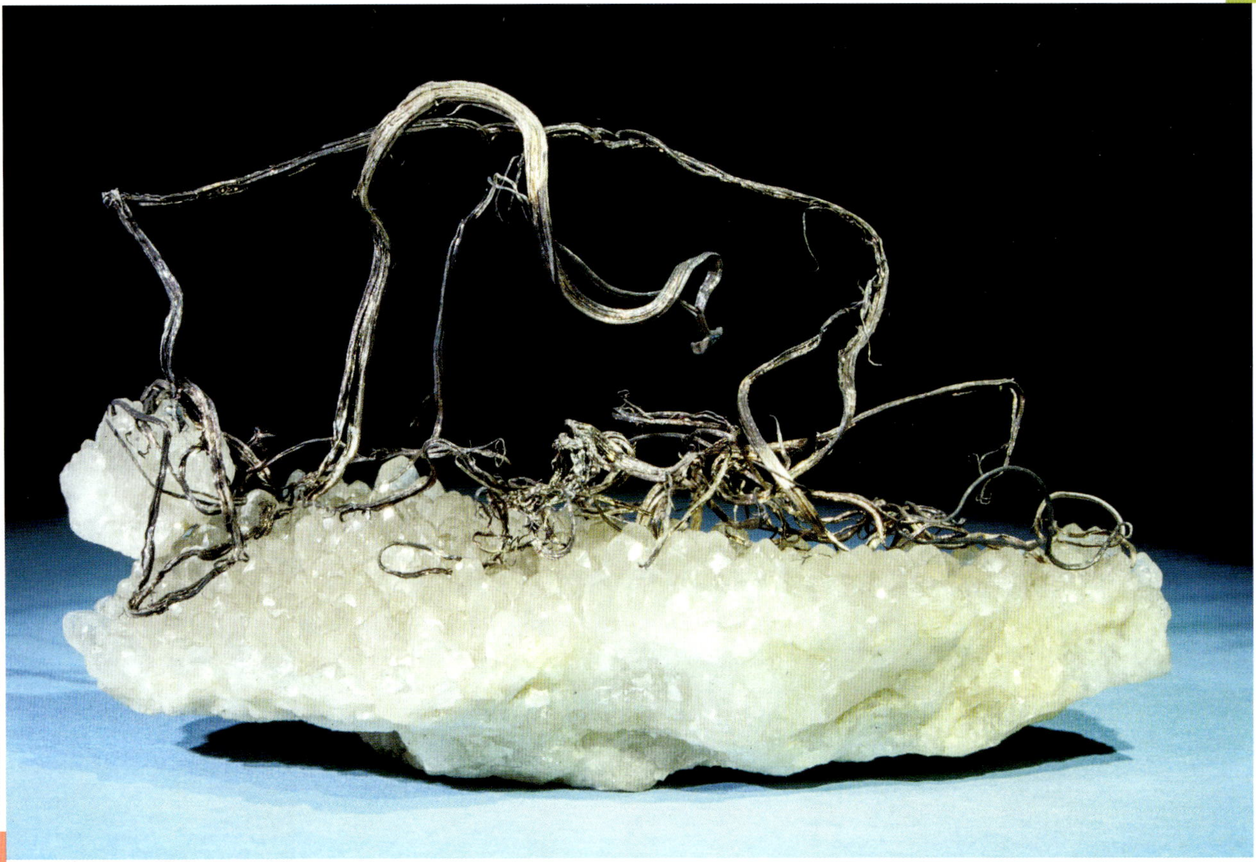

Foto: Andreas Massanek

Silber auf Calcit, entdeckt in der Grube Himmelsfürst in Brand-Erbisdorf.

Foto: Andreas Massanek

Ein Akanthit paramorph nach Argentit, aufgefunden in der Grube Sauberg, Ehrenfriedersdorf.

der Name Freiberg auf. Priester aus der Stadt bezeugten die Beilegung eines Streits zwischen der Witwe eines Meißner Ritters und dem Kloster Altzella. Binnen kürzester Zeit war Freiberg das wirtschaftliche Zentrum der ganzen Markgrafschaft geworden. Davon erzählen auch die ältesten Ausstellungsstücke im Stadt- und Bergbaumuseum. Es handelt sich um Relikte von Holzstraßen, zu Tage befördert bei Grabungen ab 1993. Wieder gaben die Jahresringe preis, wann die Bäume gefällt worden waren: zwischen 1183 und 1189. Also kurz nach der Entstehung der jungen Stadt. Die Lage der Bohlen verriet, dass die Straßen schon damals dem noch heute bestehenden Grundriss folgten. Innerhalb weniger Jahre also war die komplette Freiberger Altstadt angelegt worden.

Vom Boom, der geherrscht haben muss, kündet auch ein weiterer Zeuge im Stadtgebiet: die Nikolaikirche, die heute als Veranstaltungshalle dient und in der die Mittelsächsische Philharmonie zu ihren Konzerten aufspielt. Die Türme der Kirche beherrschen die Silhouette der Altstadt. Bauhistorische Untersuchungen zeigten, dass schon um 1170-1175, nur kurz nach den Silberfunden, eine kleine Saalkirche entstanden war. Die erwies sich schnell als zu klein, wurde erweitert. Auch das aber reichte nur kurz, ein neuer, größerer Kirchenbau entstand. Der aber immer noch nicht die Bedürfnisse der wachsenden Stadt erfüllen konnte. In den Zwanziger- und Dreißigerjahren des 13. Jahrhunderts ergänzte mit der Petrikirche ein weiteres Gotteshaus die Altstadt.

Die reichen Erzgänge von Christiansdorf, sie krempelten die Gegend innerhalb weniger Jahrzehnte völlig um. Auch wenn die Anfänge im Dunkeln liegen. Es freut die Literaten, dass kein Sherlock Holmes unter den Historikern sich fand, der die schöne Geschichte der Fuhrleute mit ihrer Ladung Salz für immer widerlegt und ins Reich der Fabeln verwiesen hat. Solange die Legende nicht als Fakt verkauft wird, können Historiker gut mit ihr leben.

Weiterlesen? Wie der Freiberger Silberfund eine Romanautorin inspirierte, lesen Sie im Kapitel „Als das Erz gefunden wurde" (Seite 20). Und warum Markgraf Otto heute der Reiche genannt wird und was das mit dem Kloster Altzella bei Nossen zu tun hat, lesen Sie im Kapitel „Der Otto-Motor" (Seite 56).

Information:

Das Stadt- und Bergbaumuseum Freiberg gibt anhand von Original-Exponaten und hochwertiger Kunst einen Überblick über die Geschichte der Stadt, dazu wechselnde Sonderausstellungen. Am Dom 1, Freiberg, geöffnet dienstags bis sonntags sowie an Feiertagen 10 bis 17 Uhr, Heiligabend und Silvester geschlossen, Eintritt 5 Euro (ermäßigt 2,50 Euro), www.museum-freiberg.de.

Foto: Frank Hommel

Im Stadtmuseum ist ein Modell der mittelalterlichen Stadt ausgestellt. Die Silberfunde 1168 gelten als Ausgangspunkt der städtischen Entwicklung – und als wichtiger Meilenstein in der Entwicklung der Markgrafschaft Meißen, dem heutigen Freistaat Sachsen.

ALS DAS ERZ GEFUNDEN WURDE

Aus Knechten wurden Bauern und später Bürger, aus Steinen wurde Silber und aus dem Dunklen Wald eine blühende Bergbauregion: Die Geschichte der Ursprünge der Montanregion ist spannend wie ein Roman. Sabine Ebert hat ihn aufgeschrieben.

Ein Neuanfang. Genug zu essen und endlich ein eigenes Stück Land. Weg von Verfolgung, Unrecht und Armut. Weite, unberührte Flächen, Weidetiere grasen, Peitschen knallen, Pferde wiehern. Nur: Dieser Siedlerzug führt nicht in den Wilden Westen. Eher in den wilden Osten, wo es nichts gibt als Wölfe, Luchse und dichten Wald.

„Ich stelle es mir so ähnlich vor wie die Besiedlung des Wilden Westens, nur eben unter den Bedingungen des Mittelalters", sagt Sabine Ebert. Der Stoff, aus dem ihre fünf Romane über die Hebamme Marthe gewebt sind, steht ihr stets vor Augen. Ein Stoff, der ihr Leben verändert hat: Früher war sie freie Journalistin. Heute ist sie eine Bestsellerautorin mit einer verkauften Auflage von mehreren Millionen Büchern. Sie hat die Geschichte vom Ursprung der heutigen Welterbe-Region unters Volk gebracht.

Ähnlich wie die Europäer, die sich nach Amerika gewagt hätten, seien auch die ersten Bewohner des Erzgebirges mit vollem Risiko ins Ungewisse gezogen, weil sie in ihrer Heimat keine Chance auf ein gutes Leben hatten, sagt Sabine Ebert. Die Erbteilung hatte dafür gesorgt, dass in vielen Regionen die Höfe immer kleiner wurden. Der Vater konnte nur dem ältesten Sohn etwas vererben, die Jüngeren mussten dessen Knechte werden. In den ärmsten Regionen, etwa in Franken, fand der Meißner Markgraf Otto die meisten Mutigen, die bereit waren, in seinen weithin unbesiedelten Landen neu anzufangen. So gewann er Untertanen und damit Einnahmen und Einfluss und sicherte gleichzeitig die Grenze gegen Polen und Böhmen ab. Andere Herrscher gingen ähnlich vor. Die Besiedlung der Gebiete östlich von Saale und Elbe war eine der ganz großen Umwälzungen des Mittelalters. Rund 200.000 Menschen fanden so allein im 12. Jahrhundert eine neue Heimat.

Wie groß das Wagnis für die Siedler war, kann man sich heute kaum noch vorstellen. Sabine Ebert: „Die meisten von ihnen waren noch nie aus ihrem Dorf herausgekommen. Sie fragten sich, wie weit sie überhaupt laufen konnten, ohne über den Rand der Scheibe Erde zu fallen." Unter dem Schutz eines Lokators, eines Ritters, den der Markgraf ausgeschickt hatte, brachen sie alle Brücken hinter sich ab und schlugen sich durch. Sie mussten im Wald übernachten. Er war bevölkert von wilden Tieren und Gesetzlosen, und, in der Vorstellungswelt der Menschen, auch von Riesen, Zwergen und anderen gefährlichen Wesen.

Reicht das nicht schon für einen mitreißenden Roman? In „Das Geheimnis der Hebamme", Band eins der Reihe, kann man lesen, wie sich das heilkundige Waisenmädchen Marthe dem Siedlerzug anschließt, wie sich die Siedler gegen Gesetzlose verteidigen. Wie sie schließlich die markierte Lichtung am Bach erreichen und einander in die Arme fallen: endlich am Ziel, wo Christiansdorf entstehen soll. Benannt nach dem Anführer, Ritter des Markgrafen. Einige Ortsnamen im Erzgebirge erinnern bis heute an die Gründer, etwa das nahegelegene Berthelsdorf oder Conradsdorf. Doch es gibt auch viele Spuren von Wüstungen – Dörfern, die bald wieder aufgegeben wurden oder deren Bewohner den Winter nicht überlebt hatten.

„Die meisten von ihnen waren noch nie aus ihrem Dorf herausgekommen. Sie fragten sich, wie weit sie überhaupt laufen konnten, ohne über den Rand der Scheibe Erde zu fallen."

Die Geschichte der Siedler hätte mit der Ortsgründung enden können. Die Menschen wären Bauern geblieben und Sabine Ebert hätte nach einem halben Buch mit dem Schreiben aufhören können. Doch tatsächlich ging die Geschichte dann erst richtig los. Das Wunder, das im Dunklen Wald geschah, veränderte das Leben der Menschen so nachhaltig, dass daraus eine Sage entstand, sozusagen die Gründungssage des Erzgebirges.

„Die Leute hätten sich beschwert, wenn ich diese Sage weggelassen hätte", sagt Sabine Ebert über die Legende der Salzfuhrleute, die im Jahr 1168 am heutigen Schüppchenberg einen verdächtig schweren Stein fanden, den sie untersuchen ließen. Im Buch sagt einer von ihnen zu Christian: „Euer Dorf steht auf purem Silber."

Was folgt, ist der reine Wahnsinn, und Sabine Ebert beschreibt ihn en Detail. Berg- und Hüttenleute aus anderen Bergbauregionen reisen in die abgelegene Gegend. Als sie sehen, wie lang und mächtig der Erzgang nahe dem Bach ist, fallen sie dankend auf die Knie.

Wie der Goldrausch Kalifornien, so veränderte das Berggeschrey Christiansdorf und die Region. Aus dem kleinen Dorf mit seinen acht Hufen wurde die Stadt am freien Berge, Freiberg, bald die reichste Stadt weit und breit.

Sabine Ebert hat mit ihrer Hebammen-Saga den ersten Siedlern der Mark Meißen ein Denkmal gesetzt.

Foto: FinePic, München

Wenn die Schriftstellerin in Freiberg aus ihren Büchern liest, herrscht immer großer Andrang.

Foto: Eckardt Mildner

Nach und nach entdeckte man, dass das gesamte Gebirge dicht mit wertvollen Erzen vollgepackt war. So wurde die Mark Meißen, die etwa von Dresden über Chemnitz bis ins Erzgebirge reichte, wohlhabend. In den folgenden Jahrhunderten entstanden weitere prächtige Bergstädte, Annaberg etwa, Marienberg, Schneeberg, die wie Freiberg heute zum Weltkulturerbe der Montanregion Erzgebirge zählen.

Es war diese faszinierende Entwicklung, die Sabine Ebert ins Mittelalter katapultierte. 1958 geboren, war sie als junge Frau nach Freiberg gekommen, um als Pressereferentin an der Bergakademie zu arbeiten. Die Heimatverbundenheit der Menschen beeindruckte sie, die so etwas aus ihrer Heimat Berlin nicht kannte: „Ich war noch gar nicht richtig eingezogen, da erzählten mir die Leute schon von Otto dem Reichen und dem Silberfund." Bei der Arbeit – später als freie Journalistin für verschiedene regionale und überregionale Medien sowie als Autorin von Sachbüchern – begegnete ihr das Thema Bergbau immer wieder. Irgendwann kam sie auf die Idee, die Geschichte der Region als Roman zu erzählen. „Am Anfang hatte ich Zweifel, ob ich ein ganzes Buch würde füllen können", erinnert sich Sabine Ebert. Letztendlich füllte die Hebammen-Geschichte fünf Bände. Was macht den Reiz der Mittelalter-Saga aus? Natürlich ist da die herzzerreißende Liebesgeschichte von Marthe und Christian, eng verknüpft mit den Abenteuern der Dorfbewohner. Liebe, Freundschaft, Tapferkeit, Verrat – die klassischen Romanzutaten kennt man, doch die Geschichte des Erzgebirges hat noch niemand so erzählt.

Und so märchenhaft das Epos von der armen Heilerin und dem edlen Ritter auf den ersten Blick anmutet, so genau nimmt es Sabine Ebert doch mit den historischen Fakten. Dafür besucht sie die Schauplätze, etwa die Albrechtsburg in Meißen. Sie fuhr in den ältesten Teil des Besucherbergwerks Reiche Zeche in Freiberg ein, um ein Gefühl dafür zu bekommen, wie eng die Stollen damals waren. Sie ist auch Mitglied in einer Reenactment-Gruppe, die historische Ereignisse nachgestaltet. Die Recherchen sind aufwendig. Sabine Ebert liest tausende Seiten Archivdokumente und Fachliteratur und spricht mit Historikern. Ein Problem: Aus dem 12. Jahrhundert gibt es kaum Quellen. „Deshalb lasse ich oft gemeinsam mit Historikern die Phantasie spielen. Die Frage lautet immer: Wie könnte es gewesen sein?"

Beispiel Christian: Über ihn weiß man nichts als seinen Namen. Bekannt ist allerdings, dass die Lokatoren meist Ministeriale waren. Sie standen in den Diensten des Fürsten, oft in wichtigen Ämtern, waren aber persönlich unfrei. Christian schaffte es, die Menschen nach einer Reise durchs Ungewisse bis ins heutige Erzgebirge zu bringen: „Das sagt einiges über seine Führungsqualitäten

Foto: Hagen König

Das Geheimnis der Hebamme landete nicht nur im Fernsehen, sondern auch auf der Theaterbühne – so auf der Felsenbühne Rathen in der Sächsischen Schweiz.

Foto: Hagen König

aus", sagt Sabine Ebert. Ob er wirklich so tapfer und ehrenhaft war, wie sie ihn beschreibt, weiß man nicht. Aber es könnte sein.

Die Figuren vermitteln eine Vorstellung vom Alltagsleben im Hochmittelalter. Wie Hochzeit gefeiert wurde, wie im Krieg die Felder brannten, wie Frauen bei der Geburt verbluteten. Das Mittelalter würde zu oft verklärt, findet Sabine Ebert: „Ich freue mich besonders, wenn junge Leute mir sagen: Endlich habe ich ein Bild von der Zeit vor mir. Vielleicht treibt das manchen auch an, mal etwas nachzulesen."

Dabei beschränken sich ihre Bücher nicht auf das Erzgebirge. Bewusst wählte sie eine Hebamme zur Hauptfigur – weil diese Frauen zu den wenigen Menschen gehörten, die je aus ihrem Dorf herauskamen. Marthe wird sogar an den markgräflichen Hof nach Meißen gerufen, reist im Gefolge des Markgrafen durch die Lande und bekommt so den Machtkampf zwischen Barbarossa und Heinrich dem Löwen direkt mit. Die Geschichte bleibt also nicht im Erzgebirge stecken.

„Jetzt fängt alles erst an"

Dennoch – in Freiberg sind die Schlangen besonders lang, wenn Sabine Ebert liest. Einige Jahre gab es Stadtrundgänge „Auf den Spuren der Hebamme". „Es gibt Leute, die extra deswegen in die Region kommen oder sogar alle Schauplätze abfahren", sagt Sabine Ebert. Star-Allüren hat sie sich deswegen nicht zugelegt, bei jeder Gelegenheit bedankt sie sich bei ihren Leserinnen und Lesern.

Die Entscheidung, Freiberg zu verlassen, sei schmerzlich gewesen, sagt sie. Im Jahr 2011 zog sie nach Leipzig, um dort zu recherchieren für zwei inzwischen erschienene Bücher über die Völkerschlacht und die Zeit danach. 2018 zog sie nach Dresden. Inzwischen sind mehrere Bände der Reihe „Schwert und Krone" erschienen, es geht um die Machtkämpfe zwischen Staufern und Welfen und den jungen Barbarossa. Für die Fans von Marthe und Christian hat sie in „Schwert und Krone" sogar eine Querverbindung eingebaut: Sie erzählt die Liebesgeschichte von Christians Eltern.

Wer aber glaubt, die Geschichte von Christiansdorf sei zu Ende, der sollte sich den letzten Satz der Hebammen-Reihe zu Herzen nehmen. Nach dem letzten Kampf um die Freiberger Burg ist sich Marthe sicher: „Jetzt fängt alles erst an."

Weiterlesen? Wie die Chancen auf ein neues Berggeschrey im Erzgebirge stehen, erfahren Sie im Kapitel „Leises Berggeschrey" (ab Seite 262). Und dass Frauen sich dem Bergbau nicht nur als Romanautorin, sondern auch unter Tage gewidmet haben, steht im Kapitel „Die Liebe der Frauen zum Bergmannsberuf" (ab Seite 48).

Information:

Stadtführungen: In Freiberg können Besucher die Altstadt bei verschiedenen Themenführungen erkunden. Reservierung und Termine unter www.freiberg-service.de/stadtfuehrungen/fuer-individualtouristen

Marthes mittelalterliches Meißen können Interessierte bei regelmäßigen Sonntagsspaziergängen erleben. Dazu gehört auch ein kurzer Besuch der Albrechtsburg. Treffpunkt ist am linkselbischen Brückenkopf der Altstadtbrücke Ecke Elbstraße/Gerbergasse. Eine Voranmeldung wird empfohlen. Die Teilnahme kostet 14 Euro, davon 4 Euro Eintritt in die Albrechtsburg. Termine unter www.meissnerin.de/spaziergaenge/marthes-mittelalterliches-meissen/.

DER AUFRÄUMER

Der Freiberger Dom ist neben der St. Annenkirche Annaberg das kunsthistorische Aushängeschild der Welterbe-Region. Das liegt auch am Wirken eines Mannes, der sein wichtigstes Werk mit 31 Jahren vollendet hatte.

Foto: Otto Schröder / Domgemeinde

Simon Schmidt hat sich für den Bundesfreiwilligendienst die Domgemeinde in Freiberg ausgesucht. Der Klang der Silbermann-Orgeln begeistert den Kirchenmusiker und Kunsthistoriker.

Simon Schmidt war vorbereitet auf diesen Moment. Den Moment, als er zum ersten Mal hörte, wie die mehr als 300 Jahre alte Königin der Instrumente ihre Stimme erhob. Johann Gottfried Silbermann war der Grund dafür, dass Simon Schmidt hier war, im Freiberger Dom. Seit seiner Kindheit liebte er Orgelmusik. Inzwischen war er ausgebildeter Kirchenmusiker. Da kennt man den berühmtesten Orgelbauer der sächsischen Geschichte, selbst, wenn man aus dem Münsterland stammt. Im CD-Regal daheim lag eine Box mit Bachs kompletten Orgelwerken, im Sommer 1991 eingespielt von der berühmten Französin Marie Claire Alain, auch im Freiberger Dom. Simon Schmidt liebte diese Musik. Doch die CD-Aufnahmen waren kein Vergleich zu dem Moment, als er das erste Mal im Dom zu Freiberg saß und der Orgel mit eigenen Ohren lauschen konnte.

Mit seiner Geschichte und seinen Kunstschätzen ist der Freiberger Dom, neben der St. Annenkirche in Annaberg, das kunsthistorisch bedeutendste Aushängeschild des Welterbes „Montanregion Erzgebirge". Hier nahm die Reformation im albertinischen Sachsen ihren Anfang. Hier fanden neun wettinische Landesfürsten ihre letzte Ruhe. Tulpen- und Bergmannskanzel sind bildhauerische Kostbarkeiten. Die romanische Goldene Pforte, die noch vom Vorgängerbau stammt, gilt als so bedeutsam, dass eine Jugendstil-Einhausung sie vor Wind und Wetter und Abgasen schützt. Die Pracht des Doms zeugt vom Reichtum der Stadt, dem Silber zu ihren Füßen. Wenn aber der Kantor an den Registern zieht und in die Tasten greift, wenn sich die Blasebälge füllen und der Luftstrom seinen Weg durch die Windlade sucht, wenn das Orgel-Gehäuse erbebt wie ein unter Spannung gesetzter Trafo, wenn die Musik bis in den letzten Winkel dringt, dann wird das Gotteshaus nur noch von der Pracht der Töne erfüllt. Simon Schmidt: „Diese Orgel ist so unheimlich vielseitig: Von den anschmiegsamsten, sanftesten, lyrischsten Klängen – bis hin zum aufbrausenden Fortefortissimo. Und dabei klingt alles so unglaublich differenziert. Alles hat seinen Platz im Klangbild, und nichts klingt gleich."

Simon Schmidt kam als Bundesfreiwilliger nach Freiberg. Er half in der Domgemeinde beim technischen Ablauf, stellte Stühle, kümmerte sich um die Ausleuchtung, arbeitete an Plakaten und Programmheften mit, sang im Domchor, spielte bei Gottesdiensten in Altenheimen. Selbst an der Großen Silbermann-Orgel durfte Simon Schmidt nach einiger Zeit üben. Ein Traum für den Mann, der damals mit 22 Jahren nicht wesentlich jünger war als Gottfried Silbermann, als er 1710 in Freiberg auftauchte.

Gottfried Silbermann stammte aus Frauenstein im Erzgebirge. Er folgte seinem Bruder Johann Andreas nach Straßburg, um eine Orgelbauerlehre zu absolvieren. Ein romantischer Geschichtenschreiber erzählte später, der junge Gottfried habe sich dort mit einer Nonne eingelassen und musste Hals über Kopf aus dem katholischen Elsass fliehen. In offiziellen Biografien – die nur auf spärlichen Quellen fußen – taucht diese Erzählung mit keiner Silbe auf. Aber dass Silbermann unverheiratet blieb und keine Kinder bekannt sind, deutet der Romanautor als Zeichen der nie verklungenen Liebe zu der dem lieben Gott versprochenen Dame. Jedenfalls war Gottfried Silbermann, als er aus dem Elsass in seine Heimat zurückkam, ein unbeschriebenes Blatt. Aber er hatte einige Erfahrung im Orgelbau gesammelt. Und beeindruckte den Leipziger Thomaskantor Johann Kuhnau. Kuhnau, der wusste, dass in Freiberg ein Meister für den Bau einer neuen Dom-Orgel gesucht wurde, empfahl den jungen Mann. Die Freiberger waren wählerisch. Sie hatten schon einige Bewerber abblitzen lassen. Doch als Silbermann vorstellig wurde, faszinierte er die Räte.

„Ich denke, man kann schon von einem Genie sprechen"

Am 8. Oktober 1710 wurde der Vertrag unterzeichnet. Da war Silbermann keine 28 Jahre alt. Fast vier Jahre lang sollte er mit seinen Gehilfen an der Domorgel arbeiten. Qualität ging vor. Obwohl auch im Erzgebirge Zinn abgebaut wurde, bestand der Meister auf englischem Zinn, das als das Beste galt. Die bewilligten 1500 Taler reichten nicht aus. Silbermann war selbstbewusst genug, zweimal zusätzliche Geldmittel zu fordern. Als Kuhnau 1714 die Orgel examinierte, also abnahm, wie man heute sagen würde, hatte Silbermann ein Werk für die Ewigkeit geschaffen. Ein Instrument, das internationale Spitzen-Organisten ebenso lockt wie Fans. Den 300. Orgelgeburtstag 2014 feierte die Domgemeinde ein ganzes Jahr lang.

Silbermann selbst blieb nach der Fertigstellung der Domorgel in der Werkstatt am Schlossplatz, dem heutigen Silbermann-Haus. Auf seiner Schaffensliste standen am Ende um die 50 Orgeln, dazu Tasteninstrumente. Er galt als geschäftstüchtig und wohlhabend, er konnte es sich leisten, prestigeträchtige, aber reise-intensive Aufträge großer Adelshäuser abzulehnen. „Ich denke, man kann schon von einem Genie sprechen", findet Simon Schmidt. „Er muss ein unglaublich feines Gehör gehabt haben. Einen unglaublich guten Geschmack."

Foto: René Jungnickel/Domgemeinde

Der Freiberger Dom bei Kerzenschein: Die stimmungsvollen Konzerte vor Weihnachten locken Jahr für Jahr viele Gäste.

Worin aber besteht denn nun die Meisterschaft? Die Suche nach einer Antwort führt in die Oberlausitz. Acht Kilometer hinter Bautzen liegt das Dörfchen Waditz, auf Sorbisch Wadecy. Dort betreibt Ekkehart Groß eine Orgelwerkstatt. Im Hof ragen dicke Pflastersteine aus der Erde. Wenn nicht gerade der Herbstnebel das Land in einen dicken Schleier hüllt, kann Groß von einer Anhöhe aus die halbe Niederlausitz überblicken. Ekkehart Groß ist Pfarrerssohn. Eigentlich wollte auch er einst Kirchenmusiker werden. Doch das Studium beinhaltete ein Praktikum bei einem Orgelbau-Betrieb. Und das gefiel ihm. Als nach 1989 die neue Zeit anbrach, machte er sich selbstständig. „Der Reparaturstau war so krass, die Betriebe sind nicht hinterhergekommen", sagt er. Zehn Leute arbeiten in seinem Team. Sie konstruieren neue Orgeln – und sie restaurieren alte. Groß nennt die Orgellandschaft Ostdeutschlands einen „historischen Schatz". Den zu erhalten sei eine Verantwortung.

2017 bekam er den Auftrag, die Silbermann-Orgel der Freiberger Jakobikirche zu restaurieren. Eine knifflige Aufgabe. Anders als ihre große Schwester im Dom, die die Zeiten ohne nennenswerte Eingriffe überstand, war diese Orgel ein Opfer der Musikmode geworden. Die alte Kirche war abgerissen worden, an anderer Stelle entstand 1890 bis 1892 ein Neubau. Mit der Neuaufstellung der Silbermann-Orgel wurde Friedrich Ladegast aus Weißenfels beauftragt. Der baute das Instrument dafür gewaltig um.

„Der Reparaturstau war so krass, die Betriebe sind nicht hinterhergekommen"

„Nahezu jedes Detail wurde verändert", berichtet Ekkehart Groß. „Die Eingriffe waren massiv. Wir standen vor einer kriminalistischen Aufgabe." Denn die Restauratoren sollten nicht nur verschlissene Teile ersetzen, sondern den Silbermannschen Zustand wiederherstellen. Zumindest, was den technischen Bereich, also die Mechanik, angeht. Um herauszufinden, wie Silbermann die Jakobi-Orgel seinerzeit konstruiert hatte, untersuchten die Experten andere Orgeln, etwa die von Niederschöna, die vorher entstanden war, aber auch Orgeln, die Silbermann später baute. So entstand eine Vorstellung davon, wie es einst im Inneren der nun zerlegten Orgel ausgesehen haben könnte. Dabei half, dass in die Werkstatt in Waditz längst moderne Zeiten eingezogen waren. Einzelteile wurden per Computer rekonstruiert. Dann fertigten die Handwerker die Teile in der Werkstatt an, brachten sie nach Freiberg und bauten sie an Ort und Stelle ein. Montageleiter Felix Tibussek sprach von einer Millimeterarbeit.

Fragt man Ekkehart Groß nach dem Geheimnis Silbermanns, bekommt man eine verblüffende Antwort. Denn Groß erklärt die technische Seite des Orgelbaus: Die Perfektion, auf die der Meister Wert legte, bei Materialien, bei Verarbeitung. Viel Zeit nahm er sich, die Instrumente zu stimmen. Die exakte Lötnaht an den Pfeifen ist heute schwer nachzumachen. Und dabei erhitzten die Handwerker damals ihre Lötkolben im Holzkohlenfeuer. Vor allem aber, sagt

Foto: Domgemeinde

Bei der Fertigung seiner Orgeln griff Gottfried Silbermann auf ein Baukastensystem zurück. Das ist erst in den letzten Jahren entschlüsselt worden.

Foto: Domgemeinde

Perfektionist Silbermann bestand auf englischem Zinn. Das galt zu seinen Zeiten als das beste am Markt.

Groß, setzte Silbermann aus seiner Sicht Maßstäbe bei der Konstruktion. Groß holt einen dicken Wälzer aus dem Bücherregal, klappt eine zusammengefaltete Seite auseinander. Zum Vorschein kommt eine großformatige, in feinsten Strichen gehaltene und detailliert ausgearbeitete Darstellung des Innenlebens einer historischen Orgel. Die Konstruktion ist logisch durchdacht, die Baugruppen harmonisch angeordnet, sortiert, aufeinander abgestimmt.

Vor Silbermann war das Innenleben einer Orgel eher chaotisch angelegt gewesen, die Baugruppen wurden hingesetzt, wo es eben passte. Silbermann machte damit Schluss. Seine Orgeln sind aufgeräumt. „Es ist die Kombination aus der Klarheit beim technischen Aufbau und sehr guter handwerklicher Ausführung", umreißt Ekkehart Groß, was für ihn das Wesen einer Silbermann-Orgel ausmacht. An Lösungen, die er für gut befand, hielt Silbermann fest. Bei Pfeifenmaßen, den sogenannten Mensuren, setzte er auf eine Art Baukastensystem – was erst in den vergangenen Jahrzehnten durch wissenschaftliche Systematisierung offengelegt wurde. „Dieses System", sagt Groß, „hat Silbermann strikt durchgezogen."

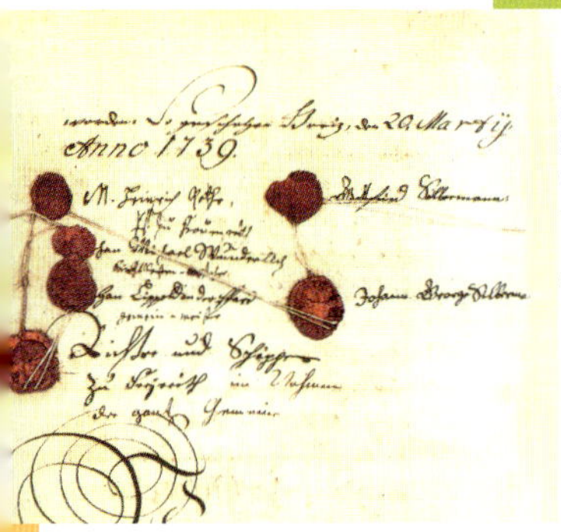

Repro: Archiv/Freie Presse

Silbermanns Handschrift in einem Vertrag aus dem Jahr 1739.

Am 4. August 1753 starb Gottfried Silbermann. Er hinterließ ein Vermögen, aber kein Bildnis, kaum Zeugnisse über sein Leben. Der Johanniskirchhof in Dresden, auf dem er beigesetzt worden war, wich im 19. Jahrhundert dem Straßenbau, so ist auch kein Grab erhalten. Silbermanns Nachruhm schadet all das nicht. „Berühmter Silbermann, vergönne mir zu schreiben, was du mit Recht verdienst", schrieb Johann Sebastian Bachs Sohn Wilhelm Friedemann bereits 1736. „Dein Ruhm wird ewig bleiben." Und auch der Organist Johann Christoph Erselius hatte schon 1735 zur Weihe der Silbermann-Orgel in der Freiberger Petrikirche prophezeit: „Du wirst ein Künstler stets auch bey der Nachwelt bleiben. Dein Ruhm verwelket nicht, ob Dich der Tod gleich streckt."

Weiterlesen? Mehr über das andere herausragende Gotteshaus des Erzgebirges, die St. Annenkirche Annaberg, und das darin befindliche berühmteste Kunstwerk des Erzgebirges lesen Sie im Kapitel „Der Maler und der Galgen" (Seite 138).

Information

Freiberger Dom: berühmt für seine Goldene Pforte, die beiden Silbermannorgeln, die Bergmanns- und die Tulpenkanzel, die Kurfürstliche Grablege, reguläre Führungen von Mai bis Oktober täglich 14 Uhr und sonntags 11.30 Uhr (mittwochs und sonntags mit Orgelmusik), in den übrigen Monaten Führungen mit und ohne Musik regelmäßig nach Terminplan, darüber hinaus spezielle Führungsangebote wie Kreuzgang- und Dachstuhlführungen, Familienführungen, die Reihe Dom & Klang, dazu zahlreiche Konzerte, reguläre Führung ab 4 Euro (ermäßigt 3 Euro), mit Musik ab 5 Euro (ermäßigt 4 Euro), Infos täglich zwischen 11 und 16 Uhr (sonntags 11.30 Uhr) im Domladen, Untermarkt 1, 03731 22598, www.freiberger-dom.de.

WOHNEN IM ÖFFENTLICHEN INTERESSE

Wie lebt es sich im Weltkulturerbe? Wo selbst der Kaninchenstall historisch ist? Was tun mit einem Bergwerkszugang im Keller? Die Menschen vom Abraham-Schacht in Freiberg zeigen, wie Historie durch privates Engagement erhalten bleibt.

Foto: Eva-Maria Hommel

Tabea Helmert und Bernhard Wolf lieben das Landleben, wohnen aber auch gerne in Stadtnähe. Beides ist am Abraham-Schacht möglich.

Bernhard Wolf sitzt an der Feuerstelle und rührt in seinem Kaffee. Seine Freundin Tabea Helmert versorgt die Kaninchen, während hinterm Zaun die Hühner gackern und im Garten die Tomaten rot werden. Ein Samstagnachmittag auf dem Land. Könnte man meinen. Doch Bernhard Wolf und Tabea Helmert leben am Stadtrand von Freiberg – in einer Welterbe-Stätte. Haus und Stall stehen auf einer Halde. Die alte Zimmerei, in der sie wohnen, ist Teil eines bedeutenden historischen Komplexes: Der Abraham-Schacht war der Hauptförderschacht der Himmelfahrt Fundgrube. Sie war um 1865 mit fast 2900 Beschäftigten nach Angaben der Stadt Freiberg die größte Grube des sächsischen Silberbergbaus. Rund 470 Tonnen Silber sowie große Mengen an Blei und Kupfer lieferte sie in den Jahren 1752 bis 1896. Zur Himmelfahrt-Fundgrube gehören etwa auch die Reiche Zeche, wo heute das Lehr- und Forschungsbergwerk der TU Bergakademie untergebracht ist und die Besucher des Silberbergwerks einfahren, sowie die malerischen Anlagen der Alten Elisabeth, von deren Halde sich ein romantischer Blick auf die Freiberger Altstadt bietet.

Der Komplex am Abraham-Schacht ist größtenteils so erhalten, wie er Ende des 19. Jahrhunderts aussah: das Treibehaus, die Bergschmiede, die Scheidebank, das – allerdings stark beschädigte – Mannschaftshaus, das Verwaltungsgebäude, das Alte Huthaus, der Erzbahntunnel, die Zimmerei und viele weitere Gebäude. Zu Anfang standen hier nur eine Kaue, also eine kleine Schutzhütte mit Haspel, und ein Huthaus mit Steigerstube. Im Lauf der Jahre schufen die Bergleute ein ausgeklügeltes Wassersystem. Die große Zeit begann hier mit einem bedeutenden Erzanbruch im Jahr 1828. Man erweiterte den Schacht und erbaute ein etwa 20 Meter hohes Treibehaus aus Bruchsteinen. Bis 1834 kamen neben der Bergschmiede eine neue Setzwäsche und ein Ver-

Nach und nach wuchs der Abraham-Schacht zu einem geschlossenen Ensemble.

links:
Der Abraham Schacht mit Pferdegöpel im Jahr 1785. Aquarell von Dieter Schräber (2006), nach Originalunterlagen und alten Fotografien.

rechts:
Der Abraham Schacht im Jahr 1891. Das markante Stahlfördergerüst wurde 1960 abgerissen und war bis dahin ein Wahrzeichen Freibergs.

bindungsflügel zum Huthaus dazu, so dass sich ein geschlossenes Ensemble bildete. In den folgenden Jahren entstanden eine große Scheidebank zum Abtrennen des tauben Gesteins sowie das schiefergedeckte Verwaltungsgebäude.

Der Abraham Schacht war oft Vorreiter bei der technischen Entwicklung. So ging 1841/42 eine 600 Meter lange Pferdeeisenbahn zum Transport der Erze in Betrieb. Bis heute ist der Erzbahntunnel unter der Schachthalde zu sehen, ein alter Hunt steht noch darin. Im Jahr 1887 ersetzte man den Wassergöpel durch eine Dampffördermaschine. Das Treibehaus bekam ein Stahlfördergerüst, bis zum Abriss 1960 das neue Wahrzeichen der Grube. Heute ist die Form des früheren Wassergöpel-Treibehauses wieder weitgehend hergestellt. Trotz aller fortschrittlichen Ausstattung: Als der Freiberger Silberbergbau 1913 vorerst zu Ende ging, schloss auch die Himmelfahrt Fundgrube. Zwischen 1937 und 1969 wurde im Revier zwar erneut abgebaut, doch der Abraham-Schacht diente nur noch als Wetterschacht und Fluchtweg.

Foto: Hartmut Gierth

Das Treibehaus am Abraham-Schacht gilt als Sorgenkind.

Einige Gebäude wurden zwischenzeitlich als Wohnhäuser genutzt. Im Zweiten Weltkrieg baute man am Fuß des Abraham Schachts Baracken für Kriegsgefangene. Danach nutzte sie der VEB Bleierzgruben „Albert Funk" als Lehrwerkstätten. Nach 1990 stand der Komplex zunächst leer, einige Gebäude verfielen.

Ein Verein nahm sich schließlich der historischen Bauten an. Später übergab er das Erbbaurecht an die Standortentwicklungsgesellschaft Saxonia. Die Grundstücke gehören teils dem Kreis, teils Privateigentümern. Nur dank des privaten Engagements können die Gebäude überhaupt erhalten werden. Am Eingang zum Areal steht zwar eine Hinweistafel für Besucher, die neben anderen Standorten der Himmelfahrt-Fundgrube - Alte Elisabeth, Reiche Zeche und Turmhofer Wasserrad - eben auch den Abraham-Schacht sehen wollen. Hin und wieder laufen Neugierige über die Grundstücke. Doch es sind die Bewohner, die dem Gelände Leben einhauchen. Die demonstrieren: Der Erhalt der Bergbau-Tradition und Denkmale ist in der Montanregion Erzgebirge Herzensangelegenheit. Denn der Abraham-Schacht Freiberg ist kein Einzelfall: Allerorten haben sich Privatleute alter Bergbau-Gebäude angenommen, sie wieder mit Leben gefüllt. Bernhard Wolf etwa entdeckte die alte Zimmerei per Zufall im Internet. Als er sie 2006 kaufte, war der Keller voll Müll, es gab keine Wasserleitungen. 200 Quadratmeter Wohnfläche, alles ebenerdig, viel zu tun.

Es bürgerte sich ein, dass er zum Männertag Freunde einlädt - zum Arbeiten: Einen Zaun bauen, einen Riesenhaufen Steine umschichten. Wolf sorgt sich, dass die Halde zu sehr nachgibt. Die Haldenmauer ist schon an einigen Stellen zusammengerutscht. Andererseits: „Wir haben hier fast den ganzen Tag Sonne.

Man wohnt wie auf dem Dorf, aber man ist in der Stadt." Gemüse kommt allerdings nur in Hochbeete, denn wegen der Bergbau- und Hüttengeschichte sind viele Grundstücke in der Region schadstoffbelastet. Die Kaninchen haben übrigens auch ein würdiges Domizil: Sie wohnen im alten Pferdestall, der teilweise noch aus Ziegelsteinen mit Fachwerk gemauert ist.

Foto: Eva-Maria Hommel

Angela Ohnesorge lebte mit ihrer Familie im früheren Verwaltungsgebäude. Im Keller gab es einen eigenen Bergwerkszugang.

Eines noch größeren Projekts nahmen sich die Ohnesorges an. Die Familie mit inzwischen sechs Kindern bezog 2009 das riesige Verwaltungsgebäude: Drei Stockwerke mit insgesamt 500 Quadratmetern, genug Platz für Kinderzimmer, Maltisch, Regale. Mithilfe von Fördergeld, aber auch mit viel Eigenleistung begann das Ehepaar, das Gebäude zu sanieren. Später erwarben beide das benachbarte Alte Huthaus und richteten Fünf- bis Sechsraumwohnungen ein. Das Verwaltungsgebäude hat sogar – wie manche andere alten Häuser in Freiberg auch – einen Bergwerkszugang im Keller. Der ist zwar zugeschüttet, aber die ersten 15 Meter kann man noch hineinlaufen.

Einen Schatz fanden die Ohnesorges im Keller zwar nicht, obwohl dort früher die Kasse war und man in den Wänden noch die Löcher der Tresore sieht. Doch spannend war es bei den Arbeiten am Dach: „Wir wussten gar nicht, dass es hier einen Glockenturm gab. Das haben wir erst an den Schleifspuren vom Glockenseil erkannt", sagt Angela Ohnesorge. Inzwischen wohnt die Familie nicht mehr am Abrahamschacht.

Auf der anderen Seite des Schachtwegs liegt die Alte Bergschmiede, ein beeindruckendes, lang gestrecktes Gebäude von 1834 mit zwei übereinanderliegenden Dachgauben. Nebenan, in der grün zugewachsenen ehemaligen Scheidebank, hat sich ein Antiquariat eingemietet. Malerisch liegen die alten Häuser auf dem Hügel, nur mit Mühe kann man sich den Lärm eines Bergwerks hier vorstellen.

In der alten Bergschmiede aber wird immer noch gearbeitet. Hier repariert und verkauft Mathias Weidenmüller Motorräder. 2006 übernahm er das Unter-Erbbaurecht für die alte Bergschmiede. Das Gebäude sei in sehr schlechtem Zustand gewesen, berichtet Weidenmüller, aber die Natursteinmauern und der Dachstuhl seien weitestgehend gut erhalten gewesen. Es habe weder Wasser- noch Abwasserleitungen gegeben, keinerlei elektrische Anlage, keinen nutzbaren Schornstein und auch keine Einrichtung, die an die Nutzungszeit als Bergschmiede erinnerte. „Also einmal Komplettsanierung. Die war nur mit sehr viel Eigenleistung, der Hilfe vieler Freunde und regionaler Firmen zu schaffen", erinnert sich der Bauherr. „Für die Sanierung der Gebäudehülle gab es zwar einen kleinen Zuschuss vom sächsischen Denkmalschutz, aber auch viele Auflagen." Ende 2007 zog er mit seiner damaligen, inzwischen verstorbenen Partnerin in die provisorische Wohnung im ersten Stock. Mitten auf dem Grundstück steht das Treibehaus. Dessen baulicher Zustand erscheint ihm kritisch, sagt Mathias Weidenmüller. Wegen Problemen mit der Statik lässt sich eine Tür nicht öffnen. Die Sprossenfenster hat der Wind schon beinahe herausgedrückt, in den Wänden klaffen Risse.

„Das ist unser größtes Sorgenkind", sagt auch Markus Lehmann von der Saxonia dazu. Weidenmüller würde den Turm übernehmen: „Einfach, damit er erhalten bleibt. Er ist ein wunderschöner Industriebau, aber leider ohne Nutzwert und wegen seiner imposanten Größe auch nicht ohne öffentliche Unterstützung zu erhalten." Auch wenn die Privatsphäre manchmal wegen des öffentlichen Interesses etwas eingeschränkt ist, lebt er gern am Abrahamschacht. Bei seinem Einsatz für den Erhalt der Denkmalsubstanz ist Weidenmüller, der selbst nicht mit dem Bergbau zu tun hatte, nicht allein. Er hat eine neue Lebensgefährtin, sie heißt Jana Fritzsche und führt in ihrer Freizeit ehrenamtlich Besucher durch das Silberbergwerk. Beide wollen auch an ein tragisches Ereignis vom 29. Februar 1880 erinnern. Damals stürzten 13 Bergleute nach einem Gestängebruch etwa 20 Meter tief ab, elf von ihnen starben. Mathias Weidenmüller: „Wir haben die Schachtglocke wieder in Betrieb genommen und läuten sie zum Gedenken am Jahrestag des Grubenunglücks."

Weiterlesen? Wie die TU Bergakademie die Himmelfahrt-Fundgrube von der Reichen Zeche aus nutzt, um dem Bergbau den Weg in die Zukunft zu weisen, lesen Sie ab Seite 266 im Kapitel „Das Bergwerk der Zukunft".

Foto: Eva-Maria Hommel

Mathias Weidenmüller betreibt einen Motorradladen mit Werkstatt in der alten Bergschmiede. Einmal im Jahr läuten er und seine Partnerin die Schachtglocke zum Gedenken an die Opfer des Grubenunglücks von 1880.

DER TRAUM VON SAUBERER ENERGIE

270 Meter unter Freiberg liegt ein einzigartiges Wasserkraftwerk. Jahrelang kämpften die Enthusiasten vom Drei-Brüder-Schacht vergeblich dafür, dass die Anlage wieder ans Netz geht. Jetzt ist der Schacht saniert. Wird der Traum noch einmal wahr?

Obwohl die Anlage des Drei-Brüder-Schachts nur wenige Meter abseits der Bundesstraße liegt, fahren die meisten Autofahrer zwischen Freiberg und Brand-Erbisdorf achtlos an ihr vorbei. Die mächtige Halde samt steinernem Fördergebäude und Scheidebank versteckt sich hinter einer Wand aus Bäumen und Büschen, die im Lauf der Jahre immer höher gewachsen sind. Es wirkt, als umschließe das Grün das Ganze wie einst die Hecke das Dornröschenschloss. Man sieht das Grün, aber man vergisst allmählich, was es verbirgt. Nämlich eine einmalige Anlage, nicht nur für die an Bergbauzeugnissen nicht eben arme Montanregion Erzgebirge, sondern auch darüber hinaus.

„Es gibt Leute, die haben ihr ganzes Leben in Freiberg verbracht und trotzdem noch nie von der Anlage gehört“

„Es gibt Leute, die haben ihr ganzes Leben in Freiberg verbracht und trotzdem noch nie von der Anlage gehört“, sagt Jürgen Leistner. Seine Stimme verrät, dass ihn das wurmt. Niemand schläft hier oben einen Dornröschenschlaf. Leistner hat 1992 den Förderverein mit ins Leben gerufen. Der hat in all den Jahren die übertägigen Anlagen saniert, mithilfe der Deutschen Bundesstiftung Umwelt und Sachsens Ministerium für Umwelt und Landwirtschaft eine innovative Ausstellung aufgebaut und hält das Gelände in Schuss. In erster Linie geht es den Mitstreitern aber nicht um Historie. Ihr Traum ist drei Nummern größer. Sie wollen, dass das seinerzeit technologisch einmalige Wasserkraftwerk, das 270 Meter unter ihren Füßen eingemottet vor sich hindämmert, wieder in Betrieb geht. „Jeder ruft heute nach alternativen Energien“, sagt Jürgen Leistner. Den Energiebedarf Freibergs würde das Kavernenkraftwerk nur zu einem Bruchteil decken. Ein Mosaiksteinchen. „Aber, dass das Wasser hier ungenutzt davonläuft, das ist doch energetisch sinnlos.“

Es war an der Schwelle zum 20. Jahrhundert. Der Bergbau in Freiberg rentierte sich kaum noch. Die meisten Anlagen waren stillgelegt, was ein paar

Groschen abwarf, war verstaatlicht. Ein Hochwasser ließ 1897 viele Gruben absaufen und tat so das Seinige dazu. 1903 beschloss der Landtag die Stilllegung binnen zehn Jahren. Dabei war der Rothschönberger Stollen erst 1877 fertiggestellt worden. Er entwässerte das Revier und erlaubte so den Erzabbau in größerer Tiefe. Doch das Wasser, herangeführt aus dem Erzgebirge über die Kunstgräben und Röschen der wie Schacht und Stolln heute zum Welterbe zählenden Revierwasserlaufanstalt, wurde nicht mehr gebraucht. Auch am ab 1791 angelegten, schließlich fast 400 Meter tiefen Drei-Brüder-Schacht drehte sich kein Rad mehr. Vorbei die Zeit, als bis zu 200 Bergleute eine gute Ausbeute brachten. Vorbei die Zeit, als Professor Ferdinand Reich von der Bergakademie im Schacht die Erdrotation experimentell nachwies. Reich hatte Zinnkugeln aus 158 Metern Höhe senkrecht fallen lassen, die unten mit einer Abweichung von durchschnittlich 27,5 Millimetern ankamen. Das war der Beweis, dass die Corioliskraft, eine Trägheitskraft, auf die Kugeln wirkte. Ihr Bezugssystem, die Erde, musste sich also drehen. Die Abweichung entsprach den Berechnungen anderer Wissenschaftler.

Von dieser glorreichen Vergangenheit war um die Wende zum 20. Jahrhundert am Drei-Brüder-Schacht keine Rede mehr. Da kam der Gedanke auf, dass man das Wasser und dessen Fallhöhe für die Gewinnung elektrischer Energie nutzen könnte. 1904 übernahm ein Mann das Kommando, dessen Name heute am Schacht mit Ehrfurcht genannt wird. Oscar Reinhold Lange, Bergrat, Chef der Grube Himmelsfürst. Im Juli 1911 legte er die erste Planung für das Revierelektrizitätswerk vor. Zunächst wurde das Wasser zum Konstantinschacht geführt, rund einen Kilometer vom Drei-Brüder-Schacht entfernt. Dort fiel es 124 Meter bis zum Niveau des Moritzstollens. In einer einstigen Radstube entstand das sogenannte Oberwerk. Das Wasser trieb dort zwei Maschinensätze aus Turbinen und Generatoren an. Dann floss es in einen unterirdischen Speicher. Lange ließ alte Strecken, Abbaue und Schächte verbauen, also abdichten, so dass ein Stauraum von 1,5 Millionen Kubikmetern entstand. Zum Oberflächenwasser aus dem Konstantinschacht gesellte sich das Grubenwasser aus den Stollen und Schächten von Brand-Erbisdorf und Langenau.

Das Unterwerk, also der Maschinenraum am Drei-Brüder-Schacht, lag dann noch einmal 134 Meter unterhalb des Moritzstollens. Die Energie des Wassers reichte aus, dort zunächst drei, später vier Turbinen anzutreiben. Dann fiel das Wasser noch einmal zehn Meter tief in den Rothschönberger Stollen. Im Zug des Kraftwerkbaus wurde das hölzerne Schachtgebäude durch einen steinernen Neubau ersetzt, ergänzt um die technischen Komponenten. Am Heiligen Abend des Jahres 1914 ging das Unterwerk erstmals in Betrieb, bald darauf die gesamte Anlage. Gegen Ende des Zweiten Weltkriegs wurde eine Maximalleistung von bis zu 6000 Kilowatt und eine Jahresstrommenge von mehr als 13

Foto: Eckardt Mildner

Hunt vor dem Drei-Brüder-Schacht in Freiberg. Nach drei Jahren Sanierung wurde der Zugangsschacht zum wichtigsten Entwässerungsstollen Sachsens, dem Rothschönberger Stollen, 2005 wieder eröffnet. Der durch das verheerende Hochwasser 2002 stark beschädigte 200 Jahre alte Schacht wurde früher bergbaulich genutzt und dient heute als Zugang zum Rothschönberger Stollen.

Foto: Wieland Josch

Die alte Fördermaschine von 1888 funktioniert noch tadellos. Förderkörbe transportiert sie aber nicht mehr. Dafür hat das Oberbergamt in einem neuen Gebäude eine neue Maschine installieren lassen.

Gigawattstunden erreicht. Zeitweise war es das leistungsfähigste Wasserkraftwerk Sachsens. Vordenker Lange wurde Betriebsdirektor. Wie ein Zitat aus der Bibel steht ein Zitat Langes über der Tür des alten Maschinenraums. „So ist der alte Erzbergbau nicht vollständig tot, sondern lebt fort in seinem ältesten und jüngsten Kinde, der Revierwasserlaufsanstalt und dem Revierelektrizitätswerk. In zwei seiner alten Schächte fahren noch täglich Bergleute, die sich elektrisch umgestellt haben, mit Glückauf ein und aus, und wenn sie auch nicht mehr blinkendes Silbererz zu Tage fördern, so fördern sie tief aus dem Schoß der Erde ein anderes, neuzeitliches Gut: elektrische Energie." Der Strom floss zunächst nach Brand-Erbisdorf, Langenau, St. Michaelis, Großhartmannsdorf und ins Werk von Muldenhütten. Ab 1921 half das Kraftwerk, den Bedarf Freibergs zu decken. 27 größere Unternehmen waren bald direkt angeschlossen, 15 davon neu entstanden. Das Kraftwerk erwies sich als Standortvorteil beim wirtschaftlichen Umbau des Reviers.

1945 dann eine neue Situation. Auch wenn sich die Hoffnung auf Uran nicht erfüllte, lebte der Bergbau in Freiberg wieder auf. Mit Folgen für das Kraftwerk. Mehrfach wurde es umgebaut, zeitweise trieb nur mehr Oberflächenwasser die Turbinen an. „Das funktionierte leidlich", sagt Leistner. „Doch die Wasserbereitstellung über den Konstantinteich und das Oberwerk wurde während der 1950er- und 1960er-Jahre mehr und mehr reduziert." Schließlich beendete das zuständige DDR-Ministerium die kurze Epoche: 1972 ging der Schalter in die Aus-Position. „Die Aufwendungen für den Betrieb der Anlage liegen erheblich über denen anderer Kraftwerke", war in einer Stellungnahme des Energiekombinats Karl-Marx-Stadt zu lesen. Leistner spricht dennoch von einer politischen Entscheidung. Die DDR setzte auf Braunkohle und vergleichsweise billiges Gas und Öl aus der Sowjetunion. In Zeiten knapper Ersatzteile war eine kleine Anlage wie die in Freiberg nicht mehr opportun, sagt Leistner. Immerhin: Er selbst hat das Kraftwerk noch in Betrieb erlebt, im Sommer 1960. „Das ging bei uns über Beziehungen", erzählt Leistner. Er war damals an der Erweiterten Oberschule Brand-Erbisdorf. „Unser Lehrer war vom Bergbau besessen. Er hat es geschafft, den Obersteiger zu überreden, dass unsere Schulklasse einmal einfahren durfte. Seitdem hat mich das nie wieder losgelassen."

Als die DDR zusammenbrach, wurden Leistner und andere Gleichgesinnte aktiv. „Die Bergbehörde drohte, den Schacht endgültig zu verwahren, also mit einer Plombe zu verschließen", berichtet er. „Die sagten: So einen Schacht können wir nicht sich selbst überlassen. Das ist gefährlich. Es war ein Warnschuss. Daraufhin haben sich zehn Leute an den Tisch gesetzt und überlegt: Was können wir machen?" Der Verein übernahm das Gelände. Von Anfang an waren sich die Beteiligten einig: Hier geht es darum, dass sinnvolle Technik wieder zum Einsatz kommt. Seitdem suchen Leistner und Co. einen Investor.

Der Rothschönberger Stolln bildete auch den Abfluss für das Revierelektrizitätswerk. Bald nach Inbetriebnahme hatten sich im Umkreis einige Betriebe angesiedelt.

Foto: Uwe Mann

„Wir wollen nur das Grubenwasser nutzen, das kriegen wir kostenlos", sagt Leistner. Die erzielbare Leistung würde beispielsweise reichen, alle Freiberger Schulen mit Strom zu versorgen. Leistner rechnet nicht damit, dass das Kraftwerk große Renditen abwerfen könnte. Aber seinen eigenen Betrieb würde es schon finanzieren.

Einmal zeigte eine Tochtergesellschaft eines Stromanbieters Interesse. Doch ein Problem konnte der umtriebige Verein nicht lösen: Der Drei-Brüder-Schacht selbst war marode. In den untertägigen Bereich des Kraftwerks gelangte man nur über den Umweg „Reiche Zeche": Also 150 Meter im Förderkorb runter, weitere 80 Meter zu Fuß, dann per Boot sechs Kilometer durch den Rothschönberger Stolln zum Drei-Brüder-Schacht. Allein für die Strecke stromaufwärts braucht es gut und gern sechs Stunden. Gerätschaften oder Materialien transportieren? Unmöglich. Wer das Kraftwerk also in Betrieb nehmen wollte, musste erst den Schacht sanieren. Kostenpunkt: Siebenstellig. Unvorstellbar für jemanden, der Strom als Kleinerzeuger produzieren will.

Da entschied das Oberbergamt, der beim Hochwasser 2002 beschädigte Rothschönberger Stolln brauche neben der Reichen Zeche einen weiteren Zugang. Dafür bot sich der Drei-Brüder-Schacht an. Mehrere Jahre dauerte dessen Sanierung. Es war selbst für die Spezialisten keine Routine. „Der Schacht ist in unteren Abschnitten bis zu sechs Meter breit", sagt Leistner. Die Bergleute mussten immer neue Arbeitsbühnen im Schacht verkeilen. Eine neue Beförderungsanlage samt Träger und ein neues Maschinenhaus entstanden. Der Verein überzeugte das Oberbergamt, die Fördermaschine dauerhaft zu installieren. „Wir haben heute die leistungsfähigste Anlage von Freiberg", sagt Leistner stolz. Der Ausbau des Schachts sei „eine Anerkennung der Vereinstätigkeit, eine Würdigung all der Stunden, die es braucht, um Gelände und Gebäude in Schuss zu halten und die Sicherheit zu gewährleisten". 2016 war die Sanierung beendet. Doch in der Regel ist der Schacht abgedeckt, ruht der Förderkorb auf Stahlträgern, ist das Seil aufgewickelt. Denn gebraucht wird all das nur zur Begutachtung des Schachts und bei Notfällen. „Wenn solche Technik nicht genutzt wird, sollte man sie nicht den klimatischen Bedingungen im Schacht aussetzen", sagt Leistner. „Aber innerhalb eines Tages lässt sich alles betriebsbereit machen." Der Verein hatte nun bei der Investorensuche ein Ass im Ärmel. Einen neuen Schacht. Ein Kraftwerksbetreiber dürfte die Anlage mitnutzen, müsste sich nur an den Betriebskosten beteiligen. Die Voraussetzungen für die Wiederinbetriebnahme des Werks schienen günstiger denn je. Für Leistner, den Ingenieur, schließt sich ein Kreis. 1897 beschleunigte ein Hochwasser das Ende des Bergbaus und ebnete so den Weg für das Kraftwerk. 2002 war es ein Hochwasser, das zur Sanierung des Schachts führte. Die Landestalsperrenverwaltung würde dem Verein das unter Tage anfallende Wasser sowie mögliche

Überschüsse eines Teils der Revierwasserlaufanstalt zur Verfügung stellen. Nun bedarf es nur noch eines beherzten Unternehmers, der an dem grünen Schild an der Bundesstraße zwischen Freiberg und Brand-Erbisdorf den Blinker setzt und abbiegt – in Richtung Drei-Brüder-Schacht.

Weiterlesen? Wie Revierwasserlaufanstalt und Rothschönberger Stolln beim bergmännischen Wassersystem Maßstäbe setzten, lesen Sie ab Seite 70 im Kapitel „Wasserstandsmeldungen".

Informationen

Drei-Brüder-Schacht: Der Förderverein Drei-Brüder-Schacht in Freiberg veranstaltet regelmäßig Vorträge. Am Tag des offenen Denkmals sowie weiteren Terminen sind die obertägigen Teile der Anlage für die Öffentlichkeit zugänglich. Auch auf Anfrage gibt es Führungen zu den Anlagen und der Ausstellung WassErleben am Drei-Brüder-Schacht 27 in Freiberg-Zug, www.drei-brueder-schacht.de.

Foto: Jan Woitas

Geophysiker Johannes Preußl fährt in einem Schlauchboot in 280 Metern Tiefe durch den Rothschönberger Stolln und sucht nach Schadstellen.

DIE LIEBE DER FRAUEN ZUM BERGMANNSBERUF

Die schwere Arbeit unter Tage ist nicht allein Männersache. Sie war das noch nie – haben Wissenschaftlerinnen herausgefunden.

Jutta Knittel in ihrer alten Wismut-Uniform.

Vertrieben aus Breslau, angekommen in Freiberg, die Familie brauchte Geld. So begann für Jutta Knittel, Jahrgang 1931, eine große Leidenschaft. Als junges Mädchen heuerte sie nach dem Zweiten Weltkrieg bei der Wismut an: „Damit ich überhaupt Arbeit hatte." Die sowjetische Aktiengesellschaft suchte Arbeitskräfte für den großangelegten Uranabbau im Erzgebirge. Kein Traumjob, doch Jutta Knittel hatte Glück: Die körperlich schwersten Arbeiten blieben ihr erspart, stattdessen konnte sie Erkundungsarbeiten unter und über Tage übernehmen. Sie erfuhr, wie ein Bergwerk vermessen wird. „Das hat mir Spaß gemacht", erinnert sie sich, „da bin ich auf die Idee gekommen, welchen Beruf ich ausüben möchte."

Knittel holte das Abitur nach, schrieb sich an der Bergakademie ein. Ihr Fach: Markscheidewesen. Die Kunst der Erkundung und Vermessung der Lagerstätten und Bergwerke. Spannend war das, aber auch schwierig, besonders die höhere Mathematik. Praktika, etwa im Kalibergbau in Sachsen-Anhalt, standen auf dem Programm, ebenso eine Exkursion nach Bulgarien. Immer war Jutta Knittel die einzige Frau weit und breit: „Manche Professoren haben uns begrüßt mit ‚Meine Dame, meine Herren'", erinnert sie sich mit einem Lächeln. Als sie 1959 ihr Diplom ablegte – ein Gedenkstein der Bergakademie in ihrem Bücherregal erinnert daran – war sie die erste studierte Markscheiderin in ganz Deutschland.

Lang blieb das Thema Frauen im Bergbau unbeachtet. Bis es zwei Frauen aufgriffen und mit vielen Vorurteilen aufräumten. Ihre Namen: Gabriele Meißner, Polizistin und Heimatforscherin, sowie Angela Kugler-Kießling von der Freiberger Unibibliothek. Sie durchforsteten die Archive, befragten Zeitzeuginnen. Wie eben Jutta Knittel. Oder wie Ruth Schirrmeister aus Oelsnitz im Erzgebirge, 1925 geboren, 2013 verstorben, die ihr ganzes Leben als Berg- oder Hüttenmann arbeitete, weil sie sich nicht vorstellen konnte, wie sie sagte, den ganzen Tag in einer Spinnerei an der Maschine zu stehen.

Frauen im Bergbau, fanden die Forscherinnen heraus, hat es von Anfang an gegeben. Ein Paradebeispiel aus dem Erzgebirge zeigt das Gemälde von Hans Hesse am Bergaltar in der Annaberger Annenkirche. Mittendrin eine Erzwäscherin. Sebastian Münster, der 1544 eine erste Beschreibung des Wissens der Welt in deutscher Sprache herausbrachte, zeigte Frauen an einer Klaubebank. Und in großer Zahl bevölkern Frauen - etwa in der Erzaufbereitung oder bei verschiedenen Hilfsarbeiten - auch die Kuttenberger Illumination, die wohl bedeutendste Darstellung mittelalterlichen Silberbergbaus überhaupt. Angela Kugler-Kießling: „Frauen waren im mittelalterlichen Bergbau keine Seltenheit."

Für sie liegt der Grund dafür auf der Hand. Die ersten Bergwerke nach den Silberfunden waren Familienbetriebe. Jeder musste mit ran. Als der Bergbau in die Tiefen drang und komplizierter wurde, als glücklose Bergleute Lohnarbeit suchten, entstand eine Arbeitsplatzkonkurrenz zu Lasten der Frauen. Und doch waren sie auch in den Gewerken zu finden. Mitunter arbeiteten sie mit ihren Männern. Auch als Unternehmerinnen prägten Frauen die Montanregion mit. Insbesondere, wenn sie als Erben die Geschäftsnachfolge ihrer Männer antraten. Wie die noch heute berühmte Barbara Uthmann (1514-1575), die die Saigerhütte in Olbernhau-Grünthal erbte und außerdem ein Imperium der Bortenwirkerei aufbaute. Wie Rosina Schnorr (1618-1679), die die Zügel beim Blaufarbenwerk Niederpfannenstiel ergriff, nachdem ihr Mann Ende des Dreißigjährigen Krieges überfallen und verschleppt worden war. Wie Rosina von Elterlein, die 1729 ein Zainhammerwerk und Drahtwerk in Mittweida bei Markersbach übernahm.

Foto: Detlev Müller

Gabriele Meißner ist Polizistin und eine renommierte Geschichtsforscherin.

„Die Bergbaugeschichte wird auf Männer reduziert", sagt Angela Kugler-Kießling. „Das stimmt einfach nicht." Frauen im Bergbau seien nichts Seltenes gewesen. Sie arbeiteten kaum unter Tage, waren aber häufig eingesetzt beim Klauben und Scheiden von Erzen, beim Pochen und Rösten der Erze, beim Erzwaschen, beim Seiffen, bei Fuhr- und Tragearbeiten, dazu an Haspeln, Seilzügen, bei der Fassherstellung. Im 16. Jahrhundert hatten die Frauen sogar mehr Freiheiten als im späten 19. oder zu Anfang des 20. Jahrhunderts, sagt Kugler-Kießling. Frauenarbeit wurde vermehrt unterbunden. So verbot 1891 in Sachsen die Bergordnung die Arbeit für Frauen unter Tage. Auch die Bundesrepublik ratifizierte später ein Übereinkommen der Internationalen Arbeitsorganisation von 1935 zum Verbot jeglicher Untertagearbeiten von Frauen. Im sogenannten fiskalischen, also staatlich finanzierten Bergbau in Freiberg arbeiteten bereits zu Anfang des 20. Jahrhunderts kaum noch Frauen.

Nach dem Zweiten Weltkrieg änderte sich im Osten Deutschlands die Lage grundlegend. Bei der fieberhaften Suche der Sowjetunion nach Uranvorkommen ging ohne Frauen nichts. Viele wurden von der Wismut zwangsverpflich-

In Georgius Agricolas epochalem Werk „De re metallica" tauchen Frauen in den Abbildungen wie selbstverständlich auf.

Repro: Frank Hommel

Repro.: Frank Hommel

tet, manchmal als Ersatz für ihre Männer, die den Westen dem Uranbergwerk vorzogen. Wer mag es ihnen verdenken. Die Arbeits- und Lebensbedingungen waren anfangs teils hundsmiserabel. Und dennoch entschieden sich Frauen auch freiwillig dafür. Wie Jutta Knittel. Vor allem die vergleichsweise gute Bezahlung schien attraktiv. Oft standen die Frauen tagelang am Schachttor, bis sie endlich eingestellt wurden. Ab 1951 galt zwar auch in der DDR eine Arbeitsschutzverordnung, die schwere und gesundheitsgefährdende Arbeiten verbot. Aber viele Frauen in den Wismut-Betrieben weigerten sich, ihre gut bezahlten Arbeitsplätze zu räumen, berichtete Gabriele Meißner in der Zeitschrift „Der Anschnitt". Und zur Erfüllung des Fünf-Jahres-Planes fehlten Arbeitskräfte. „Im Februar 1952 forderte der Staat die Betriebe der Hauptverwaltung Kohle auf, Möglichkeiten des Untertageeinsatzes von Frauen zu prüfen."

Ein Satz von Ruth Schirrmeister ist bei den Forscherinnen – und der Filmemacherin Dagmar Borchert, die das Thema für den Film „Das Glück da unten" aufgriff – besonders hängen geblieben: „Bergbau ist kein Blumenladen." Angela Kugler-Kießling: „Für ihren Traum, unter Tage zu arbeiten, hat sie Entbehrungen auf sich genommen, die unvorstellbar sind. Allein der Arbeitsweg von drei bis vier Stunden, davon die Hälfte zu Fuß, wäre für eine Mutter mit zwei kleinen Kindern heute völlig undenkbar." Ruth Schirrmeister wurde Sanitäterin, barg Verletzte und tödlich Verunglückte, rettete Menschen das Leben. Sie engagierte sich für die Interessen der Bergleute, erstritt Verbesserungen im Arbeitsumfeld weiblicher Bergleute. „Das hat ihr viel Achtung und Anerkennung eingebracht", sagt Angela Kugler-Kießling. „Sie ist ein Beispiel unter vielen, die belegen, dass Frauen ihren Mann standen."

Foto: Frank Hommel

Auch Traditionspflege kann Frauensache sein: Ingrid Kadner von der Bergbrüderschaft Geyer.

Inzwischen dürfen das Frauen im vereinten Deutschland wieder unter Tage tun. 2008 hob der Bundestag das entsprechende Verbot auf. Dass Frauen sich noch immer bei der Bewahrung der Erinnerung an den erzgebirgischen Bergbau unter Männern behaupten können, zeigt ein Beispiel aus Geyer. Dort leitete Ingrid Kadner, als einzige Frau weit und breit, viele Jahre die Bergbrüderschaft. An ihrem Auto prangt das Symbol aus Schlägel und Eisen. Sie selbst lief noch mit 80 Jahren bei den meisten Bergparaden mit – als Klaubefrau. So wird auch in den Paraden gezeigt, dass Frauen im mittelalterlichen Bergbau mitmischten. In der Paradeordnung hinter ihren Bergbrüdern unterwegs, achtet Ingrid Kadner streng darauf, dass die Herren vor ihr den Gleichschritt halten. Und fühlt sich unter ihren Bergbrüdern rundum wohl.

Auch der einstigen Markscheiderin Jutta Knittel gefallen die Bergparaden. „Das gehört in Freiberg einfach dazu", sagt sie. „Ich habe sie mir immer gern angeschaut." Probleme habe sie als Frau unter ihren männlichen Kollegen nicht gehabt, berichtet Jutta Knittel, ihre Kollegen hätten sie immer voll akzeptiert.

Auch bei ihrer Arbeit in der Geologischen Kommission in Freiberg, der sie nach dem Studium ihr ganzes Berufsleben lang angehörte. Bergwerke erkunden und kartieren, vom aktiven Braunkohleabbau in der Lausitz bis zum Altbergbau im Erzgebirge, das waren ihre täglichen Aufgaben: „Die Steinkohle war das schwerste“, sagt Knittel. „Wegen der Hitze dort unten.“

Das ist lange her; 1994 ging Jutta Knittel in den Ruhestand. Doch die Erinnerung an ihre aktive Zeit zaubert immer noch ein Lächeln auf ihr Gesicht. In ihrer Wohnung finden sich neben alten Fotos eine kleine Mineraliensammlung - und selbstverständlich eine Reihe Bergmänner, vom Bergmeister bis zum Steiger, die ein Kollege vor rund 40 Jahren geschnitzt hat. Wie nennt man eigentlich eine Frau, die im Bergbau arbeitet? „Wie man da sagt, ist doch egal“, findet Jutta Knittel und lacht: „Manchmal habe ich gesagt, ich bin die Bergziege.“ Eins war für sie jedenfalls immer klar: „Ich habe meinen Beruf geliebt.“

Weiterlesen? Über eine der beeindruckendsten Frauen in der erzgebirgischen Geschichte: Kapitel „Die Uthmannin“ ab Seite 150.

Informationen

Regelmäßige Bergparaden im Erzgebirge. Besonders im Advent Aufmärsche der Bergmannsknappschaften und Bergmannsorchester in Habit, Auftakt gewöhnlich am Samstag vor dem ersten Advent in Chemnitz, Höhepunkt ist die Große Bergparade zum Abschluss am 4. Advent in Annaberg-Buchholz, weiter stehen etwa Freiberg, Schneeberg, Lößnitz, Seiffen, Schwarzenberg im Terminkalender, Informationen unter www.bergbautradition-sachsen.de/.
Uni-Bibliothek Freiberg, wechselnde Ausstellungen zu montanhistorischen und historischen Themen, regelmäßig Vorträge, Eintritt frei, geöffnet ist montags bis freitags 7 bis 23 Uhr, am Wochenende 10 bis 22 Uhr (außerhalb der Vorlesungszeit können die Öffnungszeiten verkürzt werden), Agricola-Straße 10 (voraussichtlich ab Anfang 2022 in einem Neubau an der Winklerstraße) Freiberg, www.tu-freiberg.de/ub.

2. TEIL

IMMER DEM ERZE NACH – DIE UMGEBUNG VON FREIBERG

Die reichen Lagerstätten, die Erzgänge, auf die die Bergleute im 12. Jahrhundert gestoßen waren, beschränkten sich nicht auf das Gebiet der bald gegründeten Stadt Freiberg. Der Bergbau prägte auch die Umgebung, und nicht nur der Bergbau selbst, sondern auch die Verarbeitung der Erze. So wurden Muldenhütten und Halsbrücke an der Freiberger Mulde bedeutende Hüttenstandorte. Muldenhütten mit durchgängig mehr als 700 Jahren Hüttengeschichte ist einer der ältesten noch produzierenden derartigen Standorte der Welt. Auch die Wirtschaftsstruktur des Industrieortes Halsbrücke zeugt nach wie vor davon, wie hier Hüttengeschichte geschrieben wurde und wird. Die Hohe Esse steht aber auch für die enormen Umweltbelastungen, die die Prozesse der Verhüttung und Veredelung der Erze mit sich brachten. Es brauchte solch einen Monolithen in der Landschaft, um die Abgasbelastung im geschundenen Ort in den Griff zu bekommen. Brand-Erbisdorf südlich von Freiberg übertraf derweil zeitweise gar die Nachbarstadt mit der Silberausbeute. Als der Bergbau hier zu Ende ging, war es besonders schmerzhaft. Ein Investitionsprogramm sollte die Folgen für die Bevölkerung abfedern, und so wurde die Stadt Produktionsort von Luxusautos. Aber lange konnte sich das auch nicht halten. Noch aktiv ist dagegen die Revierwasserlaufanstalt, die, einst gebaut, um Wasser zum Antrieb der zahlreichen Wasserräder aus dem Erzgebirge ins Revier zu leiten, mit ihren kilometerlangen Gräben und Röschen und zahlreichen Teichen und Staubecken noch immer Industriebetriebe im Raum Freiberg mit Brauchwasser versorgt. Zunächst aber führt unsere Reise von Freiberg aus etwa 20 Kilometer nach Norden, zum Kloster Altzella, dessen Mönche nicht nur selbst Bergbau betrieben, sondern das bei der Besiedelung und Entwicklung des Gebiets eine große Rolle spielte – und wo der sagenumwobene Markgraf Otto der Reiche begraben liegt.

Welterbestätten in der Freiberger Umgebung: Bergbaulandschaft Gersdorf bei Altzella mit den Anlagen des Gottes Segen Erbstollns wie Treibehaus, Krebsteich, Grubenwehr, oberer und unterer Aufschlagwasserführung; Hüttenkomplex Halsbrücke mit Schlackenbad, Arbeiterhäuser, Aquädukt; Churprinzer Erzkanal mit Kahnhebehäusern Großvoigtsberg und Halsbrücke; Reste der Altväterbrücke; Anlagen der Gruben Churprinz Friedrich August Erbstolln und Alte Hoffnung Gottes Erbstolln; Kunstgraben Roter Graben; Hüttenkomplex Muldenhütten; Bergbaulandschaft Brand-Erbisdorf mit Alte Mordgrube Fundgrube und Bergbaulandschaft Goldbachtal; Revierwasserlaufanstalt Freiberg. Assoziierte Stätte: Elite-Automobilwerke Brand-Erbisdorf

Foto: Sylvio Dittrich

Das einstige Kloster Altzella bei Nossen spielt in der Bergbaugeschichte des heutigen Freistaats Sachsen eine gewichtige Rolle. Heute ist dort ein Landschaftspark, und in einem Mausoleum ruhen die Gebeine von Otto dem Reichen.

DER OTTO-MOTOR

Hatte er nur Glück? Oder war dieser Markgraf, in dessen Zeit der Silberbergbau im Erzgebirge begann, ein Urahn späterer Wirtschaftspolitiker wie Ludwig Erhard? Eine Spurensuche zwischen Freiberg und Altzella.

Kommt Ines Lorenz mit dem Schlüsselbund, gehen die Türen auf. Zwei sind es an der Zahl. Sie ist die Hüterin des Freiberger Stadtarchivs. Einer Klimaanlage bedarf der historische Bereich nicht. Die Mauern des Rathauses sind dick genug. Den alten Urkunden, Dokumenten und Folianten können weder Frühling noch Sommer, Herbst oder Winter etwas anhaben. Die wertvollsten Schätze lagern hinter Glas. Wer sie berühren möchte, muss sich weiße Handschuhe überstreifen. Ines Lorenz nimmt einen Band zur Hand, der um 1300 herum niedergeschrieben wurde – vor Erfindung des modernen Buchdrucks. Das Freiberger Bergrecht, Teil A. Es galt nach Meinung der Forschung von Anfang an. Die Präzision der akkurat gezogenen Buchstaben und der leuchtend rote Farbton der jahrhundertealten Versalien lassen den Betrachter staunen. Vorsichtig blättert Ines Lorenz die Seiten um. Der wichtigste Paragraf trägt die Nummer 9. „Von Bergwerke und wy mans mit dem ackerteile halten solle", steht dort geschrieben. „Wo eyn man ercz suchen wil", lautet der entscheidende Satz, „das mag her tun mit rechte."

„Wo eyn man ercz suchen wil, das mag her tun mit rechte"

Der Paragraf erklärt das Gebiet um Freiberg zum freien Berggebiet. Wer wollte, durfte überall nach Erz schürfen. Dieser Satz hat Otto, Markgraf von Meißen zur Zeit der ersten Silberfunde in Freiberg, unsterblich gemacht. Beim Silberbergbau hob Otto die Beschränkungen des feudalen Ständestaats auf. Wer wollte, durfte Silber suchen. Und wer fündig wurde, durfte das Erz abbauen. Ohne Rücksicht auf den Stand. Ohne Rücksicht darauf, wem der Grund gehörte. „Auf bergfreie Bodenschätze erstreckt sich das Eigentum an einem Grundstück nicht", heißt es im Paragraf 3 des Bundesberggesetzes bis heute.

Damals kamen die Knappen in Scharen. Freiberg wurde in kürzester Zeit größte Stadt der Markgrafschaft. Was sich nicht zuletzt für Otto auszahlte. In barer Münze. Denn den Zehnt, den hatten die Bergleute auch auf dem freien Berge für ihre Funde zu zahlen. So wurde Otto zu Otto dem Reichen. Von einem Silberschatz von 30.000 Talern ist die Rede.

An die Stelle höriger Bergleute traten mit Otto freie, unternehmerische Bürger, urteilte Historiker Karlheinz Blaschke. Für ihn war der Fürst so Ausgangspunkt von Innovation und Modernisierung. Die hohe Entfaltung von Wirtschaft und Kultur in Sachsen führe auf ihn zurück. Otto der Reiche, möchte man glatt meinen, ist der Otto-Motor des Wirtschaftswunders der Markgrafschaft Meißen. Vielleicht gar eine Art Ludwig Erhard des Mittelalters? Ein Gemälde der einstigen Ahnengalerie der Wettiner, im 18. Jahrhundert entstanden, verpasst dem Markgrafen den entsprechenden Hintergrund. Während sich Otto in Rittertradition mit Harnisch, Streitaxt und Schwert präsentiert, den Helm zu seinen Füßen, kündet die Szenerie hinter ihm von der neuen Zeit. Eine Stadt blüht auf, und vor ihren Toren werden Bergbau-Szenen angedeutet: Zwei Knechte bedienen eine Haspel, Halden sind zu sehen, Gebäude darauf könnten Huthäuser sein, oder kleine Schmelzhütten.

Die Sache hat nur einen Haken: Der Mann, dem die Erfindung der Bergfreiheit zugerechnet wird, er hat sie gar nicht erfunden. Berichten die Historiker Uwe Richter und Yves Hoffmann. Die Freiheit, überall nach Erz zu schürfen, ungeachtet der Besitzverhältnisse des Landes, gab es anderswo schon zuvor, so die beiden. Diese Freiheit war keine Neu-Erfindung des Freiberger Bergbaus. Ohne Bergfreiheit, ohne freies Unternehmertum war Bergbau schon zu Ottos Tagen kaum mehr möglich. An ihren Feudalherrn gebundene Bergleute hätten kaum von Ort zu Ort ziehen und dem Berggeschrey ins Erzgebirge folgen können. Der hauptsächliche Antrieb der Fürstenhäuser: Herrschaftsgebiet sichern. Expansionsbestrebungen der Nachbarn in Grenzen halten. Die Machtbasis der Dynastie durch Bündnisse festigen. Und nicht zuletzt Macht ausbauen. Ein immerwährender Prozess über Jahrhunderte.

Foto: Staatl. Kunstsammlungen Dresden, Foto: Elke Estel/Hans-Peter Klut

Das Gemälde von Otto dem Reichen im Fundus der Rüstkammer Dresden wurde erst Jahrhunderte nach Ottos Tod geschaffen. Ein zu seinen Lebzeiten entstandenes Porträt existiert nicht.

20 Kilometer nördlich von Freiberg liegt das einstige Kloster Altzella. Wer das Konversenhaus durchschritten hat, das Haus der Laienbrüder, landet in einem idyllischen Park. Im Schatten mächtiger Bäume klettern Kinder über Reste alter Mauern. Eine Treppe führt hinunter in den alten Klosterkeller. Ein Schotterplatz markiert die Umrisse der einst mächtigen Klosterkirche. Backstein-Fragmente sind übriggeblieben. Wo einst die Mönche die Choräle sangen, steht heute ein marmorner, tempelartiger Bau. Eine Trutzburg, die sich gegen den Verfall stemmt. Wieder klappert ein Schlüssel, wieder öffnet sich eine Tür. Diesmal ist Peter Dänhardt dabei, Museologe des Klosterparks. „Wir sagen Mausoleum“, sagt er. „Es ist kein geweihter Kirchenbau.“

In diesem Bau, oder besser darunter, ruhen Ottos Gebeine. Er hatte das Kloster 1162 gestiftet, als Grablege für sich, seine Familie, seine Nachkommen. Die Urkunde besiegelte Kaiser Friedrich Barbarossa persönlich. Altzella war einst das größte Zisterzienserkloster Sachsens. Bis es 1540 im Zug der Reformati-

Das mächtige Westtor des Klosters ist erhalten geblieben. Eine 1325 Meter lange, 1,50 bis 2 Meter starke und bis zu 5 Meter hohe Bruchsteinmauer umgibt die Klosteranlage bis heute.

Foto: Frank Hommel

Für die Stadt Freiberg ist Otto der Reiche sozusagen der Stadtgründer. Der Markgraf wird mit einem Denkmal auf dem Obermarkt geehrt.

Foto: Eckardt Mildner

on aufgegeben wurde. Selbst die Wettiner interessierten sich bald nicht mehr sonderlich für ihre Grabstätte. Die Klosterkirche wurde Steinbruch. Erst nach mehr als 100 Jahren besann sich die Adelsfamilie ihrer Altvorderen. Grabungen wurden angeordnet, vier Grabplatten geborgen, die – einem Wunder gleich – tatsächlich Otto, der Gattin Hedwig sowie den beiden Söhnen Albrecht und Dietrich zugeordnet werden konnten. Auch die Gebeine mehrerer Menschen fanden sich. Wer das war, ließ sich nicht mehr herausfinden. Immerhin, der Park entstand, und mit ihm der klassizistische Bau, in dem die Grabplatten, leicht ramponiert, noch heute liegen.

Rückschlüsse auf das Äußere Ottos lässt seine Grabplatte nicht zu. Sie war erst Jahrzehnte nach Ottos Tod 1190 in Angriff genommen worden. Auch sonst gibt es keine zeitgenössischen Porträts. Die Grabplatte zeigt ein Idealbild des Herrschers. Wallend langes Haar, ebenmäßige Wangen, Schwert, Schild, Speer. Die Nase ist in den Jahrhunderten verloren gegangen. Als Dänhardt den Begriff des Otto-Motors hört, lacht er auf. „Da ist schon was dran", sagt er dann. „Otto war ein Antrieb für die Besiedelung und die Wirtschaft des Landes. Sicherlich eine der bedeutenderen Figuren in der Familie der Wettiner." 1156 übernahm Otto die Markgrafschaft Meißen von seinem Vater Konrad dem Großen. Zu der Zeit war das heutige Erzgebirge terra incognita – unbekanntes Land. An Bergbau, an Städte wie Annaberg und Schneeberg, wie Olbernhau und Aue nicht zu denken. „Damals war die Linie hier von Nossen nach Wilsdruff die Grenze des Altsiedellandes", erklärt Peter Dänhardt. „Jenseits davon Richtung Süden gab es nur noch Wald. Vielleicht waren da ein paar Wege. Sonst war da nichts."

Bis Otto kam. Umgehend trieb er die Besiedelung voran, ließ Bauern aus Franken anwerben, die den Wald rodeten, Dörfer gründeten, das Land urbar machten. Es war kein edler Zug, um Menschen eine neue Chance zu geben. Der Markgraf rang vielmehr um Land und Einfluss. Erschließung und Besiedelung des Landes spielten dabei eine große Rolle. Viele der neu gegründeten Dörfer aber gehörten zu den 800 Hufen Land, die Otto 1162 mit der Stiftung dem Kloster übereignete. Auch Christiansdorf, der Ort der Silberfunde von 1168. Als die Kunde des Silbers zu Otto drang, handelte der Markgraf umgehend. Wenn er vom Fund profitieren wollte, musste er wieder in den Besitz des Ortes kommen. Es gelang ihm bereits 1169/70, Christiansdorf sowie die benachbarten Ortschaften Tuttendorf und Berthelsdorf wieder zurückzubekommen. Dafür gab er dem Kloster jenes Fleckchen Erde beim heutigen Nossen, das den Zisterziensern besser geeignet schien als der ursprünglich vorgesehene Standort. Außerdem durfte das Kloster künftige Silberfunde auf seinem Gebiet selbst ausbeuten. Im nahen Gersdorf sollten die Mönche tatsächlich fündig werden.

Otto ließ derweil nahe Christiansdorf einen Herrensitz bauen. Das entstehende Freiberg bekam viele Freiheiten. Das Denkmal auf dem Obermarkt heute zeigt, wie Otto den Bergknappen die Urkunde überreicht. Otto förderte auch Leipzig, so mit dem Recht, jährlich zwei Märkte abzuhalten. Die Basis für den Handelsplatz war gelegt. „Es fällt auf, dass sich Otto zu seiner Zeit außenpolitisch zurückhielt", sagt der Museologe. Für den Markgrafen habe die Festigung und der Ausbau der wettinischen Herrschaft in der Mark Meißen Priorität gehabt. „Er bot Siedlern, Handwerkern und Bergleuten, die aus vom Krieg bedrohten Gegenden, zum Beispiel der Harzgegend, ins Meißner Land zogen, einerseits Sicherheit, andererseits weitreichendere Entfaltungsmöglichkeiten", argumentiert er. „Insofern kann seine Politik schon als vorausschauend bewertet werden. Sie legte sicher entscheidende Grundlagen für die politische und wirtschaftliche Entwicklung des Landes."

Auch für den Historiker Uwe Richter manifestiert sich die Bedeutung des Herrschers im Vertrag, mit dem es gelang, die Kontrolle über die Erzgänge von Christiansdorf zurückzuerhalten. Ein Schachzug von weitreichender Bedeutung, sagt Richter. „Er hat damit die sich bietende Chance beim Schopf gepackt." Der Otto-Motor, er war mit diesem Vertrag angesprungen. Laufen konnte er dann von ganz alleine.

„Insofern kann seine Politik schon als vorausschauend bewertet werden"

Weiterlesen? Wie ein anderer Wettiner zusammen mit seiner Frau das Erzgebirge einige Jahrhunderte später prägte, steht ab Seite 254 im Kapitel „Das Traumpaar der Renaissance".

Information

Klosterpark Altzella: ehemalige Zisterzienserabtei Marienzell, 1162 vom damaligen Markgrafen Otto gestiftet, im Zuge der Reformation 1540 aufgelöst, im 18. Jahrhundert in einen Park umgewandelt, Sonderausstellungen, Kurse, Führungen, Veranstaltungen, wie Mittelalterspektakel (im Frühjahr) und Blues- und Rockfestival (zu Himmelfahrt), geöffnet dienstags bis freitags 10 bis 17 Uhr, am Wochenende bis 18 Uhr (im Winter geschlossen), 4 Euro, ermäßigt 3 Euro, Kinder 1 Euro, www.kloster-altzella.de Segen Gottes Erbstolln: einzigartige Konstellation vieler Sachzeugen aus allen Epochen des Bergbaus, jährlich zu Pfingsten bergmännische Führungen unter Tage, ab 1. Mai für Gruppen auf Anmeldung kostenpflichtige Führungen (auch Stiefeltour und Abenteuerroute), Gersdorf, Gemeinde Striegistal, Verein Segen Gottes Erbstolln, Telefon 034322/12548, www.klosterbezirk.de/ausflugtipp/segen-gottes-erbstolln.

Foto: Ulf Dahl

Otto der Reiche und Albrecht der Stolze auf dem Dresdner Fürstenzug.

DER MAYBACH VON BRAND-ERBISDORF

Die Elite gehört einfach zur Bergstadt. Heute ist sie für viele nur ein Gewerbepark. Doch für Kenner ist sie der Ort, an dem Träume wahr wurden.

Foto: Stadtverwaltung Brand-Erbisdorf

Das Huthaus Mordgrube gehört zu den besterhaltenen Bergbaurelikten von Brand-Erbisdorf.

Es klingt wie eine Liebeserklärung. „Der tiefe Klang, wenn der Elite loslegt, ist einfach traumhaft“, sagt Sven Volkmann zum Beispiel. Oder: „Das ist einfach eine Lebenseinstellung. Man muss dieses Fahrgefühl leben.“ Vor allem aber: „Es ist schon etwas Besonderes, dass in Brand-Erbisdorf mal solche Autos gebaut worden sind.“ Und so kennt seine Begeisterung keine Grenzen, wenn beim jährlichen Oldtimertreffen in der Stadt „der Elite“ vorfährt. Lange Schnauze, geschwungene Karosserie und Sitze, so bequem „wie Omas Sofa“, sagt Volkmann. Mit dabei ist auch die Feuerwehr von Zwickau-Crossen, die noch ein Löschfahrzeug aus dem Hause Elite ihr Eigen nennt. Nur 16 Jahre lang produzierten die Elite-Motorenwerke in der erzgebirgischen Stadt ihre Luxusautos: von 1913 bis 1929. So wurden sie nie zum Massenprodukt. Weniger als 30 Exemplare gibt es überhaupt noch, schätzen Mitglieder der Oldtimer-Gruppe. Elite eben.

Wie aber kamen die edlen Automobile in die erzgebirgische Kleinstadt? Alles kommt vom Bergwerk her, sagt der Erzgebirger. In diesem Fall könnte man auch sagen: Vieles folgt dem Bergbau nach. Denn nachdem das Silber nicht mehr genug einbrachte, musste man sich etwas einfallen lassen.

Im Jahr 1209 wurde das Bauerndorf „Erlwinesberg“ erstmals erwähnt. Man geht davon aus, dass das Gebiet schon irgendwann nach 1150 gerodet wurde - wie die nahegelegenen Dörfer Berthelsdorf, Tuttendorf und Christiansdorf, heute Freiberg. Die Siedler kamen wahrscheinlich aus Franken. Und dann fand man das Silber. Zwischen 1200 und 1250 hatte sich der Bergbau bis auf Erbisdorfer Flur ausgebreitet. Auf dem Gebiet des heutigen Stadtzentrums entstand eine bergmännische Siedlung, die später den Namen Brand bekam. „Die Bergleute hatten mehr Freiheit als die Bauern. Sie mussten auch beweglich sein, um weiterzuziehen, wenn die Lagerstätten erschöpft waren“, erklärt Thomas Maruschke, Leiter des Huthauses „Einigkeit“ in Brand-Erbisdorf. Schon die

Tatsache, dass das städtische Museum in einem alten Huthaus eingerichtet ist, also dem ehemaligen Verwaltungsgebäude eines Bergwerks, zeigt: Bergbau und Brand-Erbisdorf gehören zusammen. „Im Brander Revier ist das meiste Silber von ganz Sachsen gefördert worden", erklärt Thomas Maruschke. 1500 Tonnen waren es über die Jahrhunderte, etwa ein Viertel der gesamten sächsischen Produktion.

Warum wurde dann nicht Brand-Erbisdorf zur bedeutenden Bergstadt, sondern Freiberg? Dort hatte man das begehrte Erz einfach früher entdeckt. Schnell ernannte der Markgraf von Meißen, der später Otto der Reiche genannt wurde, den Ort zur Bergstadt. Eines der Privilegien: Im Umkreis von zwölf bis fünfzehn Kilometern durfte keine andere Stadt entstehen, sagt Thomas Maruschke. Deshalb blieben Brand und Erbisdorf klein. Erst 1834 wurde Brand vollwertige Stadt. 1912 legte man die beiden Ortsteile zusammen.

Im Museum können Besucher die reiche Bergbaugeschichte durchstreifen. Da war zum Beispiel die Beschert Glück Fundgrube, nach Museumsangaben zwischen 1775 und 1825 die Vorzeigegrube des Freiberger Reviers. Doch auch von den harten Lebensbedingungen erfährt der Besucher: Anfang des 19. Jahrhunderts verdiente ein Bergmann nur etwa die Hälfte des Lebensminimums einer Familie. Alle mussten dazuverdienen. Und dann sieht man im Museum noch ein ganz besonderes Mineral: ein Stück Argyrodit, gefunden 1885 in der Grube Himmelsfürst. In diesem silber- und schwefelhaltigen Mineral entdeckte der Chemiker Clemens Winkler von der Bergakademie Freiberg ein Jahr später das Element Germanium.

„Im Brander Revier ist das meiste Silber von ganz Sachsen gefördert worden"

Doch trotz aller Erfolge und Entdeckungen: Irgendwann waren die Lagerstätten erschöpft. Außerdem hatte das Deutsche Reich 1873 die Silberwährung abgeschafft. Silber wurde zum bloßen Handelsmetall und brachte weniger Geld ein. 1903 beschloss der Sächsische Landtag, den Bergbau binnen zehn Jahren einzustellen. Was übrig blieb, ist eine Bergbaufolgelandschaft, die ihresgleichen sucht. Auf Brand-Erbisdorfer Flur sind mehr als 200 Halden, Huthäuser, Stollenmundlöcher und das System der Bergmännischen Wasserwirtschaft erhalten. Das eindrucksvolle Stadtgebiet, in dem man alle paar Meter über Hinterlassenschaften des Bergbaus stolpert, zählt nun selbstredend zur Welterbe-Region dazu.

Doch der Bergbau hinterließ nicht nur Spuren in der Landschaft, sondern auch Menschen, die keine Arbeit mehr hatten. So kam es, dass die Sächsische Staatsbank zinslose Kredite an Gemeinden vergab, wenn sich Unternehmen dort neu ansiedelten und einen Anteil arbeitsloser Bergleute beschäftigten. Damit konnte die Stadt einen aufstrebenden Unternehmer aus Berlin überzeugen: Emile Luders hatte dort eine Maschinenfabrik aufgebaut. Warum er sich für sein neues Unternehmen ausgerechnet den kleinen Ort im Erzgebirge aussuchte, weiß man heute nicht mehr genau. Möglicherweise haben die Nähe zu den Kraftfahrzeugbauern in Chemnitz und Zwickau und niedrige Löhne eine Rolle gespielt.

Ende 1912 begann der Bau des Verwaltungsgebäudes und einer Maschinenfabrik an der Dammstraße. In der Anfangszeit produzierten die Arbeiter hauptsächlich Kolbenringe und stellten Bootsmotoren fertig. Doch Luders geriet früh in Schwierigkeiten: Die Privatbank, die sein Unternehmen finanziert hatte, ging in Konkurs. Und so musste auch er sich an seine Gläubiger wenden.

Foto: Eva-Maria Hommel

Eine Plakette erinnert daran, dass der Elite auch an Straßenrennen teilnahm. Dadurch wurden einige Modelle weithin berühmt.

Einer von ihnen war Georg Günther. Er übernahm die Mehrheit an der Fabrik, die er in Elite Motorenwerke Aktiengesellschaft umbenannte. Günther hatte zuvor sein Geld mit dem Bauen von Fahrrädern verdient. Ab 1913 ließ er in Brand-Erbisdorf Automobil-Fahrgestelle produzieren. Partner war zeitweise sogar Jørgen Skafte Rasmussen, der spätere Gründer der Zschopauer Motorenwerke und dann der Auto Union. Der Erste Weltkrieg trug wesentlich zum Wachstum der Elite Motorenwerke bei, sie stellten in dieser Zeit Granathülsen und Geschosse her. Nach dem Ende des Krieges arbeiteten bei den Elite-Werken in Brand-Erbisdorf 1300 Menschen. Sie konzentrierten sich auf Personenkraftwagen, zunächst mit Vierzylindermotoren. Ab 1923 produzierte man das Modell S 18 18/96 PS in Serie, einen Sechszylinder. Die Absatzzahlen des Luxusautos blieben niedrig, doch Erfolge bei Bergrennen machten es im In- und Ausland bekannt.

Die Kernkompetenz der Elite war der Fahrgestell- und bedingt der Motorenbau. Andere Teile kamen von Zulieferern, etwa der Sächsischen Kühlerfabrik in Muldenhütten. Uhr und Tachometer kamen aus Glashütte. Für die Karosserien waren rund 20 verschiedene Firmen zuständig. So gab Günthers Unternehmen Menschen in der ganzen Region Arbeit. Doch zu lange steckte es im Automobilbau der ersten Stunde fest. Ein damaliger Betriebsrat beschrieb später, wie Vorgesetzte die Forderungen der Belegschaft nach einer rationelleren Produktion und neuen Produkten ablehnten. Ein Kollege etwa habe ein aufschlagbares Verdeck fürs Auto erfunden, doch das wurde abgelehnt. Einige Zeit später bauten dann andere Fabriken solche Neuheiten. Und dann fiel auch noch die Einfuhrbeschränkung für ausländische Kraftwagen, gleichzeitig sanken die Einfuhrzölle. Sofort gründeten Autoriesen wie Ford oder Citroën in Deutschland Montagewerke, die täglich mehr als 25 Wagen zu deutlich geringeren Preisen herstellten als die Elite. Dieser Konkurrenz war sie nicht gewachsen. Im Jahr 1928 übernahm die Familie Opel die Elite-Motorenwerke, ein Jahr später stellte sie die Automobilproduktion in Brand-Erbisdorf ein.

Foto: Stadtverwaltung Brand-Erbisdorf

So sah das repräsentative Verwaltungsgebäude der Elite um 1914 aus.

Foto: Sven Volkmann

Hochwertig und selten: Es gibt nur noch wenige Elite-Wagen aus Brand-Erbisdorf.

Firmenangestellte präsentieren sich mit einem Elitewagen (um 1925).

Foto: Stadtverwaltung Brand-Erbisdorf

Die Weltwirtschaftskrise hatte dem Unternehmen den Rest gegeben. Um 1930 gingen die letzten 470 Arbeitsplätze verloren.

Wer wissen will, was von der Elite geblieben ist, muss im Stadtzentrum ein Stück die Hauptstraße weiter in Richtung Annaberg-Buchholz fahren. Linker Hand liegt ein stolzer Bau aus roten Backsteinen, mit mehreren Giebeln und einem markanten Turm. Darauf prangt der Schriftzug „Elite". In dem ehemaligen Verwaltungsgebäude sind heute 19 Firmen ansässig, von Kunststoffverarbeitung bis Physiotherapie. Den Sitz des Gewerbeparks nennt man in der Stadt immer noch „die Elite".

„Viele Leute wissen gar nicht mehr, dass in Brand-Erbisdorf mal solche Autos gebaut worden sind", sagt Oldtimer-Fan Sven Volkmann. Doch die Enthusiasten von der Oldtimer-Interessengruppe halten die Erinnerung aufrecht. So auch Matthias Grundmann, Fahrradhändler im Ort. In seiner Werkstatt bewahrt er eine Plakette von einem Straßenrennen auf, an dem die Elite teilgenommen hatte, sowie alte Aktien. Sein Urgroßvater war Werkmeister in dem Betrieb, die Familie wohnte auf dem Werksgelände.

„Aber einen Elite habe ich mir nie leisten können", sagt Matthias Grundmann, „das war ja der Maybach oder der Mercedes der 1920er-Jahre." Wie viel man heute für ein solches Fahrzeug ausgeben müsste, sei schwer zu schätzen, aber die Summe wäre mit Sicherheit sechsstellig, sagt er. „Diese Autos werden nicht gehandelt. Sie werden nur innerhalb von Automobilclubs oder in der Familie weitergegeben." Matthias Grundmann ist sich sicher: „Wer einen Elite hat, der gibt die Leidenschaft an seine Kinder weiter."

Weiterlesen? Erfahren Sie im Kapitel „Hier lebt die Zeit" (Seite 106), wie staatliche Wirtschaftsförderung auch in einem anderen Städtchen einen neuen Wirtschaftszweig befruchtete.

Information:
Museum Huthaus Einigkeit: Das Museum bietet einen umfassenden Einblick in die Bergbaugeschichte des Brand-Erbisdorfer Reviers. Unter anderem sind Mineralien, Gerätschaften, Trachten und Uniformen zu sehen. Jahnstraße 14, geöffnet ist dienstags bis sonntags von 10 bis 12 und von 13.30 bis 17 Uhr, www.brand-erbisdorf.de. Schauanlage Bartholomäus Grube: Der 80 Meter tiefe Schacht kann bis in 25 Meter Tiefe befahren werden. Er diente der Silberförderung und später dem Unterhalt des Thelersberger Stolln. Eine rekonstruierte Haspelmaschine mit Schwungrad und Bremse wird vorgeführt. Führungen nach Vereinbarung, Stadtverwaltung, Am Markt 1, Telefon 037322 320.

Foto: Stadtverwaltung Brand-Erbisdorf

Ein Katalog im Archiv des Museums zeigt verschiedene Ausführungen des Elite S 18, so wie er um 1925 gebaut wurde.

WASSERSTANDS-MELDUNGEN

Um Wasser aus den Gruben zu befördern, brauchte der Bergbau – Wasser. Aber das musste er auch wieder loswerden. Das war gar nicht so einfach. Die Präzision der dafür in Freiberg gefundenen Lösungen lässt die Menschen heute noch staunen.

Samstags am Vormittag ist Zeit für einen Spaziergang. Thomas Richter wählt den Weg ins Triebischtal. Nachdem er die neue Brücke überquert hat – die alte hatte das unscheinbare Flüsschen beim Hochwasser 2002 so stark beschädigt, dass sie in sich zusammenfiel – geht es links in den Wald hinein und bald hinunter zu einem kleinen Häuschen. Es ist die Stelle, an der das Wasser aus dem Berg kommt. Ein stetiger Strom. Die Behörden betreiben hier eine Messstelle. Eine Nadel zeichnet den Wasserstand auf. Richter schließt die Tür auf, wirft einen Blick auf die Gerätschaften, entnimmt das Millimeterpapier, auf dem das Auf und Ab des Wasserstands der letzten Woche nachgezeichnet ist. Dann wirft einen Blick hinunter in die Rösche, die das Wasser vom 800 Meter entfernten Haupt- bis hier zum Röschenmundloch leitet. Ein winziger Generator erzeugt das bisschen Strom für die Sensoren und den Drucker. Richter prüft das Vorhängeschloss an der kleinen Tür. Dann geht es heimwärts, dem Mittagessen entgegen.

Rothschönberg bei Meißen ist vom Erzgebirge ein ganzes Stück entfernt. Doch den Namen des Ortes kennt jeder, der ein bisschen was von Bergbaugeschichte versteht. Weit über das Erzgebirge hinaus. In Rothschönberg endet der Stolln, der den Namen des Dorfs trägt, der Rothschönberger Stolln. Ein Bauwerk von internationalem Rang, eine Meisterleistung des Bergbaus im 19. Jahrhundert. Eigentlich sollte der Stolln dem Freiberger Bergbau zu einer neuen Blüte verhelfen. Das Revier, das sich bis Brand-Erbisdorf und St. Michaelis erstreckte, wurde bis dahin über den Alten Tiefen Fürstenstolln in die Freiberger Mulde entwässert. Grubenbaue, die unter dem Niveau des Flusses lagen, hatten ein Problem. Damit sie nicht absoffen, musste das Wasser gehoben werden. Der neue Stolln sollte tiefere Bergwerke entwässern und damit Kosten sparen. Ursprünglich entwickelte Oberberghauptmann August Freiherr von

Herder ein Konzept, nach dem der Stolln sogar bis an die Elbe reichte. Diese Pläne wurden später abgespeckt. Doch die Dimensionen des Rothschönberger Stollns sind eindrucksvoll genug. Inklusive Nebenstränge beträgt die Gesamtlänge 50 Kilometer. Allein der fiskalische Teil, der Abschnitt vom Freiberger Revier bis Rothschönberg, den der Staat bezahlte, ist 13,9 Kilometer lang. Das macht ihn zu einem der längsten von Hand aufgefahrenen Wasserlösungsstollen in Deutschland. Acht Lichtlöcher wurden abgeteuft, der Stolln von 16 Örtern, wie der Bergmann sagt, vorangetrieben. Mit unglaublicher Präzision. Der vom Freiberger Professor Julius Ludwig Weisbach entwickelte Theodolit zur Messung von Horizontal- und Vertikalwinkeln in der Markscheidekunst war zwar schon erfunden, hatte sich aber noch nicht durchgesetzt und wurde im Stolln erst getestet. An Vermessungsinstrumenten unter Tage standen den Markscheidern lediglich Hängekompass und Gradbogen zur Verfügung, also ein an einer Schnur aufgehängter Kompass und ein Winkelmesser. Dazu ein Lot. Im trüben Schein des Ölgeleuchts. Dabei galt es sicherzugehen, dass das berechnete Gefälle von 0,033 Prozent erreicht wurde. Und dass sich die im Gegenvortrieb aus dem Berg gehauenen Stolln trafen. Lediglich einmal, zwischen Hauptmundloch und erstem Lichtloch, verfehlten sich die Bergleute zunächst um ein paar Meter.

Eine Gedenktafel zeigt die Stelle des Durchschlags, an dem der fiskalische Teil nach 33 Jahren anno 1877 das Freiberger Revier erreichte. Fast 40 Jahre dauerte es vom Beginn des Vortriebs 1844 bis zur Vollendung des Gesamtsystems 1882. Den Freiberger Bergbau konnte der Stolln da kaum mehr retten. Die Einführung des Goldstandards und günstigere Förderung in Übersee ließen Ende des 19. Jahrhunderts den Silberpreis absacken. Ein Hochwasser in den Gruben tat ein Übriges. 1903 beschloss der Landtag die Einstellung des staatlichen Bergbaus in Freiberg bis 1913. Aber 2002 rettete der Rothschönberger Stollen Freiberg tatsächlich – vor den Fluten des Jahrhunderthochwassers. Vom Wunder von Freiberg war die Rede, als die Wassermassen südlich der Stadt versickerten und sie der Stolln erst in Rothschönberg wieder zutage brachte.

An manchen Lichtlöchern sind noch Anlagen aus der Bauzeit erhalten geblieben. Am IV. Lichtloch im Dörfchen Reinsberg bilden Treibehaus und Radstubenkaue, Huthaus, Bergschmiede und Bergzimmerei ein idyllisches Ensemble. Man kann Führungen buchen oder Hochzeiten feiern. Auch um das VII. Lichtloch bei Halsbrücke kümmern sich engagierte Vereinsmitglieder. Manchmal, wenn Bergbau-Enthusiasten in Rothschönberg einen Blick in den Stolln werfen wollen, wandern auch Thomas Richter und Kollegen vom Heimatverein Rothschönberg zum Stolln-Portal, ein Stück weit von der Stelle entfernt, wo das Wasser letztlich zu Tage tritt. Aus der Ferne wirkt das Portal wie ein klassizistisches Tunnelportal. Es geht vorbei an Resten der alten Schmiede, die

Foto: Reviersteiger.com

Solch atemberaubende Blicke in die Tiefen des Rothschönberger Stollns bleiben nur wenigen Menschen vorbehalten. Der Stolln ist, abgesehen von wenigen Metern am Mundloch in Rothschönberg, für die Öffentlichkeit nicht zugänglich.

Foto: Reviersteiger.com

für den Bau errichtet worden war, und über die neue Fußgängerbrücke. Der Verein hat vor dem Portal eine Info-Tafel aufstellen lassen. Einmal verfasste Thomas Richters Vater Lothar zu Ehren der Hauer und Steiger ein Gedicht. In Abstimmung mit dem Oberbergamt hat ein Gastwirt aus dem nahen Tannenberg die Schlüsselgewalt über den Stollnausgang. Der Schlüssel fährt ins Schloss der Stahltür, noch original aus dem 19. Jahrhundert. Eine weitere Tür und ein Vorhängeschloss warten noch. Dann geht es eine Treppe hinunter, und auf einem schmalen Steg nach wenigen Metern ist Schluss. Die Männer lehnen sich aufs Geländer, ehrfürchtig schweigend ob der unglaublichen Leistung der Erbauer. Als hier im August 2002 statt der durchschnittlichen 700 sage und schreibe 12.000 Liter pro Sekunde aus dem Berg schossen, hätte dort niemand stehen können. Der komplette Querschnitt war geflutet. Das ist lange her, und so lauschen sie dem sanften Plätschern unter ihnen, und die Strahlen ihrer Taschenlampen verlieren sich in der Dunkelheit.

Auch die knapp ein Dutzend Mitarbeiter von Theo Uhlmann brauchen manchmal Geleucht. Das Wassersystem, das am Mundloch des Rothschönberger Stollns in Rothschönberg endet, beginnt mitten im Erzgebirge. Bei Rauschenbach, wo seit den 1960er-Jahren eine Talsperre die Flöha bändigt. Theo Uhlmann ist Staumeister bei der Landestalsperrenverwaltung. Er ist zuständig für ein unglaublich komplexes System aus Teichen, Wassergräben, Röschen. Revierwasserlaufanstalt heißt das Ganze. Der Rothschönberger Stolln war dafür geschaffen worden, das Freiberger Revier zu entwässern. Die Revierwasserlaufanstalt erfüllte einen anderen Zweck. Sie brachte das Wasser herbei, damit es die Wasserräder antrieb, die wiederum dafür sorgten, dass die Gruben nicht absoffen. Mit Muskelkraft war das bald nicht mehr möglich gewesen. Im 16. Jahrhundert entstand der erste Teich, der Hüttenteich bei Berthelsdorf. Die Wassermenge, die er anstaute, erwies sich für die steigenden Anforderungen des Bergbaus als zu wenig. Die Freiberger, die Zuger, die Brander, die Erbisdorfer, die St. Michaeliser, sie brauchten immer mehr Wasser. Und so wuchs die Anlage im Lauf der Jahrhunderte, langsam, aber stetig, wie sich eine Flechte ausbreitet, Kilometer um Kilometer, Teich um Teich, von Freiberg aus hinauf ins Erzgebirge.

Ihren Namen bekam die Revierwasserlaufanstalt (anfangs auch -laufsanstalt mit Fugen-s) Mitte des 19. Jahrhunderts. Selbst in Zeiten der Dampfmaschine setzten die Freiberger noch auf die Kraft des erzgebirgischen Wassers. Die letzten elf Kilometer bis zur Flöha wurden 1862 fertiggestellt. Heute besteht die RWA, wie Theo Uhlmann sagt, damit er nicht Dutzende Male am Tag das Wort Revierwasserlaufanstalt aussprechen muss, aus 70 Kilometern Kunstgräben und Röschen sowie zehn Teichen. Sie beginnt an der Rauschenbach-Talsperre bei Neuhausen, unweit der Grenze zu Tschechien und auch der Gebirgskamm ist nicht weit. Von dort fließt das Wasser sanft abwärts, Pfaffroda, Dörnthal, Ober-

Foto: Gunther Galinsky

Foto: Jens Kugler

Kilometerlang ziehen sich die Gräben der Revierwasserlaufanstalt durchs Erzgebirge, mit einem leichten Gefälle folgen sie den Geländeformen. Zum Schutz vor Verunreinigung des Wassers sind die Gräben wie hier bei Müdisdorf meist mit Holzbohlen abgedeckt.

saida, Großhartmannsdorf, Brand-Erbisdorf folgen. Schließlich Freiberg. Es ist schön, sagt Staumeister Uhlmann, dass man mit so etwas Altem zu tun hat, das noch seinen Sinn und Zweck erfüllt. Denn auch wenn der Bergbau Geschichte ist, die RWA wird gebraucht. Sie liefert Brauchwasser, etwa für die Silizium-Industrie, auf die sie in Freiberg heute so stolz sind wie einst auf das Silber.

Zu den Abnehmern gehören die Siltronic AG, die Brauchwasser zum Kühlen benötigt, die Hütte von Muldenhütten, und auch der Wasserzweckverband Freiberg. Und die Gräben und Teiche liefern nicht nur Industrie-Wasser. Sie schützen Freiberg vor Hochwasser, manche bieten Lebensräume für geschützte Arten, Erholung für gestresste Menschen. In den Teichen tummeln sich Fische von Zuchtbetrieben – bis das Wasser abgelassen wird und die zappelnden Bewohner abgefischt werden. Und für ein paar Jahrzehnte hat man das Wasser der RWA gar zur Stromerzeugung genutzt, im Revierelektrizitätswerk am Drei-Brüder-Schacht bei Zug. Das war die Zeit, als das Wasser der RWA vom Erzgebirge bis Freiberg und dann über den Rothschönberger Stolln bis in die Triebisch floss. Aber da die DDR auf Braunkohle als Energieträger setzte, wurde dieses einzigartige Kavernenkraftwerk abgeschaltet.

Die Zentrale, wo alle Fäden zusammenlaufen, liegt am Damm des Unteren Großhartmannsdorfer Teichs. Elf Leute halten von dort aus die RWA in Schuss. Sie überwachen Zu- und Abfluss, sanieren die Gräben und Röschen, tauschen bei Bedarf die Holzschwarten oder Betonelemente aus, mit denen die Gräben abgedeckt sind, damit nichts verdunstet oder verschmutzt. Auf der Karte im Besprechungsraum sind unterirdische Abschnitte rot markiert und überirdische blau. Eindrucksvoll führt diese Karte vor Augen, wie genau die Erbauer der Gräben projektieren mussten. Denn die Anlage durchschneidet Täler wie Höhenzüge. Doch sie musste stetig ein Gefälle aufweisen. Zu stark sollte es aber auch nicht sein. Theo Uhlmann spricht von weniger als einem Prozent. Und so folgten die Gräben den Höhenlinien, sie schlängelten sich an den Talhängen entlang, nur minimal abwärts, und wenn es nicht anders ging, wurden Röschen in den Berg geschlagen.

Damit erweist sich das Wassersystem des Freiberger Reviers als so einzig- wie großartig. Und ist Teil des Welterbes „Montanregion Erzgebirge". Die Anlagen lassen sich vielfach in der Kulturlandschaft des Erzgebirges erwandern, in zweien lässt sich baden – im Erzengler und im Mittleren Großhartmannsdorfer Teich. Beim Rothschönberger Stolln sieht das schon anders aus. Abgesehen von den wenigen Metern an seinem Ende bleibt er für Otto Normaltourist unerreichbar. Auch deshalb, berichtet ein Bergbau-Fan, der anonym bleiben will, aber unglaublich eindrucksvolle Fotos auch vom Rothschönberger Stolln ins Internet stellte, dass eine Befahrung des Stollns zu den herausragenden Erlebnissen eines jeden Altbergbauforschers gehört.

Weiterlesen? Wie eine bedeutende Erfindung einst die Wasserförderung in den Bergwerken revolutionierte, lesen Sie im Kapitel. „Edisons erzgebirgische Ahnen“ ab Seite 158.

Information:

Die Staumeisterei berichtet auf der Seite www.smul.sachsen.de/ltv/13778.htm über die Revierwasserlaufanstalt. Baden ist am Erzengler Teich bei Brand-Erbisdorf sowie am Mittleren Großhartmannsdorfer Teich möglich.

Einen Blick hinter das Portal des Hauptmundlochs des Rothschönberger Stollns kann man mithilfe der Triebischtalbaude in Tanneberg, Telefon 035245 / 70452, www.triebischtalbaude.de, organisieren.

Der Verein Viertes Lichtloch in Reinsberg öffnet die umfangreichen bergbaulichen Anlagen an ausgewählten Terminen wie dem Tag des offenen Denkmals für Besucher. Kontaktmöglichkeiten über www.viertes-lichtloch.de.

Foto: Jens Kugler

Die Arbeit am Rothschönberger Stolln erfolgt im Gegenort-Betrieb. Das heißt: Von den jeweiligen Lichtlöchern aus arbeiteten sich die Bergleute in beide Richtungen voran, bis sie sich trafen. Meist erwiesen sich die Berechnungen und Messungen als tadellos. Insgesamt erreichte der Stolln mit dem Durchschlag 1877 das Freiberger Revier. Eine Tafel markiert die Stelle.

DER EIFFELTURM VON HALSBRÜCKE

Sie schwankt, aber sie steht und hält die Luft rein, und das seit mehr als 120 Jahren: die Hohe Esse. Das Wahrzeichen der Halsbrücker Hütte war seinerzeit berühmt - und mit ihm der gesamte Industriekomplex.

Paris im Jahr 1889. Ingenieur Gustave Eiffel hat etwas nie Dagewesenes geschaffen: einen Aussichtsturm für die Weltausstellung. Schriftsteller, Philosophen und Wissenschaftler sind entsetzt: Ein hässliches, nacktes Eisengerüst ohne Fassade, 312 Meter hoch, das alle historischen Gebäude überragt? Das passt doch überhaupt nicht in diese Stadt. Die Intellektuellen haben einen Protestbrief veröffentlicht. Zu den Unterzeichnern gehören die Literaten Guy de Maupassant und Alexandre Dumas der Jüngere.

„Das gesamte Hüttenwesen stand vor dem Aus"

Halsbrücke bei Freiberg, im selben Jahr. Baumeister Heinicke aus Chemnitz macht sich daran, etwas nie Dagewesenes zu schaffen: Einen Schornstein, gemauert aus Ziegeln, 140 Meter hoch. Es ist nicht bekannt, ob Zeitgenossen dagegen rebellierten. Wahrscheinlich waren die meisten froh, dass der giftige Rauch der Halsbrücker Hütte nicht mehr an den umliegenden Hügeln hängen blieb. Am 31. März 1889 wurde der Eiffelturm eingeweiht, am 28. Oktober stand der Schornstein von Halsbrücke, der im sächsischen Sprachgebrauch bald zur Hohen Esse wurde.

Doch während der Eiffelturm ein Symbol war für die neue Zeit, war der Schornstein ein Teil der Lösung der so genannten Hüttenrauchfrage. „Das gesamte Hüttenwesen stand vor dem Aus", erklärt Lothar Patzig, Geschäftsführer der Feinhütte Halsbrücke, eines der Nachfolgeunternehmen der staatlichen Hütte. Die schwefel- und metallhaltigen Abgase, die aus den niedrigen Essen der Röst- und Schmelzhütten über die umliegenden Felder zogen, hatten Pflanzen zerstört, die Klagen von Bauern wurden immer lauter. Ein Schornstein musste her, um den Rauch abzuleiten, damit er sich dann langsam verteilen konnte. Weitere Maßnahmen waren ein Flugstaubkammersystem zum Abscheiden der metallhaltigen Abgase sowie die Schwefelsäureproduktion, für die man den beim Verhütten entstehenden Schwefel nutzen konnte. Doch auch dank der Hohen Esse konnte Halsbrücke ein aktiver Hüttenstandort bleiben, und ist es nun seit mehr als 400 Jahren.

Erbaut wurde der monumentale Schornstein in relativ kurzer Zeit: Am 25. September 1888 wurde die Baugrube an Baumeister Heinicke übergeben. Sie lag etwa drei Meter tief im Gneis. Über einer Betonschicht begannen die Arbeiter, die Esse zu mauern. Die Ziegel kamen aus der Grube Ilse bei Senftenberg in der Lausitz, der Kalk aus Böhmen. Man wollte die Abgase in etwa 500 Metern über Meereshöhe in die Atmosphäre abführen und baute deshalb die Hohe Esse auf einen 366 Meter hohen Hügel. Nachdem der Grund betoniert war, setzte man eine Fördermaschine ein: Zwei Hanfseile förderten je 400 Kilogramm Material in Kästen in die Höhe. Auf den letzten Metern waren die Maurer auch nachts am Werk. Am 28. Oktober 1889 stand die Hohe Esse und war mit 140 Metern der höchste Ziegelschornstein der Welt. Zum Schluss bauten die Arbeiter noch den 500 Meter langen Zuleitungskanal, der in der Hütte begann und bis zum Essensockel führte. Am 21. April 1890 schließlich ging die Anlage in Betrieb.

Foto: Historische Postkarte, Sammlung Roland Kowar

Die Hohe Esse mit dem Rauchgaskanal war im 19. und 20. Jahrhundert berühmt genug, um als Postkartenmotiv zu dienen.

Und es dauerte nicht lange, da sagten die Leute, wenn sie in Richtung Freiberg fuhren: „Da ist ja schon die Hohe Esse. Und da ist auch Freiberg." Das Bauwerk wurde zum Wahrzeichen, es schmückt historische Ansichtskarten. Sie zeigen eindrucksvoll, was der Schornstein bewirkte: Als die Hohe Esse in Betrieb ging, war der Hang zu ihren Füßen noch kahl. 22 Jahre später wuchsen dort wieder Bäume. Das Bauwerk fasziniert bis heute. Lothar Patzig von der Feinhütte erinnert sich an einen Anruf, den er einmal samstagabends bekam: „Da sind Leute auf der Hohen Esse." Zwei Kletterer hatten den schlanken Ziegelsteinbau erklommen. Vielleicht wollten sie das Bergbau-Revier des Freiberger Nordens mit seinen Hütten, historischen Gebäuden und Landmarken einfach mal von oben überblicken. Offenbar störte es sie nicht, dass der monumentale Schornstein im Wind schwankt.

Bis heute steht die Esse symbolisch für die Innovationskraft der Hütte Halsbrücke. 1612 hatte Kurfürst Johann Georg I. deren Bau verfügt. Anfangs in Privatbesitz, wurde der Industriekomplex bald weiter ausgebaut. Im Dreißigjährigen Krieg wurde er zerstört, 1663 ging er in kurfürstliches Eigentum über. Im Lauf ihrer langen Geschichte gehörte die Hütte immer wieder zu den technischen Vorreitern. Daran hatte die 1765 gegründete Bergakademie im nahen Freiberg einen großen Anteil. Ein Beispiel ist die Badeanstalt nahe der Hütte, die Bergrat Henckel im Jahr 1720 gegründet hatte. 1797 griff ein Steiger die Idee auf und stützte sich dabei auf Forschungen von Wilhelm August Lampadius. Der Wissenschaftler an der Bergakademie hatte nachgewiesen, dass Wasser, mit Rohschlacken von der Hütte erwärmt, gegen Gicht und Rheumatismus half. So entstand direkt neben dem Industriekomplex ein Badehaus mit Kurbetrieb, Fremdenzimmern, Restaurant und Konzerten. Lampadius war es übrigens auch, der im Jahr 1816 auf dem Hüttengelände die Gasbeleuchtung einführte.

Diese allererste Gasanstalt auf dem europäischen Kontinent installierte er im damals weltbekannten Halsbrücker Amalgamierwerk. Das war 1790 in Betrieb genommen worden. Christlieb Ehregott Gellert, Professor für metallurgische Chemie an der Bergakademie, hatte die Anwendung eines neuen Verfahrens auf die Freiberger Erze ermöglicht: die Kalte Fässeramalgamation. So erreichte er eine optimale Silbergewinnung bei nur etwa 37 Grad Celsius. Verarbeitet wurden Silbererze mit einem niedrigen Blei- und Kupfergehalt, sogenannte Dürrerze. Nach einigen Vorarbeiten füllte man die Fässer mit Erz, Wasser, Quecksilber und Eisenplättchen und ließ sie in einem mehrstufigen Verfahren insgesamt etwa 24 Stunden lang rotieren. Danach trennte man das entstandene Silberamalgam-Quecksilber-Gemisch durch Filtration. Im Ausglühofen kondensierte das Quecksilber, zurück blieb ein Rohsilber aus etwa 80 Prozent Silber, das noch raffiniert werden musste. Das Besondere an diesem neuen Verfahren: Man sparte viel Holz und Holzkohle ein – Brennmaterial war knapp geworden. Besucher aus verschiedenen Regionen besichtigten das Werk, darunter Johann Wolfgang von Goethe, Arthur Schopenhauer und Novalis.

Foto: Eckardt Mildner

Mit ihren 140 Metern war die Hohe Esse seinerzeit der höchste Ziegelschornstein der Welt.

67 Jahre lang war das technische Meisterwerk in Betrieb, in dieser Zeit gewann man dort rund 424.000 Kilogramm Silber. Da das Amalgamierverfahren nur bei speziellen Erzen anwendbar war, ging man wieder zum klassischen Schmelzverfahren über. Bessere Öfen, die mit Koks und Steinkohle befeuert werden konnten, sowie Zylindergebläse erhöhten die Produktivität.

Mit den Jahren wurden die Arbeitsprozesse immer vielfältiger. Ab 1800 gewann man Glaubersalz für die Glas- und Spiegelherstellung sowie Düngesalz. Ab dem 19. Jahrhundert erzeugte man Kupfervitriol, das vor allem gegen Schädlinge eingesetzt wurde. Ab 1861 gab es sogar eine Goldscheideanstalt, in der das Edelmetall aus auswärtigen Erzen und später aus Schrotten gewonnen wurde. Im Jahr 1909 arbeiteten 431 Menschen in der Hütte Halsbrücke. Auch schwer verhüttbare Erze ließ man gern in Freiberg aufbereiten: „Good for Freiberg" war in jener Zeit ein weit bekannter Ausdruck für das Können der Freiberger Hüttenleute.

Als die Freiberger Gruben 1913 vorerst schlossen, hatte man bereits genügend Importe aus der ganzen Welt, um weiterzumachen. Ab 1917 nutzte man eine Haldenseilbahn. 1931 ging eine Anlage zur Bleielektrolyse in Betrieb. In

Foto: Historische Postkarte, Sammlung Roland Kowar

Diese historische Ansichtskarte zeigt die Hütte Halsbrücke um das Jahr 1910.

Foto: Historische Postkarte, Sammlung Roland Kowar

Die Hohe Esse mit dem Hüttengelände von Halsbrücke diente vielfach als Postkartenmotiv.

der Fachliteratur diente die Silber- und Bleigewinnung der Freiberger Hütten häufig als Beispiel. Gespart wurde in Halsbrücke allerdings auch – teils auf Kosten der Arbeiter, die sich 1925 in Streiks unter anderem eine bessere Bezahlung erkämpften. Wenn auch die Nationalsozialisten viele der Errungenschaften gleich wieder abschafften.

Nach dem Zweiten Weltkrieg spezialisierten sich die Freiberger Hütten weiter, ab 1961 als Teil des VEB Bergbau- und Hüttenkombinats „Albert Funk" Freiberg. In Halsbrücke entstand zum einen die Feinhütte Halsbrücke, als Abteilung der Hütte Muldenhütten. Sie produzierte bis zur Wende insbesondere Feinblei, aber auch Gold und Platin. Außerdem baute man eine Legierungsproduktion auf, um zum Beispiel Lötzinn herzustellen. Ein anderer Teil der ehemaligen Hütte Halsbrücke wurde zum Verarbeitungswerk für Edel- und Buntmetalle.

Nach der Privatisierung in den 1990er-Jahren musste ein Großteil der Betriebe die Produktion einstellen, einige Gebäude verkaufte man, viele wurden abgerissen. Etwa zwei Drittel der rund 1000 Arbeitsplätze gingen nach 1990 zunächst verloren. Die verbliebenen Betriebe aber entwickelten sich positiv. 2012 arbeiteten wieder etwa 800 Menschen am Standort Halsbrücke. Aus dem Verarbeitungswerk für Edel- und Buntmetalle ging unter anderem die Saxonia Edelmetalle GmbH hervor, die sich heute auf Recycling von Edelmetallen spezialisiert hat.

Die Feinhütte Halsbrücke überstand den wirtschaftlichen Umschwung und produziert bis heute hochreine Metalle und Legierungen etwa aus Zinn, Blei und Antimon. Die Spezialisten stellen zum Beispiel mit Flussmittel gefüllte Lötdrähte mit einem Durchmesser von nur 0,23 Millimetern her. Dabei hatte der Produktionsbereich „Feinhütte" des Kombinats im Mai 1992 schon kurz vor dem Aus gestanden. Die Anlagen waren veraltet, eine Sanierung nicht vorgesehen. Doch Lothar Patzig, der heutige Geschäftsführer, und ein Mitstreiter wollten nicht aufgeben. Sie holten Kollegen zurück, die den Betrieb bereits verlassen hatten. Ohne externe Kapitalgeber, mit nur acht Mitarbeitern und einem einzigen Ofen nahmen sie die Produktion wieder auf. Heute hat das Unternehmen wieder mehr als 75 Mitarbeiter.

Und die Hüttenluft? Sie geht wie eh und je durch den Rauchkanal und die Hohe Esse nach draußen. Auch die Saxonia Edelmetalle GmbH leitet in den Schornstein ab. Die Feinhütte hatte das Bauwerk erworben, und hat seitdem mehrere Hunderttausend Euro investiert. Neu ist ein System mit zweistufigem Filter. Pro Kubikmeter Luft werde nur ein Milligramm schwermetallhaltiger Staub ausgestoßen, sagt Patzig. Damit liege man deutlich unter dem gesetzlichen Grenzwert. An der Hohen Esse habe man vor ein paar Jahren 130 Ziegel ausgetauscht und die Beleuchtung auf LEDs umgestellt. Ansonsten seien keine größeren Reparaturen notwendig. Eins müssen die Mitarbeiter der Feinhütte aber regelmäßig tun: Bäume zurückschneiden. Denn die Hohe Esse steht heute mitten in einem Wäldchen. Lange vergessen sind die kahlen Hänge rund um die Hütte Halsbrücke. Die Hohe Esse hat ihren Dienst getan, und tut es immer noch. Seit mehr als 120 Jahren.

Weiterlesen? Warum das benachbarte Muldenhütten gleichzeitig Sorgenkind und Hoffnungsträger ist, lesen Sie gleich im folgenden Kapitel „Von Bleiglanz und Silberblick“ ab Seite 84.

Information:

Der Siedlerverein Halsbrücke hat sich des Gebäudes der 1850 neu erbauten Erzwäsche in Halsbrücke angenommen und öffnet regelmäßig für Veranstaltungen oder etwa zum Tag des Offenen Denkmals im September deren Tore für die Öffentlichkeit. Termine: www.siedlerverein-halsbruecke.de.

VON BLEIGLANZ UND SILBERBLICK

Ein sieben Jahrhunderte alter Hüttenstandort, an dem immer noch gearbeitet wird. Wo auf der Welt gibt es das noch? Richtig, an der Freiberger Mulde.

Wenn heutzutage jemand eine Ansichtskarte aus Freiberg verschickt, dann sind darauf Bauwerke der Altstadt zu sehen: Schloss Freudenstein, Dom St. Marien, Rathaus. Anfang des 20. Jahrhunderts sahen solche Postkarten noch anders aus. „Gruß aus Freiberg in Sachsen – Muldner Schmelzhütte" stand da. Und darunter Schornsteine und Industriegebäude dicht an dicht. So bedeutend war der Hüttenstandort. „Die Leute waren stolz darauf", sagt Roland Kowar, und schnell wird klar, dass er ebenfalls stolz ist auf diesen Ort, an dem er 44 Jahre lang gearbeitet hat. Es bleiben viele Erinnerungen, und rund 100 historische Postkarten, die er bei Börsen und im Internet gekauft hat. „Die sind mein größter Schatz", sagt Kowar. Panorama-Ansichten von Muldenhütten. Arbeiter, die selbstbewusst in die Kamera blicken. Ohne Hüttenleute, die Silber, Blei und andere Metalle aus dem Gestein auslösten, wäre der Rohstoffreichtum des Erzgebirges ungenutzt geblieben.

„Das war der berühmte Silberblick, der Lohn für die mühevolle Arbeit der Berg- und Hüttenleute."

Fachleute sind sich deshalb einig: Als im heutigen Freiberg das erste Silber gefunden wurde – wohl um 1168 – müssen gleich Schmelzhütten entstanden sein. Doch die Relikte des Hüttenwesens sind in der Welterbe-Region Erzgebirge im Vergleich zu Sachzeugen des Bergbaus rar. Roland Kowar erklärt sich das so: Wenn in einem Bergwerk nicht mehr abgebaut wurde, zogen die Bergleute weiter. Da die Gruben oft außerhalb der Orte lagen, wurden die Gebäude nicht mehr gebraucht und blieben erhalten. Anders ein Hüttenbetrieb: Er ist an den Standort gebunden, besonders an einen Wasserlauf. Bei jeder technischen Neuerung mussten alte Bestandteile abgerissen oder überbaut werden. So ist etwa die 300 Jahre alte Nickelhütte in Aue heute ein moderner Industriebetrieb weitgehend ohne historische Substanz. Abgesehen von der Saigerhütte in Olbernhau-Grünthal gibt es in der ganzen Region keinen so gut erhaltenen Hüttenkomplex wie Muldenhütten.

23 denkmalgeschützte Gebäude stehen dort noch, darunter das Schachtofengebäude, die Pattisonhütte, die Raffinierhütte und die Zinkentsilberung für die Silber- und Bleigewinnung, alle aus dem 19. bis frühen 20. Jahrhundert, außerdem ein Huthaus aus dem 17. Jahrhundert. Die Grundstücke mit dem historischen Komplex gehören der Saxonia Standortentwicklungs- und Verwaltungsgesellschaft, also letztlich Stadt und Landkreis. Außerhalb der Denkmalzone ist eine moderne Sekundärbleihütte in Betrieb: Die Muldenhütten Recycling und Umwelttechnik GmbH, kurz MRU, gewinnt Blei aus alten Autobatterien.

Von den allerersten Schmelzhütten an der Mulde ist gleichwohl nichts übrig. Es waren wohl recht einfache Gebäude – Hütten eben. Der erste Beleg stammt aus dem Jahr 1318: Ein gewisser Heinemann Emmerich überträgt seinem Schwager Hannus Anteile „an den Bälgen, die wir an der Mulde haben", unter der Bedingung, dass er „waltwerch" haben soll, sich also an der Arbeit einer Hütte beteiligen muss. In weiteren Urkunden aus dem 14. und 15. Jahrhundert ist von mindestens elf Hüttenanlagen die Rede. Insgesamt wird an dem Standort seit 700 Jahren ununterbrochen Hüttenwesen betrieben. Roland Kowar: „Da muss man lange suchen, um so etwas irgendwo in Europa oder in der Welt zu finden."

Foto: Historische Postkarte, Sammlung Roland Kowar

Stolz und Erschöpfung: Ein Arbeiter in der Hochofenhütte.

Ihm genügt ein Blick vom Hügel hinunter auf das Industriegebiet, um zu wissen, dass dort eine Hütte einfach hingehört: „Der Muldenbogen war prädestiniert dafür." Der Fluss bot Energie für Wasserräder, mit denen die Blasebälge und Pochwerke angetrieben wurden. Denn man brauchte Sauerstoff für eine hohe Temperatur beim Schmelzen – und um die Metalle zu oxidieren und aus der Schmelze zu entfernen. Der Wald in der Umgebung lieferte Holz für die Holzkohle.

Eins der bedeutendsten Erze war der Bleiglanz (Galenit): Eine Verbindung aus Blei und Schwefel, mit beigemengtem Silber. Eine alte Postkarte aus Kowars Sammlung zeigt einen Arbeiter am Treibeherd. Dort wird Luft auf eine Blei-Silber-Schmelze geleitet. Es entsteht Bleioxid, die so genannte Bleiglätte, die der Mann mit seinem Glätthaken kontinuierlich abzieht. Reißt das letzte dünne Häutchen auf der Schmelze auf, sieht der Arbeiter das reine Silber. „Das war der berühmte Silberblick", erklärt Roland Kowar, „der Lohn für die mühevolle Arbeit der Berg- und Hüttenleute."

Mit der Hüttenordnung 1556 von Kurfürst August wurden Krummöfen zum Standard. Das erhitzte Metall floss kontinuierlich, konnte sofort abgestochen werden. Im 18. Jahrhundert griff wieder ein Herrscher ein: August der Starke, Kurfürst von Sachsen, gründete die Freiberger Generalschmelzadminis-

Die Muldner Schmelzhütte um 1830.

Foto: Historische Postkarte, Sammlung Roland Kowar

Das heutige Industriegelände Muldenhütten mit den beiden dominanten Schornsteinen und dem Viadukt im Vordergrund.

Foto: SAXONIA Standortentwicklungs- und -verwaltungsgesellschaft mbH

tration. An sie mussten die umliegenden Gruben alle reichen Erze abliefern. So kam es zu einer Konzentration auf Muldenhütten und Halsbrücke. Das Ziel: Erze sollten dort verarbeitet werden, wo sie den größten Gewinn brachten und am wenigsten Holzkohle nötig war.

Das war auch höchste Zeit. Denn im Erzgebirge gab es kaum noch Wälder. Zumal die Menschen auch noch heizen und die Stollen abstützen mussten. Auf den historischen Postkarten ist rund um Muldenhütten kaum ein Baum zu sehen. Gerade noch rechtzeitig stellten sich die Hütten um auf Steinkohle und Koks aus Freital oder Zwickau. Doch die Koksöfen brauchten mehr Luft. Das schafften die alten hölzernen und ledernen Balgengebläse nicht mehr. Deshalb ging im Jahr 1828 ein Zylindergebläse in Betrieb, das erste im sächsischen Silberhüttenwesen. „Der Zylinder wirkt wie eine Luftpumpe", erklärt Roland Kowar, während er das restaurierte Gebläsehaus betritt. Mit Gleichgesinnten der Historischen Freiberger Berg- und Hüttenknappschaft betreut er die Anlage seit mehr als 30 Jahren. Heute treibt nicht mehr ein Wasserrad, sondern ein Elektromotor das Gebläse an, aber sonst ist noch alles original. Ein Knopfdruck, und die Konstruktion aus Schmiede- und Gusseisen, aus Stangen und Zahnrädern setzt sich in Bewegung. Nur ein leises Schaben von Metall auf Metall ist zu hören. Ein Schmuckstück der Industriekultur.

„So wie andere Kinder im Sandkasten spielen, haben die Kinder dort im Flugstaub gespielt."

Muldenhütten hat immer die Veränderungen im Montanwesen widergespiegelt. Ab Mitte des 19. Jahrhunderts brachten die Gruben immer weniger und ärmere Erze aus. Deshalb verarbeitete man zunehmend importierte Rohstoffe. Außerdem reicherte man das Silber stärker an. Beim Pattisonieren etwa erhielt man durch wiederholtes Schmelzen und Abkühlen ein silberhaltiges Blei für den Treibeprozess sowie ein reines Blei für die Weiterverarbeitung zu Blechen und Rohren in der 1853 erbauten Bleiwarenfabrik. Unerwünschte Nebenwirkung: Mitte des 19. Jahrhunderts nahmen Umweltprobleme dramatisch zu. Schwefel zerstörte Pflanzen, bleihaltiger Flugstaub war überall. Kaum vorstellbar, dass bis 1965 noch 68 Menschen auf dem Werksgelände wohnten: „So wie andere Kinder im Sandkasten spielen, haben die Kinder dort im Flugstaub gespielt", sagt Roland Kowar.

Die Hüttenrauchfrage wurde zur Existenzfrage. Man musste sich etwas einfallen lassen, um das Schwefeldioxid, das die Öfen bis dahin ungefiltert verließ, unschädlich zu machen. Bei dem schließlich gefundenen Prozess entstand Schwefelsäure. 1857 ging eine Schwefelsäurefabrik in Betrieb. Später entstand hier die erste Anlage, die Schwefelsäure nach dem Kontaktverfahren herstellte – erfunden von Clemens Winkler, Chemieprofessor an der Bergakademie Freiberg. Seine Methode ist in abgewandelter Form bis heute Stand der Technik.

Einen weiteren wissenschaftlichen Beitrag leisteten Theodor Richter und Ferdinand Reich in der Zinkhütte: Sie untersuchten im Hüttenlaboratorium die Verhüttung der Freiberger Zinkblende (Sphalerit) und entdeckten dabei im Jahr 1863 das Element Indium.

Die Eisenbahn brachte ab 1862 eine neue Blütezeit für die Muldener Hütten. Bis heute fahren Züge von Dresden nach Freiberg über das beeindruckende Viadukt. Ein weiterer Meilenstein: Ab 1867 führte man den Pilzschachtofen ein, konstruiert von Hüttenmeister Pilz. Er ähnelt den Hochöfen in den Eisenhütten und ermöglicht einen hohen Durchsatz. Im Jahr 1887 zog sogar die sächsische Münzstätte von Dresden nach Muldenhütten und war bis 1953 in Betrieb.

Auch die Turbulenzen des 20. Jahrhunderts überstand die Hütte. Da man zunehmend fremde Erze verwertete, verkraftete man die vorübergehende Stilllegung des Freiberger Bergbaus ab 1913. Im Ersten Weltkrieg waren die Schwefelsäurefabrik und die inzwischen entstandene Arsenik-Hütte Teil der Kriegsproduktion, danach folgte ein Modernisierungsschub: Elektrifizierung, Mechanisierung und nicht zuletzt die Hängebahn, die bis heute in Teilen erhalten ist. Im Jahr 1923 arbeiteten 1417 Menschen in den Muldener Hütten.

Foto: Foto: Historische Postkarte, Sammlung Roland Kowar

Am Treibeherd zieht ein Arbeiter mit einem Glätthaken schichtweise das Bleioxid von der Schmelze ab. Darunter verbirgt sich das begehrte Silber.

1925 streikten die Arbeiter fünf Wochen lang und erkämpften unter anderem den Acht-Stunden-Tag. Ihre Arbeit war hart; die Öfen heizten auch den Durst an. So hielt sich bis in die 1960er-Jahre ihr Vorrecht, in den Pausen Dünnbier zu trinken. 1930 begannen die Hüttenleute sogar, Limonade und Selters zu produzieren, was zu verwunderten Nachfragen von Seiten des Staatsrechnungshofes führte.

In den 1930er-Jahren begann der Erzbergbau in der Region wieder, so dass die Muldenhüttener wieder heimisches Bleierz verarbeiten konnten. Die Gruben und damit auch die Hütten wurden für die Kriegsvorbereitungen aktiviert. Schäden erlitt der Standort im Zweiten Weltkrieg nicht, doch die sowjetischen Sieger demontierten viele Anlagen als Reparationsleistungen. Später wurde der Komplex Teil des DDR-Bergbau- und Hüttenkombinats „Albert Funk". Mit dem Bergbau allerdings war es in Freiberg im Jahr 1969 endgültig zu Ende. Fortan landeten ausgediente Autobatterien in Muldenhütten.

Die Wende brachte für Muldenhütten keinen großen Einbruch. Die Hütte musste zwar Leute entlassen, aber sie überlebte und wurde als MRU an die Rheinische Zinkgesellschaft verkauft. Die beiden 200 Meter hohen Schornsteine überragen bis heute das Gelände. Wie aber geht es weiter mit dem Denkmalkomplex, dessen rote Ziegelsteine aus dem Grün herausragen und eine Schönheit ausstrahlen, die an die historischen Ansichtskarten von Roland Kowar

Foto: Historische Postkarte, Sammlung Roland Kowar

Gruß aus Freiberg: Die Ansichtskarte zeigt, wie stolz die Menschen der Region auf die Schmelzhütte waren.

Der historische Hüttenkomplex zeigt sich Ende der 2010er-Jahre in einem bedauernswerten Zustand. Doch der Welterbe-Titel weckt neue Hoffnungen, das Ensemble zu erhalten.

Foto: Marko Borrmann

Foto: Eva-Maria Hommel

Blick auf den denkmalgeschützten Hüttenkomplex. Die Hängebahn verband einst zentrale Punkte auf dem Gelände. Einige Teile sind noch erhalten.

Foto: Historische Postkarte, Sammlung Roland Kowar

Vom Nebenprodukt zur Einnahmequelle: Im Jahr 1857 ging in Muldenhütten die Schwefelsäurefabrik in Betrieb.

erinnert? Das Zylindergebläse ist der einzige Bestandteil, den sich Besucher aus der Nähe anschauen dürfen. Die restlichen Bauwerke umschließt ein Zaun. Zu gefährlich ist der Bleistaub in den Gebäuden. Mehr als 40 Gutachten zum Standort und den Grundstücken gibt es schon. Besonders die Altlasten bereiten Sorgen. Der Welterbetitel, der nun auch den Muldenhüttener Komplex umfasst, setzt jedoch große Hoffnungen auf eine Zukunft frei.

Weiterlesen? Was es bei der Verhüttung von Metallen mit dem Prozess des Saigerns auf sich hat, erfahren Sie im Kapitel „Aus den Gruben, auf die Dächer" ab Seite 120.

Information:
Das Zylindergebläse Muldenhütten kann man jedes Jahr am „Tag der Schauanlagen des Berg- und Hüttenwesens im Landkreis Mittelsachsen" (erster Sonntag im Juli) und zum jährlichen „Tag des offenen Denkmals" (zweiter Sonntag im September) besichtigen. Für Gruppen organisiert Roland Kowar nach Voranmeldung auch Führungen zu anderen Terminen.
Kontakt: 03731 32981

Foto: Eva-Maria Hommel

Das schmiede- und gusseiserne Zylindergebläse ist nach wie vor funktionsfähig. Früher wurde es von der Freiberger Mulde angetrieben, heute von einem Elektromotor.

3. TEIL

REBELLEN, ZEIT-REISEN, UHR-MENSCHEN – DAS OSTERZGEBIRGE

Unsere Reise führt nun erstmals in die eigentlichen Höhen des Erzgebirges. Wir beginnen im Osten, wo sich eine gute Stunde südlich von Dresden das Osterzgebirge ans Elbsandsteingebirge anschließt. Schroffe Hänge nach Süden hin, eine sanft abfallende Ebene nach Norden, dazu bunte Orchideen-Wiesen und Bergrücken, die Buckelwalen gleichen, prägen das Landschaftsbild. Geisingberg, Kahleberg, Kohlhaukuppe heißen die bekanntesten Erhebungen der Gegend. Im Sommer schnüren die Menschen hier die Wanderschuhe, im Winter schnallen sie sich die Bretter unter die Füße. Einst, im 14. und 15. Jahrhundert, drangen die Bergleute von Süden, der alten böhmischen Bergstadt Krupka aus, in diese Höhen vor. Bei Zinnwald und Altenberg wurden sie fündig, die Lagerstätte erwies sich als eines der ergiebigsten Zinnvorkommen Mitteleuropas. Altenberg entwickelte sich zur bedeutendsten Bergstadt des Osterzgebirges, der rasante Abbau aber hatte ungeahnte Folgen: Der ausgehöhlte Berg gab mehrfach nach, der Haupteinbruch 1620 verschlang Zechen und Göpel. Heute hat die entstandene Altenberger Pinge einen Durchmesser von 400 Meter und ist 130 Meter tief. Und als Element der Montanlandschaft Altenberg-Zinnwald ein Bestandteil der Welterbe-Region. Weniger bekannt ist dagegen, dass die Aufmüpfigkeit der Altenberger Bergleute bis in die jüngste Vergangenheit reichte. Auch die einstige Bedeutung des Dippoldiswalder Bergbaus blieb lange Zeit unbekannt. Ein Glücksfall für die Forscher. 800 Jahre dem Vergessen anheim gefallen, blieb die mittelalterliche Welt unter Tage dort so gut erhalten wie nirgends sonst im Erzgebirge. Nicht zum Welterbe der Montanregion zählt freilich das lebendige Erbe der Uhrenindustrie Glashütte als Nachfolge-Industrie des Bergbaus. Den Gutachtern des Weltdenkmalrats war die Verknüpfung mit dem Bergbau zu weit hergeholt. Für uns ist die Geschichte dennoch wert, erzählt zu werden.

Welterbe-Stätten im Osterzgebirge: Montanlandschaft Altenberg-Zinnwald unter anderem mit Altenberger Pinge, Wäsche IV, Zwitterstock Tiefer Erbstolln mit Bergbau-Gebiet Neufang, Arno-Lippmann-Schacht; Schloss und Stadtkirche Lauenstein; Hochmittelalterliche Silberbergwerke Dippoldiswalde.

Foto: Dirk Hanus

Idyllisch liegt die Altstadt von Dippoldiswalde auf einer Anhöhe über dem Tal der Roten Weißeritz. Dass sich zu ihren Füßen eine jahrhundertealte Bergbauwelt befindet, davon hatten die Einwohner des Städtchens lange Zeit keine Ahnung.

DAS VERWAHRTE WELTERBE

Für Archäologen war es eine Sensation: Die Flut 2002 legte unter Dippoldiswalde eine 800 Jahre vergessene Bergbauwelt frei. Die hätte beinahe sogar Freiberg den Rang abgelaufen.

Diese Geschichte beginnt mit einem Loch. Es ist schätzungsweise 20 Meter tief, und wer an den Leitern, bergmännisch Fahrten, hinabsteigen will, sollte nicht unter Höhenangst leiden. Doch die Überwindung hat sich gelohnt. Die Einfahrt erwies sich als Zeitreise – in die einzigartige Untertage-Welt von Dippoldiswalde. Eine vergessene, 800 Jahre lang unberührte Silberbergbau-Welt.

Zu den Menschen, die diese Welt erkunden konnten, gehören Grabungstechnikerin Heide Hönig und Archäologe Matthias Schubert. Auch an diesem Tag wieder sichern sie unter der Brauhofstraße Holzbohlen, auf die die Arbeiter der Bergsicherung Freital beim Freilegen der Schächte gestoßen sind. Den Spuren nach zu urteilen, könnte es sich um Reste alter Fahrten, also Leitern, handeln. Heide Hönig umwickelt die feuchten Bohlen mit dicker Zellophanfolie. An der Luft würden sie sofort austrocknen, schrumpfen, ihre Struktur verlieren. Wertvolle Informationen gingen verloren.

Dippoldiswalde ist ein idyllisches Städtchen auf halbem Weg zwischen Dresden und Tschechien. Mittwochs bauen Händler auf dem herausgeputzten Markt ihre Stände auf. Täglich vernebeln die Lokomotiven der Weißeritztalbahn die Szenerie, das Schnaufen und Pfeifen ist weithin vernehmbar. Und im Sommer trifft sich die halbe Stadt am Strand der nahen Talsperre Malter. Bergbau, ja natürlich, den gab es hier, denn erstens ist ja diese Urkunde von 1266 erhalten, in der der Markgraf einen Streit über die Lieferung von Bergwerks-Equipment samt Bier schlichtete, in den Dippoldiswalde mit den 30 Kilometer entfernten Nachbarn der Bergstadt Freiberg geraten war. Und zweitens: Wo im Erzgebirge gab es denn keinen Bergbau? Eine größere Rolle spielte das Thema in der Stadt aber nicht. Bis ein Mann kam und die Zeitmaschine anwarf.

Die Untertage-Welt von Dippoldiswalde war 800 Jahre lang verborgen.

Ironischerweise kam er aus Freiberg. Volkmar Scholz ist Geologe beim Sächsischen Oberbergamt, zuständig für Altbergbau. Er ist ein Hüne, trägt eine graue Mähne wie ein alter Löwe, aus seinen Augen blitzt der Schalk. Wenn irgendwo in Sachsen ein alter Schacht verbricht, wenn ein Stollen nachgibt, wenn sich ein Loch auftut, das Menschen, Autos, Häuser zu verschlucken droht, dann zieht er sich den Overall über, schlüpft in Gummistiefel, setzt sich den Helm auf und steigt hinab in die Tiefe, um zu schauen, wie der brüchige Untergrund stabilisiert werden kann. Meist lässt er die Baue erst freilegen, damit ihm nichts entgeht, dann wird verplombt, gesichert und, damit nichts nachrutschen kann, betoniert. So übernahm er auch Dippoldiswalde. Schon einige Jahre war das Oberbergamt dort aktiv. Beim Jahrhunderthochwasser im August 2002 war Starkregen in den Untergrund eingesickert, hatte den Schutt der alten Stollen davongespült. Die Folgen waren dramatisch. Häuser bekamen Risse, neigten sich, in Hinterhöfen sackte der Boden ab.

Über das Alter der Grubenbaue dachte anfangs niemand groß nach. Volkmar Scholz aber fand im Schutt Keramik-Scherben und erkannte, dass die nicht erst 20 Jahre lang da unten gelegen haben konnten und auch nicht erst 200. Er brachte die Scherben zum Landesamt für Archäologie Sachsen. Dort war man sogleich elektrisiert. Die Scherben stammten aus der Mitte des 13. Jahrhunderts. Sie standen exemplarisch für die Sensation, die unter Dippoldiswalde schlummerte: Haspelteile, Erztröge, Schaufeln, Kratzen und andere Werkzeuge, Reste von Fahrten, jahrhundertelang in Schlamm und Schutt begraben, als wäre all dies gleichsam eingemottet. Das war europaweit einmalig. Oberberg- und Landesamt schlossen einen Deal: Das Oberbergamt ließ den Untergrund sichern, aber die Archäologen folgten den Bergleuten auf dem Fuße, um die alten Bergwerke zu dokumentieren und Funde zu bergen.

Teilweise waren die Gänge nur wenige Dezimeter mächtig. Der Silbergehalt lohnte den Abbau dennoch. Wäre es nur um Eisen gegangen, hätte nach diesen geringen Mengen vermutlich kein Hahn gekräht. Heide Hönig und Matthias Schubert haben die umwickelten Bohlen im Förderkorb verstaut. Niemand muss die schweren Lasten auf der Schulter aus dem Berg schaffen. Das war schon im Mittelalter nicht nötig, wie die Forscher feststellten. Bereits vor mehr als 800 Jahren gab es Haspeln, mit deren Hilfe die Bergleute schwere Lasten förderten. Heute tut es ein Knopfdruck, der Elektromotor summt, die Seilwinde dreht sich, lautlos schwebt der Korb nach oben.

Auf dem Obertorplatz in Dippoldiswalde steht derweil die oberste Hüterin der Zeitmaschine. Sie heißt Christiane Hemker, ist Referatsleiterin für Südwestsachsen im Landesamt für Archäologie und Projektleiterin von ArchaeoMontan. Das war der Name des Projekts, das sie ins Leben gerufen hat, um

Foto: Landesamt für Archäologie Sachsen

Noch immer dringen die Forscher und die beteiligte Bergsicherung in unentdeckte Bereiche vor.

Foto: Frank Hommel

Heide Hönig und Matthias Schubert beim Bergen jahrhundertealter Holzbohlen. Auch nach Jahren reißt die Anzahl der Funde nicht ab. Ob es sich diesmal um alte Fahrten handelt?

solch aufwendige Grabungen wie unter Dippoldiswalde stemmen zu können. Die Idee: mittelalterlichen Bergbau in Sachsen und Böhmen gemeinsam erkunden. Christiane Hemker fand Partner, sie gewann die EU als Geldgeberin.

Auf einer bunten Karte sind die Straßen der Stadt und die bisher erkundeten und gesicherten Stollen und Schächte verzeichnet. Am Obertorplatz selbst hatte sich der unterirdische Hohlraum dem Asphalt schon bis auf einen Meter genähert. Hemker hält es für wahrscheinlich, dass die drei bisher erkundeten Systeme miteinander verbunden waren. „Das Bergbaurevier der hochmittelalterlichen Bergstadt Dippoldiswalde war mit Sicherheit größer als die heutige, ehemals von einer Stadtmauer umgebene Altstadt", sagt sie. Als die Zeitreisenden damals die dendrochronologischen Daten, also die Abstände und Dicken der Baumjahresringe, der ersten Fundstücke analysierten, kamen sie aus dem Staunen nicht mehr heraus. Christiane Hemker: „Die Funde datieren aus der Zeit zwischen 1160 und 1290." Bergbau anno 1160 in Dippoldiswalde? Man müsste Sachsens Geschichte umschreiben. Gilt doch das Jahr 1168 mit dem ersten Silberfund in Freiberg als Initialzündung des Silberbergbaus, als Urknall des wirtschaftlichen Aufstiegs des heutigen Freistaats. „Läuft Dipps Freiberg den Rang ab?", fragte bereits die Lokalausgabe der „Sächsischen Zeitung".

Eine Keramik-Scherbe hatte das Landesamt auf die Spur der Sensation geführt.

Die Antwort wartet in einer einstigen Kaserne am Rand des Industriegebiets Dresden-Klotzsche. Dort sitzt das Landesamt für Archäologie, dort schlägt das Herz der Zeitmaschine. Die Hölzer landeten in den übervollen Regalen von Restauratorin Miriam Braun. ArchaeoMontan beschäftigte sich längst nicht mehr nur mit Dippoldiswalde. In Annaberg-Buchholz kam das Team bei einer Ausgrabung im ehemaligen Franziskanerkloster einer alten Erzschmelze auf die Spur. In Niederpöbel lautete die Frage, wie Silberbergbau im Mittelalter Landschaft und Umwelt prägte. In Bad Schlema wurde Stück für Stück ein Wasserrad von elfeinhalb Metern Durchmesser aus dem Berg geborgen, bei Preßnitz in Böhmen eine uralte Bergbausiedlung freigelegt. Und in Schellerhau im Osterzgebirge wiesen die Spezialisten 2018 nach, dass dort schon zu vorgeschichtlicher Zeit im 2. Jahrtausend vor Christus Zinnseiffen abgebaut worden waren. Bei all diesen Aktivitäten arbeiten Archäologen, Historiker, Geologen, Vermesser, Computerspezialisten Hand in Hand, suchen im Feld, in Archiven, in alten Karten, in historischen Rissen.

Die Aufgabe von Miriam Braun: die Sicherung der hölzernen Funde. Was die Forscher untersuchen und ausstellen wollen, muss vorher konserviert werden. Ein aufwendiger Prozess: Zunächst baden die Artefakte wochenlang in einer Kunststofflösung. So wird in den pflanzlichen Zellen das Wasser gegen Polyethylenglykol ausgetauscht. Das macht die Artefakte haltbar. Auch werden sie von allen Seiten gescannt. Computer basteln aus den Daten passgenaue, dreidimensionale Modelle. Mit denen können die Wissenschaftler bereits am Rechner arbeiten, wenn sie an die Funde noch keine Hand anlegen dürfen. Denn nach dem Kunststoffbad steht noch die Trocknung auf dem Plan. Bei minus 50 Grad Celsius – über Monate.

Jedes Fundstück bekommt ein Formblatt. Solange die Erinnerungen frisch sind, werden Lage, Fundort, Merkmale eingetragen. Dazu erstehen die Bergwerke aus tausenden elektronisch erfassten Punkten virtuell in 3D am Computer wieder auf. Fundstücke wie Fahrten oder Haspeln wurden millimetergenau eingepasst. Die einzige Möglichkeit, die Bergwerke zu erhalten, denn wenn die Männer der Bergsicherung abgezogen sind, sind die Grubenbaue verwahrt. Auch wenn die mittelalterlichen Bergwerke Dippoldiswaldes zum Weltkulturerbe zählen: Niemand kann diese Welten unter Tage jemals wieder zu Gesicht bekommen. Die Funde schon. Im neuen Museum im Schloss Dippoldiswalde, das Besuchern seit 2018 den mittelalterlichen Bergbau im Erzgebirge vorführt. Christiane Hemker: „Erstmals überhaupt können wir durch unsere montanarchäologischen Untersuchungen dort Einblicke in die mittelalterlichen Bergbautechniken, aber auch in die Arbeitsprozesse unter Tage gewinnen."

„Das Bergbaurevier der hochmittelalterlichen Bergstadt Dippoldiswalde war mit Sicherheit größer als die heutige, ehemals von einer Stadtmauer umgebene Altstadt."

Und die Frage, ob Dippoldiswalde wirklich älter ist als Freiberg? Dort feierte man 2018 die 850 Jahre Silberfund mit einem Festjahr, passend „Silberrausch" genannt. Und da kommen sie in Dippoldiswalde mit Funden, die noch älter sind? Obwohl sich Freiberg stolz als Wiege des sächsischen Silberbergbaus sieht? Matthias Schubert gibt Entwarnung. Die fraglichen Hölzer wurden vermutlich sekundär im Bergbau verwendet, sie wurden also wohl um 1160 gefällt, als Dippoldiswalde besiedelt wurde, aber sie landeten erst später unter Tage. Die sächsische Geschichte schreiben die Zeitreisenden vom ArchaeoMontan-Projekt also nicht um. Vielmehr fügen sie ein eigenes Kapitel hinzu.

Weiterlesen? Über die ersten Silberfunde in Freiberg lesen Sie im Kapitel „In den Fußstapfen von Sherlock Holmes" ab Seite 10.

Information:

Das Museum für mittelalterlichen Bergbau im Erzgebirge im Schloss Dippoldiswalde, kurz MIBerz, vermittelt dank europaweit einzigartiger Funde Leben und Arbeit mittelalterlicher Bergleute. Öffnungszeiten sind Mittwoch 10 bis 16 Uhr sowie Donnerstag bis Sonntag 13 bis 17 Uhr. Eintritt 5 Euro, ermäßigt 2,50 Euro. Infos: www.miberz.de

DAS LETZTE GEFECHT

Als die DDR im Oktober 1989 die Grenze nach Tschechien abriegelt, legen in Altenberg die Bergleute die Arbeit nieder. Dabei ist ihnen ein Streik eigentlich gar nicht geheuer. Auch wenn die Geschichte voll von Arbeitskämpfen ist.

Im Bergbaumuseum Altenberg lagert vorsorglich noch eine Abschrift. Denn die Kopie auf dem rotbraun gefärbten Thermopapier verblasst zusehends. Wer weiß, wie lange sich die vier Seiten noch entziffern lassen. Groß wäre aber der Verlust, könnte man sie nicht mehr lesen, ist doch das Schreiben im Bestand des Museums das wohl einzige schriftliche Zeugnis einer kaum bekannten, aber bemerkenswerten Episode. Ein Streik in den letzten Tagen der DDR, ab dem 3. Oktober 1989. Die Bergmänner waren damit ihrer Zeit voraus. Sie streikten, bevor Michail Gorbatschow zum 40. DDR-Geburtstag mahnte, wer zu spät komme, den bestrafe das Leben. Bevor 70.000 Demonstranten in Leipzig demokratische Reformen forderten. Bevor Staatschef Erich Honecker zurücktrat. Und bevor Nachfolger Egon Krenz eine Wende beschwor, die zur Revolution wurde. Was war bloß los in Altenberg?

Altenberg 1989: Eine Bergbaustadt mit jahrhundertealter Tradition. Seit dem 15. Jahrhundert bauten hier Bergleute vornehmlich Zinnerz ab. Wer die Dimension annähernd erfassen möchte, kann sich einer Wanderung anschließen, die das Museum regelmäßig zur Pinge organisiert. Die örtliche Lagerstätte besteht aus einem gewaltigen, aus der Tiefe aufgestiegenen Erzkörper. Wie ein Pilzhut unter der Erde. In früherer Zeit legten die Bergleute Feuer, um das Gestein mürbe zu machen. Dann schlugen sie Hohlräume heraus. Gelegentlich erreichten diese Weitungsbaue Durchmesser von bis zu 20 Metern. Leider aber waren die unterirdischen Kathedralen keine Kathedralen der Statik. 1545 und 1578 kam es zu kleineren Einstürzen. Am 24. Januar 1620 gab der Oberbau der Grube auf einer Fläche von 1,5 Hektar nach. In der Tiefe verschwanden vier Bergwerke samt Göpel sowie eine Bergschmiede mit Wohnhaus. Die Altenberger Pinge war entstanden. 23 verschüttete Bergleute wurden gerettet, einer nicht mehr gefunden. Wie ein Chronist berichtete, sei auf diesem Bergmann „die meiste Schuld hernach sitzen geblieben, dass er nämlich aller Warnung ungeachtet alle Bergfesten weggehauen habe."

Foto: Dirk Hanus

Blick auf das Gelände des Arno-Lippmann-Schachts am Stadtrand von Altenberg. 1991 ging dort der Zinnabbau zu Ende.

Foto: Egbert Kamprath

Der riesige Krater der Pinge in Altenberg entstand 1620 nach einem Bergsturz und nahm im Laufe der Jahrhunderte durch den Abbaubetrieb immer mehr an Größe zu. Heute hat sie eine Fläche von rund 13 Hektar, bei einer Tiefe von bis zu 100 Metern.

Inzwischen hat das Loch einen Durchmesser von 400 Metern erreicht und ist 150 Meter tief. Vom City-Hochhaus Leipzig, dem höchsten Bürogebäude Sachsens, würde nur die Antenne über den Rand hinausragen. Und der Hunger der Pinge ist noch nicht gestillt. Wie ein Drache, der alle paar Dutzend Jahre einmal gefüttert werden will, krallt sie sich gelegentlich Stücke der Umgebung. In den 1980er-Jahren musste eine Kindertagesstätte abgerissen werden. Einem Besucherbergwerk hatte die Pinge bereits 1953 den Garaus gemacht. Bis 1991 folgte der Römerschacht samt Förderturm und Schachtgebäuden. Nach wie vor werden die Pingeränder regelmäßig vermessen. Eine Frage der Sicherheit.

Nach dem Zweiten Weltkrieg hatte der Bergbau in Altenberg noch einmal einen Boom erlebt. Die DDR wollte ihren Zinnbedarf selbst decken. Als neuer Hauptzugang wurde der Arno-Lippmann-Schacht bis in fast 300 Meter Tiefe getrieben. 1986 konnte erstmals mehr als eine Million Tonnen Erze gefördert und verarbeitet werden. Die Bergleute waren stolz. „Wir hatten eine gute Arbeit“, sagt Andreas Fromm. 1980 kam er als Lehrling zum Schacht. Sein Vater war Steiger, sein Bruder wurde auch Bergmann. Andreas Fromm selbst sattelte später um, führt aber manchmal Gäste durchs Museum. Die Geschichten über sein altes Leben zeigen eine Welt, die rau war, laut und derb, aber auch kameradschaftlich.

Foto: Frank Hommel

Die Altenberger Lagerstätte besteht aus einem gewaltigen, aus der Tiefe aufgestiegenen Erzkörper. Im Bergbau-Museum lassen sich die Erze und Minerale begutachten.

Um einen deftigen Scherz waren die Bergleute nie verlegen. So ließen sie ihn, den Lehrling, in ein metallenes Belüftungsrohr kriechen, angeblich, um eine Klappe zu schließen. Die existierte nicht, vielmehr schlugen die Männer, als der gutgläubige Lehrling im Rohr steckte, mit dem Hammer auf das Blech, dass ihm drinnen der Kopf dröhnte. Einmal foppte Fromm selbst einen Lehrling nach Strich und Faden. Er redete ihm ein, es gäbe unter Tage einen Bockwurst-Stand. Der Junge durchstreifte die Grube. Wo immer er nach dem Weg fragte, durchschauten die Hauer und Schlosser das Spiel - und spielten mit. Er sei falsch abgebogen, hieß es dann, es gab eine neue Wegbeschreibung zum nicht vorhandenen Kiosk, und das halbe Bergwerk lachte sich schlapp.

Dennoch nahmen die Bergleute ihre Arbeit ernst. Ehrensache. Da wurde nicht gleich bei jedem Zipperlein gekniffen. Einmal löste sich beim Sichern der Firste ein Brocken und durchschlug Andreas Fromms Helm. Nachdem die Betriebsärztin die Platzwunde versorgt hatte, hieß es: zurück zur Schicht. Doch die sozialistische Arbeitswelt hatte auch auf dem entlegensten Berg Schattenseiten. Altenberg war Leistungssport-Zentrum. Neue Sportstätten entstanden termingerecht, während sich die Fertigstellung wichtiger Bergbau-Anlagen ständig verzögerte. Der SV Dynamo Zinnwald hatte 16 neue Kleinbusse, der Bergbaubetrieb einen verschlissenen Fuhrpark. Für einen Sportler-Empfang wurde der Platz des Bergmanns vom Schnee befreit, während in Wohngebieten

Mülltonnen per Hand hunderte Meter weit zur nächsten schneefreien Straße zu schaffen waren. All das würden die Bergleute in ihrem Schreiben später beklagen. Und dann kam der 3. Oktober 1989. „Ich sehe die Gesichter noch vor mir, sehe noch, wie die Leute der Schicht vor uns aus dem Förderkorb stiegen, uns entgegenkamen und sagten: Wir haben gestreikt", erzählt Fromm. Verblüffung machte sich breit. Ein Streik lag bis dahin außerhalb der Vorstellungskraft. Aber es brodelte, seit die DDR den visafreien Reiseverkehr in die ČSSR unterband. Die Regierung wollte weitere Fluchten auf das Botschaftsgelände der Bundesrepublik in Prag verhindern. Das traf auch die Bergleute in Altenberg, die gern jenseits der Grenze einkaufen gingen, wo es gab, was daheim als Mangelware galt. Acht Stunden schufteten die Männer, damit der Staat Devisen für Rohstoffe sparen konnte. Und nun durften sie nicht mehr die Grenze vor ihrer Nase überqueren, hinter der das sozialistische Bruderland lag? Als Andreas Fromms Kollegen hörten, dass die Vorgängerschicht die Arbeit verweigert hatte, hieß es schnell: Wir streiken auch.

Der Brief, der sich im Museum erhalten hat, entstand einige Tage darauf. Eine Erklärung und Rechtfertigung, an die Kollegen, an die Vorgesetzten. Das Schreiben trägt keine Namen, keine Unterschrift. Auch Andreas Fromm weiß nicht, wer das Ganze damals angestiftet hat. Das Schreiben zeigt, wie unwohl sich die Bergleute in ihrer Haut fühlten: „Es ist für jeden Arbeiter deprimierend und traurig, solcher Art Maßnahmen durchführen zu müssen." Die Verfasser distanzierten sich von Gewalt, drohten aber mit neuen Aktionen, falls die Probleme nicht angegangen würden. Im Hintergrund, heißt es im Museum, gab es Planungen, die Fernverkehrsstraße zu blockieren.

Bei einer Führung erschließen sich die gewaltigen Dimensionen: Die Pinge in Altenberg hat mittlerweile enorme Tiefen erreicht. Das City-Hochhaus Leipzig würde kaum über den Rand reichen.

Viel Aufhebens machten die Streikenden dennoch nicht. Fromm: „Den Streik hätte gar niemand mitbekommen, wenn nicht der Steiger eine Notiz im Schichtbuch gemacht hätte." Und so brauchte es nur ein paar Gespräche, und am 6. Oktober um 14 Uhr beendeten die Bergleute den Ausstand. Konsequenzen gab es für niemanden in der Belegschaft, soweit Fromm sich erinnern kann.

Schon 30 Jahre später fällt es schwer, Zeugnisse oder Zeitzeugen aufzutreiben. Andere Arbeitskämpfe über die Jahrhunderte hinweg im Erzgebirge gingen wohl in die Geschichte ein. So der Ausstand von 1469, als die Bergarbeiter in Altenberg mehr Lohn erstritten. Als kurfürstliche Resolutionen das Montanwesen 1709 und 1710 durchorganisieren, die Aufsicht verstärken und pünktlichen Arbeitsbeginn um vier Uhr morgens durchsetzen sollten, reagierten die Knappen aufmüpfig. Es kam zu Unruhen, Bergleute zogen von Freiberg nach Dresden. In einem Trinklied nahmen sie die Situation auf die Schippe: „Lustig seid ihr lieben Brüder, fahrt um viere nein. Legt euch fein beizeiten nieder, dass ihr könnt munter sein. Werd't ihr nur einmal verschlafen, wolln wir euch mit

Gelde strafen. Mit losen Worten auch. Wie der Gebrauch." Beim Bergstreittag in Schneeberg erzwangen Bergleute 1496, dass eine Kürzung des Wochenlohns zurückgenommen wurde. Noch heute wird dort am 22. Juli mit Bergparade und Berggottesdienst daran erinnert.

Hat der Streik 1989 in Altenberg historische Bedeutung, dann die, dass dieses sanfte auch das letzte Gefecht erzgebirgischer Bergleute war. Anders als bei den Kali-Kollegen in Bischofferode in Thüringen, die in den Hungerstreik traten, ging der Zinnabbau in Altenberg 1991 geräuschlos zu Ende – und damit der letzte Erzbergbau im sächsischen Teil des Erzgebirges. Die Erlöse hatten mit den Kosten nicht mehr Schritt gehalten. Andreas Fromm hatte da längst einen anderen Job gefunden. Viele Ziele der Streikenden erledigten sich mit der Wiedervereinigung auf die eine oder andere Art. Aber eins erreichten die Altenberger sofort: Für Anwohner wurde eine Art kleiner Grenzverkehr eingerichtet, berichtet Christoph Schröder, viele Jahre Chef des Museums. Gegen die Grenzschließung hatten auch andere Altenberger aufbegehrt. Und so konnten sich die Leute einen Stempel im Pass abholen, mit dem sie den Grenzübergang in Zinnwald passieren durften. „Da standen viele Leute Schlange", sagt Schröder, „schon aus Prinzip." Nur wenige Wochen später, am 9. November, richtete sich der Blick der Menschen auf die Öffnung einer ganz anderen Grenze.

Weiterlesen? Vom harten Alltag der Bergleute im Mittelalter und später sowie den Gefahren unter Tage wird auch im Kapitel „Katastrophe mit Ansage" (ab Seite 186) erzählt.

Information:

Besucherbergwerk „Vereinigt Zwitterfeld" zu Zinnwald: Seit August 2019 Führungen vorerst nur per Anfrage für Gruppen möglich. Anmeldung und Information über das Bergbaumuseum Altenberg, Telefon: 035056 31704, www.besucherbergwerk-zinnwald.de.

Bergbaumuseum Altenberg: historische Zinnwäsche mit Schaustollen und Ausstellung zur Bergbaugeschichte, geöffnet ist täglich außer freitags 10 bis 16 Uhr, Beginn letzte Führung Schaustollen 15.00 Uhr, Eintritt Museum 4 Euro, mit Schaustollen 7 Euro, ermäßigt 3 bzw. 4 Euro, Mühlenstraße 2.

Das Museum organisiert auch Pingenführungen zur Altenberger Pinge, immer mittwochs von Mai bis Oktober, Start 13.30 Uhr am Bahnhofsvorplatz, Teilnahme 5 Euro, ermäßigt 2,50 Euro, www.altenberg.de/bergbaumuseum-erzgebirge.

Stadtkirche Lauenstein mit bedeutenden Kunstschätzen, Führungen dienstags, donnerstags und sonntags jeweils 14 Uhr, Teilnahme 3 Euro, ermäßigt 2,50 Euro, Kinder bis 14 Jahre 1 Euro, www.stadtkirche-lauenstein.jimdo.com.

Schloss Lauenstein, dienstags bis sonntags und an Feiertagen 10 Uhr bis 16.30 Uhr, Eintritt 4 Euro, ermäßigt 3 Euro, www.schloss-lauenstein.de.

Foto: Marko Borrmann

Derzeit gibt es Pläne, in Altenberg bald Lithium abzubauen. Lebt der Bergbau hier noch einmal auf?

HIER LEBT DIE ZEIT

Ein kleiner Ort im östlichen Erzgebirge ist auf der ganzen Welt bekannt für seine hochpräzisen mechanischen Uhren. Zu verdanken ist das einem klugen Unternehmer, vielen geschickten Händen und einem großzügigen Wirtschaftsförderungsprogramm.

Gong, Gong, Gong! Melodisch klingt es durch das Foyer. Auf den Zifferblättern in dem reich verzierten Mahagonigehäuse kann man nicht nur die Uhrzeit ablesen, sondern unter anderem den Wochentag, das Datum, Sonnenauf- und untergang, die Mondphasen und die Sternbilder. Man müsste lange suchen, um all diese Informationen im Internet zu finden. Die astronomische Kunstuhr von Hermann Goertz jedoch zeigt sie auf einen Blick, und das seit 1925.

Die Uhr ist eins der wertvollsten Stücke des Deutschen Uhrenmuseums Glashütte, das von einer Stiftung der Stadt und der Manufaktur Glashütte Original betrieben wird. Dort beginnt eine Zeit-Reise durch die Geschichte der Glashütter Uhrenfabrikation: goldene Taschenuhren aus dem 19. Jahrhundert, geschwungene Louis-XV-Zeiger, vor allem aber: das hochpräzise Glashütter Uhrwerk. Eine Besonderheit ist die Dreiviertelplatine, welche die Unruh frei liegen lässt. Die Unruh ist ein Schwingsystem mit Spiralfeder. Ähnlich wie ein Uhrpendel sorgt sie dafür, dass die Zeiger gleichmäßig gehen. Sonst würde das Werk nach dem Aufziehen zunächst schnell laufen und dann immer langsamer werden.

Glashütte am östlichen Rand des Osterzgebirges steht seit Mitte des 19. Jahrhunderts für hochwertige mechanische Uhren. Auf den ersten Blick sieht die Stadt aus wie viele andere Orte in der Gegend: Die Häuser reihen sich im engen Tal der Müglitz und Prießnitz auf. In der Mitte ein kleiner Marktplatz, ringsum Hänge voller Laubbäume oder Fichten. Doch Glashütte tickt anders. Vielmehr: Es tickt überhaupt. Und überall. An vielen der historischen Gebäude drehen sich Zeiger. Hier hat die sächsische Uhrenindustrie ihren Ursprung. In Glashütte-Stadt mit seinen 1700 Einwohnern arbeiten heute wieder rund 2000 Menschen in der Uhrenfabrikation. Hier sind neun Firmen ansässig, die sich auf mechanische Uhren spezialisiert haben. Alle produzieren mindestens die Hälfte ihres Uhrwerks vor Ort – dafür steht der Schriftzug „Glashütte in Sachsen“.

Foto: Stiftung Deutsches Uhrenmuseum Glashütte René Gaens

Meisterwerke der Glashütter Uhrmacherkunst sind im Deutschen Uhrenmuseum Glashütte zu sehen.

Foto: Stiftung Deutsches Uhrenmuseum Glashütte René Gaens

Das Deutsche Uhrenmuseum Glashütte in der ehemaligen Uhrmacherschule führt durch die mehr als 150 Jahre lange Geschichte der Uhrenherstellung in dem erzgebirgischen Ort.

Foto: Stiftung Deutsches Uhrenmuseum Glashütte René Gaens

Ein Schmuckstück gleich im Eingangsbereich des Deutschen Uhrenmuseums Glashütte ist die astronomische Kunstuhr von Hermann Goertz aus dem Jahr 1925.

Foto: Stiftung Deutsches Uhrenmuseum Glashütte René Gaens

Werkansicht einer Glashütter Taschenuhr. Eine Besonderheit ist das hochpräzise Werk mit der freiligenden Hemmungsgruppe mit der Unruh.

Wie aber kamen die Uhren in die kleine Stadt im Erzgebirge? Heute würde man sagen: Es war ein Wirtschaftsförderungsprogramm mit großzügigen staatlichen Subventionen. Die Uhren haben den Ort aus tiefster Armut gerettet.

Über die Glashütte, die es in der Stadt wohl einmal gab, weiß man heute nicht mehr viel. Im 15. Jahrhundert wurde Silber abgebaut, doch nach rund 300 Jahren war die Lagerstätte so gut wie erschöpft. Und die Böden trugen nicht viel, die Wälder waren abgeholzt. Die Menschen stellten aus Stroh geflochtene Zierbänder für Taschen und Hüte her, doch das reichte oft nicht zum Leben. Da wendeten sich Städte der Region an den Hof in Dresden mit der Bitte, neue Wirtschaftszweige anzusiedeln.

Gleichzeitig tauchte ein Mann auf, dessen Name nicht nur Uhrenkennern ein Begriff ist: Ferdinand Adolph Lange. Er hatte eine Lehre absolviert beim Dresdner Hofuhrmacher Johann Christian Friedrich Gutkaes. Nach einer Lehr- und Wanderzeit in Frankreich und der Schweiz erkannte er, dass auch in Deutschland der Bedarf an tragbaren Zeitmessern steigen würde: Immer mehr Menschen reisten mit der Eisenbahn. Außerdem verlangte die industrielle Produktion, dass nach Takt gearbeitet wurde. Lange wusste, dass der Dresdner Hof die Wissenschaften förderte. Schon um 1560 hatte das Kurfürstenpaar August von Sachsen und Anna von Dänemark eine Instrumenten-, Uhren- und Werkzeugsammlung eingerichtet. Daraus entwickelte sich der Mathematisch-Physikalische Salon im Dresdner Zwinger, der wesentlichen Einfluss auf den sächsischen Uhrenbau hatte.

Foto: Stiftung Deutsches Uhrenmuseum Glashütte

Ferdinand Adolph Lange gründete mit Staatshilfe aus Dresden die Uhrenindustrie in Glashütte.

Lange versprach, junge Männer zu Uhrmachern auszubilden, und bekam dafür 1845 ein staatliches Darlehen. Vermutlich wurde Glashütte ausgewählt, weil es besonders arm war. Auch die Nähe zu Dresden mag eine Rolle gespielt haben.

Ausbilder Lange sorgte dafür, dass sich die Uhrmacher spezialisierten, etwa auf Edelsteinschliff für die Lagerung der Zahnräder oder auf Messinstrumente. Bald stellten sie vieles selbst her und sparten sich so lange Wege. Nur Spezialteile wie Spiralen, Zifferblätter oder komplizierte Rohwerke wurden in Glashütte nie selbst produziert.

Als sich seine Schüler selbstständig machten, versprach Lange, die ersten fünf Jahre alle Aufträge an sie zu geben. So entstand ein Netzwerk von „Fensterbrettl-Mechanikern", die zu Hause oder in kleinen Werkstätten Einzelteile herstellten. Das Gravieren, Polieren oder Feilen übernahmen häufig die Frauen. Die Uhrmacher setzten die Uhren zusammen, organisierten Produktion und Verkauf. Dieses sogenannte Verlagswesen hatte Lange in der Schweiz kennengelernt. Das Konzept ging auf, drei weitere Firmengründer folgten: Julius

Assmann, Adolf Schneider und Moritz Großmann. Glashütte wurde als Uhrmacherstadt weltberühmt.

Im frühen 20. Jahrhundert aber kam die Uhrenindustrie beinahe zum Erliegen. Denn die Glashütter hatten buchstäblich die neue Zeit verschlafen. Sie hatten die aufkommenden Armbanduhren für einen kurzlebigen Trend gehalten. Inflation und die Folgen des Ersten Weltkriegs trugen ebenfalls dazu bei, dass Uhrenhersteller aufgeben mussten.

Eine große Hilfe war in dieser Zeit die feinmechanische Industrie, die sich parallel zur Uhrenherstellung entwickelt hatte. So kam es, dass in Glashütte die ersten serienmäßig produzierten Rechenmaschinen Deutschlands gebaut wurden. Sie setzten sich aus ähnlichen Bauteilen zusammen wie die Uhren, etwa aus Wellen, Gehäusen und Rädern. Im Zweiten Weltkrieg produzierten die Glashütter unter anderem Fliegerarmbanduhren, aber auch Zeitzünder für Bomben. 1945 führte die Demontage durch die sowjetische Besatzungsmacht dazu, dass man 100 Jahre nach Beginn der Uhrenindustrie praktisch wieder bei null anfangen musste. Doch auch das gelang. Es kam die DDR, es kam 1951 die Zusammenlegung der Uhrenhersteller zum VEB Glashütter Uhrenbetriebe (GUB) mit zeitweise 1300 Mitarbeitern allein in der Uhrenproduktion. Zur Massenware wurden die Zeitmesser aber nie. Ein großer Teil ging ohnehin in den Export.

Foto: Eva-Maria Hommel

An der Uhrmacherschule feilt Luisa Lorber den Vierkant für eine Aufzugswelle.

Nach der Wiedervereinigung gelang der Neuanfang, der nur mit Fachkräften überhaupt möglich war. Diese auszubilden hat eine lange Tradition in Glashütte. Schon der Pionier Moritz Großmann hatte im Jahr 1878 eine Uhrmacherschule gegründet. Drei Jahre später zog sie in das eigens dafür gebaute Gebäude ein, das jetzt das Museum beherbergt. Über die Jahre lernten dort rund 2500 Schüler, bis 1945 kam jeder Dritte aus dem Ausland.

Heute ist die Uhrmacherschule, also die Berufsschule für Uhrmacherhandwerk, Teil des Beruflichen Schulzentrums „Otto Lilienthal" Freital-Dippoldiswalde und liegt am Stadtrand. Dort ist manches anders als in einer normalen Schule. Im Flur ertönt klangvoll der Gong einer alten Pendeluhr. Wenn die Schüler ins Klassenzimmer kommen, säubern sie erst einmal ihren Tisch und ziehen einen weißen Kittel über. Und dann packen sie nicht Block und Federmäppchen aus, sondern Kornzange, Ölpalette, einen kleinen Hammer samt Amboss, eine Lupe. An einem Modell zeigen die Schüler, wie ein Uhrwerk mit Unruh funktioniert. Die Unruh ist das einzige, was hier unruhig sein darf. Ein 17-Jähriger trägt eine Armbanduhr von Glashütte Original. Seit er als Sechstklässler das Uhrenmuseum besuchte, will er Uhrmacher werden. Die kleinen Teile, die Mechanik, das fasziniert ihn. Sein Traum: eine Uhr von Anfang bis

Ende selbst zusammenbauen. Doch nur ganz wenige Uhren werden Schritt für Schritt in Ateliers hergestellt. Der Rest entsteht in Serienfertigung; jeder Mitarbeiter führt einen hochspeziellen, aber monotonen Arbeitsgang aus.

Rund 60 Prozent der Absolventen arbeiten später tatsächlich in der Produktion. Etwa 30 Prozent finden sich in Uhrmacherwerkstätten oder Juweliergeschäften wieder. Rund zehn Prozent lernen nach dem Abschluss einen zweiten Beruf, etwa Optiker oder Graveur, oder studieren zum Beispiel Feinwerktechnik. Die Vermittlungsquote liegt nach Informationen der Schule bei fast 100 Prozent.

Nach der Wiedervereinigung Deutschlands wurde aus dem VEB GUB die Glashütter Uhrenbetrieb GmbH mit der Marke Glashütte Original, die inzwischen wie die 1996 gegründete Union Glashütte zur Swatch Group gehört. 1990 meldete der Urenkel von Ferdinand Adolph Lange die Lange Uhren GmbH an, heute Teil des Schweizer Richemont-Konzerns. Weitere bekannte Namen sind Nomos Glashütte, Moritz Grossmann, Mühle, SUG, Söhnle, Wempe und Tutima. An Kunden mangelt es offenbar nicht, trotz der Preise von etwa 1000 Euro für die einfachsten Uhren mit Manufaktur-Uhrwerk, und sechsstelligen Summen für kompliziertere.

Dabei ist die mechanische Uhr eigentlich ein Anachronismus. Quarzuhren gehen genauer, es ist ein wenig wie bei Musikliebhabern, die sich auch in Zeiten des MP3-Formats Vinyl-Langspielplatten ins Regal stellen. Warum? Wer sich ein Uhrwerk genau anschaut, der kann die Gründe erahnen. Wie ein Rädchen ins andere greift, nachdem die winzige Feder gespannt ist – das hat eine ganz besondere Faszination.

Weiterlesen? Über das erzgebirgische Kunsthandwerk, das wie die Uhrenherstellung als Nachfolge-Industrie des Bergbaus gilt, berichtet Kapitel „Vom Erzgebirge zum Holzgebirge“ ab Seite 114.

Information:

Das Deutsche Uhrenmuseum Glashütte zeigt eine umfangreiche Ausstellung zur Uhrenindustrie der Stadt sowie wechselnde Sonderausstellungen mit Bezug zur Region. Schillerstraße 3 a, geöffnet ist täglich von 10 bis 17 Uhr. Heiligabend ist geschlossen, 2019 Schließzeit vom 3. November bis 1. Dezember. Silvester von 10 bis 14 Uhr geöffnet. Eintritt 7 Euro, ermäßigt 4,50 Euro. www.uhrenmuseum-glashuette.com

4. TEIL

DIE HEIMAT DER KINDERTRÄUME – DAS MITTLERE ERZGEBIRGE

Zugegeben: Die Unterscheidung zwischen Mittlerem und Oberem Erzgebirge ist nicht ganz trennscharf. Mitunter werden beide auch zusammen als Mittleres Erzgebirge bezeichnet und das Obere Erzgebirge dann mehr oder weniger unterschlagen. Der Übersichtlichkeit halber möchten wir die beiden trennen. Denn das Mittlere Erzgebirge – bei unserer Einteilung folgen wir den Grenzen des einstigen Mittleren Erzgebirgskreises, der südöstlich von Chemnitz bis an die sächsisch-böhmische Grenze reichte und die Städte Zschopau und Marienberg umfasste – hat für uns noch einmal einen ganz eigenen Charakter. Der liegt begründet in der Konzentration des Holzkunsthandwerks, der Drechsler und Spielzeugmacher. Diese Konzentration wird häufig als eine direkte Folge des zu Ende gehenden Bergbaus aufgefasst. Sie führte dazu, dass das Erzgebirge heutzutage deutschlandweit vielleicht noch mehr mit Spielzeug, Lichterglanz und Weihnachtsschmuck identifiziert wird als mit Bergbau. Und dass das Spielzeugdorf Seiffen heute einer der überregional bekanntesten Orte des Erzgebirges überhaupt ist. Weshalb Seiffen auch ohne eigene Welterbestätte zu den assoziierten Orten der Montanregion zählt und hier nicht ignoriert werden kann. Auch Olbernhau an den Ufern der Flöha hat noch heute eine nennenswerte Spielzeugindustrie, verfügt aber mit dem Ensemble der Saigerhütte über eine herausragende Welterbestätte. Schließlich führt die Reise weiter nach Marienberg, die manche Besucher an Italien erinnern mag. Zwar nicht wegen des Wetters, aber dennoch nicht zu unrecht.

Welterbestätten im Mittleren Erzgebirge: Historische Altstadt Marienberg; Bergbaulandschaft Lauta; Komplex der Saigerhütte Olbernhau-Grünthal. Assoziierte Objekte: Kalkwerk Lengefeld, Sachzeugen des Kunsthandwerks in Seiffen, Grüner Graben Pobershau.

Foto: Dirk Hanus

Adventsidylle in Seiffen: Der Lichtelzauber lockt jedes Jahr zehntausende Gäste ins Erzgebirge.

VOM ERZGEBIRGE ZUM HOLZGEBIRGE

Holzspielzeug und Weihnachtsschmuck haben das Erzgebirge berühmt gemacht. Und natürlich kommt mal wieder (fast) alles vom Bergwerk her.

Dirk Weber weiß, wo sie sich verstecken. Der wilde Tiger, der Hirsch mit dem schlanken Geweih, das kleine Schwein – sie alle befinden sich in Reifen aus nassem Fichtenholz. Eben war da nur eine Baumscheibe an einer Drehbank. Dann setzte Dirk Weber das Dreheisen an, Späne flogen und so entstanden die Reifen mit den Umrissen der Tiere. Wenn Weber einen Reifen spaltet, kommen 40 bis 60 Tiere heraus.

„Die Seiffener Drechsler stellten von Anfang an serielle Gewerbeartikel her, es ging nicht um künstlerische Einzelstücke."

Seit 1985 arbeitet er im Freilichtmuseum, das zum Erzgebirgischen Spielzeugmuseum Seiffen gehört. Zusammen mit seinem Kollegen Hans-Günter Flath zeigt er Besuchern das Handwerk des Reifendrehens. Das gibt es nur im Spielzeugdorf Seiffen und den Nachbarorten, seit mindestens 1810. Früher waren die Tiere Spielzeug, heute schmücken sie gedrechselte Weihnachtspyramiden. Der Weihnachtsschmuck aus Holz lockt Besucher aus ganz Deutschland und Europa ins Erzgebirge, besonders im Advent.

Bergbau und Holzkunst gehören hier zusammen, sagt Konrad Auerbach. Der Wissenschaftler leitet das Erzgebirgische Spielzeugmuseum in Seiffen: „Die Seiffener Drechsler stellten von Anfang an serielle Gewerbeartikel her, es ging nicht um künstlerische Einzelstücke." Das Ziel: Den Lebensunterhalt zu sichern, als der Bergbau nicht mehr genügend abwarf. In Seiffen waren die Erzvorkommen, vor allem Zinn, schon im 17. Jahrhundert nahezu ausgeschöpft.

Dabei half den Menschen, was sie auch unter Tage gebraucht hatten: Findigkeit und Geschick. „Der Bergbau hat viele technische Parameter. Und technische Kenntnisse wurden auch bei der Holzverarbeitung benötigt", so Auerbach. Im Jahr 1670 wurden in Seiffen bereits 23 Drechsler gezählt. Zunächst stellten sie etwa Teller her, Spindeln oder Knöpfe, ab etwa 1750 dann Spielwaren. Viele Drehbänke wurden mit Wasserkraft angetrieben – auch dank der Kunstgräben, Teichanlagen und Wasserräder aus Zeiten des Bergbaus. Aus den Pochwerken entfernte man die Stempel, die zum Zerkleinern von Erz gedient hatten, baute Drehwerke ein und vermietete sie an Drechsler. Zehn bis 15 solcher Anlagen wurden im Seiffener Raum umgenutzt.

In der Seiffener Gegend hatte man schon um 1300 Zinn abgebaut – der Ort wurde 1324 als „Cynsifen" zum ersten Mal urkundlich erwähnt. Das Ausseifen, also das Auswaschen der Zinnkörner aus dem Erdgemenge, gab ihm seinen Namen. Der Handel mit Rohzinn und Zinnware erstreckte sich bis Westeuropa. Auf diese Beziehungen griffen die Drechsler später zurück. Schon im 17. Jahrhundert verkauften sie ihre Ware auf Messen und Märkten. Ende des 18. Jahrhunderts stieg die Nachfrage. Gleichzeitig entstand ein umfangreiches Verlagswesen. Die Verleger erstellten Musterbücher und vergaben Aufträge an spezialisierte Heimarbeiter. Im Verlagshaus ordnete man das Spielzeug in Schachteln ein und verpackte es für den Handel. Die Seiffener „Füll- und Schachtelware" kann man im Spielzeugmuseum bewundern: Geschirr, Eisenbahnen, ganze Städte aus Holz. Das Sortiment umfasste im 19. Jahrhundert Tausende verschiedener Artikel.

Foto: Norbert Millauer

Gedrehte Holzreifen mit sichtbaren Formen von Figuren und Tieren sowie fertig geschnitzte und bemalte Tiere im Verkaufsraum der Reifendreherwerkstatt Christian Werner im erzgebirgischen Seiffen.

Um 1910 kosteten zum Beispiel zwölf Schachteln Schäfereien sechs Mark. Davon bekam der Hersteller 40 Pfennige. Den Großteil des Verkaufspreises behielten die Verleger ein, sie übernahmen dafür Lagerung, Konfektionierung, Werbung, Transportkosten und Zoll. Die Dörfer Grünhainichen und Waldkirchen, günstig an Handelsstraßen gelegen, sowie die Stadt Olbernhau, die 1875 an die Eisenbahn angeschlossen wurde, entwickelten sich zu wichtigen Händlerstandorten. Grünhainichen, heute berühmt für die rundlichen, musizierenden Engel des Familienunternehmens Wendt & Kühn, wurde damals scherzhaft „Klein-Leipzig" genannt. 1784 begann der Überseehandel.

Ein wahrer Exportschlager war die Arche Noah mit bis zu 300 Reifentieren. Im Dorf Hallbach nahe Olbernhau gab es sogar die Berufe Archenbauer und Archenmaler. Die lebensechten Tiere waren im 19. Jahrhundert besonders in England und in den USA beliebt. Strenggläubige Familien erlaubten ihren Kindern an Sonntagen oft kein anderes Spielzeug. Anderswo waren schon viel früher Spielwaren produziert worden, sagt Konrad Auerbach. Doch dank besonderer Qualitäten, günstiger Preise und intensiver Handelsbeziehungen verbreitete sich das Holzspielzeug aus dem Erzgebirge seit Mitte des 18. Jahrhunderts immer mehr.

Im Freilichtmuseum Seiffen erfahren Besucher, wie hart das Leben der Spielzeugmacher war. 13- bis 15-Stunden-Tage waren die Regel. Der Vater drehte Reifen, die Frauen beschnitzten die Rohlinge und bemalten sie. Die Kinder übernahmen einfache Arbeiten. Aus einer Erhebung im Jahr 1869 geht hervor, dass unter den 4648 Beschäftigten im Spielwarengebiet 1688 Kinder waren. Als 1852 in Seiffen eine Spielwarenschule eröffnet wurde, kamen viele Schüler nur unregelmäßig zum Unterricht, weil es zu Hause zu viel zu tun gab.

So manche Krise überstanden die erzgebirgischen Spielzeugmacher dank guter Ideen. Wie zum Beispiel nach 1900. Frankreich und andere Importländer hatten von Warenwertzoll auf Gewichtszoll umgestellt, damit wurden die großen Spielzeugschachteln zu teuer. Die Lösung: Dörfer, Sänger, Karussell – alles so klein, dass es in eine Zündholzschachtel passt. Kein Detail wurde ausgelassen: Zwischen zwei Betten steht ein Nachttopf, selbstverständlich gefüllt.

Irgendwann endete zwar die große Zeit des Holzspielzeugs. Brummkreisel aus Blech, Stofftiere und später Puppen aus Kunststoff eroberten die Kinderzimmer. Doch die Mode rettete die erzgebirgischen Handwerker. Denn es wurde üblich, Wohnungen weihnachtlich zu dekorieren. So stiegen immer mehr Drechsler auf Engel und viel später auf Kurrende-Sänger um. Schließlich entstanden filigrane Weihnachtsmotive.

Der Alltag der Bergleute floss in die Holzkunst mit ein. Aus ihr spricht die Sehnsucht nach dem Licht. Bergmänner als Kerzenträger wurden zu Symbolen der Region. Die Weihnachtspyramide erinnert an den Pferdegöpel, mit dem Erz aus den Gruben gefördert wurde. Im Spielzeugmuseum kann man einen sächsischen Bergaufzug bewundern. Ob der Schwibbogen tatsächlich das Mundloch eines Stollens symbolisiert, ist umstritten. Ältere Darstellungen mit Sonne und Mond lassen vermuten, dass ursprünglich der Himmelsbogen gemeint war. Die ersten Schwibbögen bestanden aus Metall und zeigten oft religiöse Motive. Heute schmücken meist Lichterbögen aus Holz die Wohnzimmer, mit Darstellungen wie Bergmann, Holzschnitzer, Klöpplerin oder auch der Bergkirche zu Seiffen.

Und dann sind da noch die mechanischen Weihnachtsberge. Dort sieht man, wie Bergleute unter Tage das Erz aus dem Gestein lösen und auf Hunten weiterbefördern, darüber verschneite Landschaften und eine Krippenszene. Wo sonst gibt es so etwas, außer im Erzgebirge?

Im Lauf des Zweiten Weltkriegs wurden Teile der Spielwarenbetriebe in die Kriegsproduktion einbezogen (unter anderem für Handgranatenstiele und Minenkästchen). Zur DDR-Zeit war das Material knapp, die Produktion strengen Regeln unterworfen. Doch ihre Fähigkeiten hatten die Spielzeugmacher nicht verloren. Allerdings verstaatlichte man alle größeren Firmen und legte sie zu volkseigenen Betrieben zusammen, etwa zum VEB VERO (Vereinigte Olbernhauer Spielwarenbetriebe). Nach der Wiedervereinigung gelang ein

Foto: Ariane Grund

Weltberühmt sind die Figuren der Grünhainichener Manufaktur Wendt & Kühn.

Foto: Toni Söll

Björn Köhler mit seinem Schwibbogen in der Werkstatt. Eine große Variante des Schwibbogens steht in Dresden auf dem Weihnachtsmarkt.

Neuanfang. Nach Einschätzung des Verbands erzgebirgischer Spielzeugmacher und Kunsthandwerker sind gegenwärtig um die 200 Unternehmen im erzgebirgischen Holzhandwerk aktiv.

Impulse kommen heute auch aus Schneeberg: An der dortigen Fakultät Angewandte Kunst, die zur Westsächsischen Hochschule Zwickau gehört, verknüpfen Studenten klassisches Spielzeug mit neuen Formen. Beim Weihnachtstourismus dreht es sich neben den modernen Formen jedoch auch um die traditionellen Motive. Und auch die Seiffener Reifentiere drehen sich immer noch. Schafe, Esel oder Ochsen zieren die Weihnachtspyramiden. Wie lange noch? Es gibt nur noch wenige aktive Reifendreher im Ort. Im Jahr 1906 hatte man eine Zwangsinnung mit Regeln für die Reifendreher gegründet. Nur wer in Seiffen oder den benachbarten Orten Heidelberg und Deutscheinsiedel wohnte, durfte es lernen. Zudem war nicht gewünscht, dass es an der örtlichen Spielzeugfachschule gelehrt wurde. Groß war die Angst vor Konkurrenz.

Heute fürchten die Reifendreher eher, dass ihr Handwerk ausstirbt. Zwar gibt es in Seiffen seit 1995 wieder eine staatliche Holzspielzeugmacher- und Drechslerschule. Doch die Löhne sind niedrig und Nachwuchs schwer zu finden. Reifendreher wird erst recht niemand nebenher. Man muss zuerst das Drechslerhandwerk lernen und dann den Blick für die versteckten Tiere entwickeln. Dirk Weber ist aber optimistisch: „Zumindest hier im Museum wird das Reifendrehen bestimmt weitergehen."

Weiterlesen? Neben Holzkunst hat das Erzgebirge noch ein weiteres Markenzeichen: Das Klöppeln, das ebenfalls mit dem Bergbau verbunden ist. Wie das ins Erzgebirge kam, erfahren Sie im Kapitel „Die Uthmannin" (ab Seite 150).

Information:

Erzgebirgisches Spielzeugmuseum: Dauerausstellung zur Geschichte der Seiffener Spielzeugherstellung, großer Weihnachtsberg, Spielflächen für Kinder, Museumsdiplom. Hauptstraße 73 in Seiffen, täglich von 10 bis 17 Uhr geöffnet (Heiligabend und Silvester bis 13 Uhr, Neujahr ab 12 Uhr). Eintritt 7 Euro, ermäßigt 5 Euro, Kinder von 4 bis 16 Jahren ohne Begleitung eines Erwachsenen 1,50 Euro, mit Begleitung eines zahlenden Eltern- oder Großelternteils frei. Freilichtmuseum Seiffen, Hauptstraße 203: 14 historische Gebäudekomplexe aus der Region, darunter ein Spielzeugmacherhaus und das Wasserkraftdrehwerk von 1760. Geöffnet ist täglich von 10 bis 17 Uhr, in den Wintermonaten witterungsabhängig und nur von 10 bis 16 Uhr. Geschlossen ist es am Heiligabend, am Ersten Weihnachtstag, Silvester und Neujahr. Die Reifendreher führen ihr Handwerk täglich zu den Öffnungszeiten vor, außer zwischen 12 und 13 Uhr. Eintritt 6 Euro, ermäßigt 4 Euro, Kinder von 4 bis 16 Jahren 1 Euro, bei Begleitung eines zahlenden Elternteils frei. Kombikarte beide Museen für Erwachsene 10 Euro. Internet (mit Publikationen zur Spielzeugherstellung): www.spielzeug-museum-seiffen.de. Schauwerkstatt der Seiffener Volkskunst eG: Herstellung von gedrechselten Figuren. Bahnhofstraße 12, geöffnet ist montags bis freitags von 10 bis 16 Uhr, in der Vorweihnachtszeit täglich von 10 bis 16 Uhr. Montags bis samstags und an den Adventssonntagen kann außerdem von 10 bis 16 Uhr gebastelt werden. Geschlossen ist am Heiligabend, am Ersten Weihnachtstag, Silvester und Neujahr. www.schauwerkstatt.de. Zum Tag des traditionellen Handwerks im Oktober öffnen viele Werkstätten die Türen, www.erzgebirge-tourismus.de/handwerk-weihnachten/tag-des-traditionellen-handwerks/

Weitere Ziele:

Die spätbarocke Bergkirche Seiffen (erbaut 1776-1779) ist auf vielen Produkten der Seiffener Holzkunst zu sehen. Im Inneren finden sich sakrale Gegenstände aus Zinn, Seiffener Glas und Holz. Geöffnet ist sie montags bis samstags von 11 bis 15 Uhr, an Sonn- und Feiertagen von 13 bis 15 Uhr. Kirchenführungen, meist mit Orgelspiel, werden montags bis samstags um 12 Uhr angeboten und dauern etwa 25 Minuten. Darüber hinaus sind Gruppenführungen nach Anmeldung möglich. Evangelische Gottesdienste finden sonn- und feiertags statt, in der Regel 9.30 Uhr. www.bergkirche-seiffen.de.

Das Erzgebirgische Spielzeugmuseum Seiffen bietet einen umfassenden Überblick über die Geschichte der Spielzeugfertigung der Region.

Foto: Wolfgang Schmidt

AUS DEN GRUBEN, AUF DIE DÄCHER

Was haben der Dresdner Zwinger, der Stephansdom in Wien und die Alexander-Newski-Kathedrale in Sofia gemeinsam? Ritt Peter der Große wirklich auf einem Hammer? Man erfährt es bei einem Besuch in Olbernhau-Grünthal.

Der Müller schleppt Getreidesäcke, die Frauen stehen um Brot an, in der Schule üben die Kinder schreiben und lesen. Ganz normaler Alltag in einem kleinen Ort im Erzgebirge. So kann man es sich jedenfalls vorstellen. Wenn da nur nicht das ständige Dröhnen der Hämmer wäre.

Foto: Stadtverwaltung Olbernhau, Jan Biller

Das Untere Tor erinnert bis heute daran, dass die Saigerhütte Grünthal ein in sich geschlossenes, eigenständiges Gemeinwesen war.

Grünthal ist kein gewöhnliches Örtchen. Es wurde gegründet, um silberhaltiges Schwarzkupfer zu verhütten und weiterzuverarbeiten. Mehr als 300 Jahre lang, von 1537 bis 1853, gewannen Arbeiter in der Saigerhütte Silber und Kupfer. Später stellte man in Walzwerken Bleche her. Die Saigerhütte in Grünthal, das heute zur Stadt Olbernhau gehört, sticht auch innerhalb des Welterbe-Gebiets „Montanregion Erzgebirge" mit seinen Hunderten bemerkenswerten Einzelobjekten heraus. Denn mehr als 20 Einrichtungen des einstigen Fabrikdorfes sind noch erhalten.

Wer sich eine Vorstellung machen will von der damaligen Geräuschkulisse, möge sich daneben stellen, wenn der sechs Zentner schwere Breithammer auf und nieder saust. Angeblich soll Zar Peter der Große einmal auf einem Hammer geritten sein – belegt ist allerdings nur, dass sein Sohn im Jahr 1710 die Saigerhütte besichtigte. Der Hammerschmied, der Besuchern den Hammer vorführt, wirkt mit dem breitkrempigen Hut, dem groben Leinenhemd und der Lederschürze, als wäre er damals dabei gewesen. Über die Kunst seiner Vorgänger, die mit den schweren Hämmern 0,03 Millimeter dünne Kupferbleche herstellten sowie ebenmäßige Kupferkessel und Schalen, kann er viel erzählen. Auf der Liste von Gebäuden in ganz Europa, die mit dem Grünthaler Dachkupfer gedeckt wurden, stehen das Deutsche Museum in München, der Zwinger in Dresden, die Alexander-Newski-Kathedrale in Sofia.

Foto: Stadtverwaltung Olbernhau, Jan Biller

Der Kupferhammer wurde 1537 erbaut und ist das älteste der vier im Erzgebirge erhaltenen Hammerwerke. In ihm wurden bis 1914 Buntmetalle zu Blechen, Schalen und Kesseln verarbeitet.

Foto: Stadtverwaltung Olbernhau, Jan Biller

Im Zentrum des Hüttengeländes sind ein Treibeherd und andere Bestandteile der Langen Hütte zu sehen. Das Gebäude selbst wurde 1952 wegen Baufälligkeit abgerissen.

15 Hämmer, Pochwerke und Blasebälge waren über die Jahre in der Saigerhütte in Betrieb, angetrieben von 20 Wasserrädern. Nicht ohne Grund wählte Hans Leonhardt (auch: Lienhart), ein Annaberger Bergmeister, 1537 gerade diesen Ort direkt an der Natzschung und der Flöha für die neue Hütte aus. Hammerwerke und Gebläse brauchten Wasser als Energiequelle. Nürnberger Hüttenleute hatten das Saigerverfahren im 15. Jahrhundert erfunden.1555 beschrieb Montanwissenschaftler Georgius Agricola in seinem Werk „De re metallica" die Technologie.

Warum brauchte es das Verfahren überhaupt? Beim einfachen Schmelzen in den Hütten entstand Schwarzkupfer (Rohkupfer), das teilweise noch mehr als 0,5 Prozent Silber enthielt. Und an das wollte man ran. Man lieferte es also an die Saigerhütten. Dort erwärmte man zunächst die Kupferstücke im Kupferbrechherd und zerkleinerte sie mit Fäusteln. Der erste Schritt der Verhüttung war das Frischen: Im Schachtofen verschmolzen die Hüttenleute das silberhaltige Schwarzkupfer mit Blei. Da sich Silber in Blei besser löst als in Kupfer, erhielt man beim Abstich ein Gemisch aus silberhaltigem Blei und silberarmem Kupfer.

Es folgte das eigentliche Saigern. Das Wort kommt wahrscheinlich vom bergmännischen Begriff für senkrecht – unter saigern oder absaigern versteht man auch das Absinken der schwereren Bestandteile eines Schmelzgemischs. Im Saigerherd trennten sich die Metalle aufgrund ihrer unterschiedlichen Schmelztemperaturen und der gegenseitigen Löslichkeit. Das jetzt silberhaltige Blei (Werkblei) floss ab, zurück blieben Kupferstücke. Letztere wurden zum Darrofen gebracht, dessen Flammen die Bleireste abtropfen ließen. Zum Schluss kamen die Kupferstücke noch in den Garherd, wo sie eingeschmolzen wurden. Die Verunreinigungen bildeten eine Schlacke, die auf der Kupferschmelze schwamm und abgezogen wurde. Übrig blieb das weitgehend reine Garkupfer. Das verwandelten die Hammerschmiede in Bleche, Stangen oder Drähte, später auch in Kupferwaren. Das Kupfer ließ sich aber auch gut verkaufen, etwa als Grundlage für die Herstellung von Messing.

Das silberhaltige Werkblei kam auf den Treibeherd. Dort ließen die Flammen das Blei oxidieren, es entstand Bleiglätte. Diese floss ab, zurück blieb das begehrte Silber, das zum Schluss nochmals geschmolzen und dadurch gereinigt wurde (Feinbrennen). Es war an die Staatliche Münze oder an die Bergämter abzuliefern. Zeitweise ging es auch an die Münzstätte vor Ort. Noch kupferhaltige Schlacken und andere Abfälle wurden in einem Pochwerk zerkleinert und wieder dem Schmelzprozess zugeführt.

Foto: Wolfgang Schmidt

Die Saigerhütte ist heute das einzige erhaltene Denkmal der Buntmetallurgie in Europa. Dort wird den Besuchern ein funktionstüchtiges Hammerwerk vorgeführt.

Die Hammerwerke stellten dünne Kupferbleche, aber auch Gefäße aus Kupfer her. Der Breithammer wird Besuchern vorgeführt.

Foto: Eva-Maria Hommel

Auf dem Gelände der Hütte befindet sich heute auch ein Hotel.

Foto: Wolfgang Schmidt

Da das erzgebirgische Schwarzkupfer nicht ausreichte, kaufte man den Rohstoff zeitweise aus Ungarn, Polen, Mansfeld und anderen Revieren zu. Blei kam aus England und Schweden, vor allem aber aus Goslar, Polen und Böhmen – erst mit der Saigerhütte öffnete der Grenzübergang direkt neben dem Hüttengelände. Floßplatz und Holzkohlemeiler lagen auf böhmischem Gebiet. Zwischen 1567 und 1853, als die Saigerhütte Staatseigentum war, gewannen die Grünthaler Hüttenleute sage und schreibe 12.755 Tonnen Garkupfer und 522 Tonnen Silber. In den ersten Jahren war die Hütte ein Privatunternehmen, für einige Zeit hatten sich zwei Handelshäuser aus Augsburg daran beteiligt. Dann griff Kurfürst Moritz in den Hüttenbetrieb ein und schuf ein zeitlich begrenztes Monopol: Sämtliches erzgebirgisches Schwarzkupfer musste nach Grünthal geliefert werden. So behielt der Kurfürst die Kontrolle, gewann Silber für die Münze und kurbelte den Bergbau an. Das Monopol auf den Kupferkauf zum festen Preis vergab er an den Annaberger Montanunternehmer Christoph Uthmann. Der erwarb 1550 den Hüttenbetrieb, nach seinem Tod übernahm seine Frau Barbara Uthmann, die der Nachwelt über das Erzgebirge hinaus auch als bedeutende Verlegerin von Klöppelspitze im Gedächtnis geblieben ist, gemeinsam mit drei ihrer Söhne. In jenen Jahren wurde der Hüttenkomplex erweitert. Im Jahr 1567 kaufte Kurfürst August die Saigerhütte weit unter Wert. So konnte er den Schwarzkupferkauf in Sachsen besser organisieren. Erst 1853 stellte man das Saigern ein.

Heute können Besucher die verschiedenen Herde, Wasserräder und Blasebälge anschauen – unter freiem Himmel. Denn während die meisten Gebäude noch erhalten sind, wurde ausgerechnet die Lange Hütte, die eigentliche Saigerhütte, 1952 wegen Baufälligkeit abgerissen. Andere Gebäude werden bis heute genutzt: Im Kupferwarenlager ist eine Ausstellung zu sehen, im Herrenhaus hat der Bergbauverein sein Hutzenstübl. In der Schule, einer der ältesten Volksschulen Sachsens, sitzt der Erzgebirgische Verein für Arbeitsförderung.

Als eigenständiges Gemeinwesen war die Hütte von einer 1019 Meter langen Mauer geschützt. Um den Betrieb zu verteidigen, lernten die Hüttenleute vom Förster, wie man mit Spießen und Musketen umgeht. Dennoch: Im bayerischen Erbfolgekrieg 1778/79 besetzten österreichische Truppen den Komplex und brannten einige Gebäude nieder. Ohnehin war das Feuer der größte Feind der Hüttenleute. So brannte der Flöhahammer im 17. Jahrhundert zweimal ab, die Schule mit dem angebauten Zimmerhaus ging ebenfalls zweimal in Flammen auf. Auch das war ein Grund dafür, dass die Arbeiter innerhalb der Mauern schliefen. So waren sie zur Stelle, wenn gelöscht werden musste. Die kleinen Wohnungen sind noch heute zu sehen. Dagegen residierte der Faktor, der Leiter des Hüttenbetriebs, im repräsentativen Herrenhaus. Besonders lang war die Familie Rothe in der Saigerhütte im Dienst. Einer der ihren ließ sich im

Jahr 1621 sogar eine Laube erbauen am Rand des Hüttengeländes, mit barocken Medaillons im Innenraum – das Schmuckstück ist bis heute erhalten. Bis zur Gründung des Deutschen Reichs, 1871, hatte die Saigerhütte auch eine eigene Gerichtsbarkeit. Verurteilte kamen ins Gefängnis, die Timse.

Es gab auch eine eigene Mühle. Oft zahlte die Hütte dem Müller einen Ausgleich und ermöglichte so niedrige Preise für die Arbeiter. Auf dem Gelände durfte steuerfrei geschlachtet werden – deshalb konnte die Fleischbank im Zimmerhaus die Ware billiger an die Arbeiter verkaufen. Für das Bier in der Hüttenschänke mussten sie ebenfalls weniger zahlen als außerhalb der Mauern. Ausgeschenkt wurde bis 20 Uhr, die Schichtglocke auf dem Turm läutete schon um vier Uhr morgens. Heute befindet sich ein Hotel in der Schänke und dem Haus des Anrichters – so hieß der Beamte, der die Schmelze anrichtete, eine Art Schichtmeister. Zum Glück für die Gäste schlagen die Hammerwerke aber nur noch selten, senkt sich abends eine friedliche Stille über diesen ganz besonderen Ort. Und hoch am Hang wacht die Kirche von Oberneuschönberg. Das Dach auf dem Glockenturm schimmert grünlich in der Sonne. Denn er ist – selbstverständlich – gedeckt mit Grünthaler Dachkupfer.

Foto: Jan Görner

Das Saigerhüttenmuseum beherbergt Zeitzeugen des handwerklichen Treibens auf dem Gelände.

Weiterlesen? Mehr über Georgius Agricola erfahren Sie im Kapitel „Die abgewetzte Perle" ab Seite 220.

Information:
Das Außengelände ist ganzjährig geöffnet; der Eintritt ist frei. Ausstellung im ehemaligen Kupferwarenlager: Unter anderem sind Modelle der Hütte und Medaillen zu sehen. Geöffnet ist von Februar bis Dezember dienstags bis sonntags und an Feiertagen von 9.30 bis 16.30 Uhr, Karfreitag erst ab 13 Uhr. Heiligabend, am Ersten Weihnachtsfeiertag, an Silvester und Neujahr ist geschlossen. Zu den Öffnungszeiten sind in der Regel auch das Arbeiterwohnhaus und die Schule zugänglich. Kupferhammer Olbernhau: Am Rand des Hüttengeländes wird der mit einem Wasserrad betriebene, sechs Zentner schwere Breithammer vorgeführt. Zwei weitere Hämmer sind zu sehen. Das Gebäude kann mit Führungen betreten werden, und zwar von März bis Dezember dienstags bis sonntags und an Feiertagen. Führungen um 9.30, 10.30, 11.30, 13, 14, 15 und 16 Uhr sowie nach Absprache. Karfreitag ist erst ab 13 Uhr geöffnet. Heiligabend, am Ersten Weihnachtsfeiertag, an Silvester und Neujahr ist geschlossen. www.olbernhau.de Spielzeugland Stockhausen: Im historischen Getreidespeicher können Kinder auf drei Etagen toben, klettern und Rollenspiele spielen. Fast alles ist aus Holz. Geöffnet ist in der Wintersaison (Oktober bis April) montags, donnerstags und freitags von 12 bis 18 Uhr, am Wochenende, an Feiertagen und in den Schulferien von 10 bis 18 Uhr. Geschlossen ist am Heiligabend und den Weihnachtsfeiertagen, an Neujahr ist ab 14 Uhr geöffnet. In der Som-

mersaison (Mai bis September) ist montags, donnerstags, freitags, am Wochenende und in den Schulferien von 12 bis 18 Uhr geöffnet, an Feiertagen von 10 bis 18 Uhr. Wartungstage werden im Internet bekanntgegeben. Der Eintritt kostet zum Beispiel für eine vierköpfige Familie 22,30 Euro.
www.stockhausen-spielzeugland.de

Ziele in der Umgebung:

Museum Olbernhau: Die Ausstellung informiert unter anderem über das Holz und Metall verarbeitende Gewerbe in der Stadt, das Verlagswesen für erzgebirgische Holz- und Spielwaren sowie die Spielwarenindustrie in der DDR. Außerdem werden Münzen gezeigt, die auf dem Gelände der Saigerhütte geprägt wurden. Markt 7, geöffnet ist dienstags bis samstags von 10.30 bis 16.30 Uhr, sonn- und feiertags von 12 bis 16.30 Uhr. Heiligabend, am Ersten Weihnachtstag und an Silvester ist geschlossen. Der Eintritt kostet 4,50 Euro, ermäßigt 2 Euro. www.museum-olbernhau.de/

LICHT UND LUFT

Wer die Spuren der Renaissance sucht, reist gerne nach Südeuropa. Dabei würde ein Besuch in Marienberg auch reichen. Damalige Vorstellungen der idealen Stadt finden sich hier so verwirklicht wie sonst nirgends im Erzgebirge.

Foto: Eva-Maria Hommel

Der Blick durch das Zschopauer Tor an der Stadtmauer fällt auf breite, klar gegliederte Straßenzüge. Im Hintergrund ist die St. Marienkirche zu sehen.

Es ist kalt in den Straßen von Marienberg. Die Menschen ziehen sich die Kapuzen fester über die Ohren. „In unserer Stadt weht immer ein frischer Wind", sagt die Stadtführerin. Das ist kein Zufall. Der Mann, der Marienberg vor rund 500 Jahren plante, wollte, dass alle Straßen ausreichend belüftet waren. Auch deshalb richtete er die breiten Straßen im rechten Winkel zueinander aus. Ganz nach Vorbildern aus Norditalien. Der Stadtgrundriss von Marienberg, so ist zu erfahren, entspreche der Idealstadt der italienischen Renaissance.

Nur, dass sie eben nicht im sonnigen Italien liegt. Sondern auf 610 Metern Höhe im Erzgebirge. Das raue Klima konnte den „Erfinder" der Stadt, Ulrich Rülein von Calw, nicht von seinem Ziel abbringen: einen Ort zu entwerfen, in dem die Bürger besser und gesünder leben konnten als anderswo. Denn eine neue Zeit war herangebrochen: die Renaissance, ein neues Menschenbild, ein epochaler Aufschwung von Bildung und Wissenschaft.

1519 hatte man südwestlich des heutigen Marienbergs Silber entdeckt. Die ersten Bergleute kamen, viele aus Annaberg oder aus Schneeberg, wo das Zweite Berggeschrey zuvor erklungen war. Bis kurz nach 1550 währte diese zweite Glanzzeit des erzgebirgischen Silberbergbaus. Innerhalb weniger Jahrzehnte entstanden mächtige Bergstädte. Aus der vorher kaum besiedelten Region wurde eine urbanisierte Landschaft mit Fernhandel und Einwanderern aus ganz Europa. Ein wohlhabendes Bürgertum entstand, die Macht von Staat und Kirche wurde in Frage gestellt. Eine Zeit für große Ideen. Eine Zeit für Ulrich Rülein von Calw.

Damals regierte Heinrich der Fromme über die Ämter Freiberg und Wolkenstein. Als späterer Herzog würde er die Reformation im sächsisch-albertinischen Staat einführen und so zu einer prägenden Figur der Landesgeschichte werden. Zunächst rief er nach den neuen Funden seinen Leibarzt zu sich, der

Die St. Marienkirche wirkt etwas überdimensioniert und steht symbolisch für die Bedeutung der Religion und der Reformation in der Bergstadt.

Foto: 360grad-team

nebenbei auch Städtebauer war. Rülein, 1465 im württembergischen Calw geboren, hatte in Leipzig die Freien Künste studiert. Mit den klaren Formen der Renaissance und dem Streben nach Harmonie war er vertraut. Rülein hatte die Schriften von Leon Battista Alberti (1404-1472) studiert, einem bedeutenden Kunsttheoretiker und Architekten aus Florenz. Gute Lichtverhältnisse, gesundes Wasser, gute Luftventilation, aber auch Maßnahmen gegen die zerstörerische Kraft des Windes seien bei Alberti schon genannt. Dementsprechend versetzte Rülein den Grundriss Marienbergs um 45 Grad gegen die Himmelsrichtungen, auf denen nach der damaligen Gelehrtenmeinung die Hauptwinde verliefen. So wird der Wind abgebremst und gleichmäßig verteilt.

Rülein war aber nicht nur humanistisch gebildet, als Mathematiker verstand er auch die Proportionslehre, die er für den Städtebau brauchte. Einige Jahre hatte er in Leipzig als Professor für Mathematik und Medizin gewirkt. Man kann sich vorstellen, dass er sich als Mediziner eine gesunde Stadt mit ausreichend Hygiene und frischer Luft wünschte. Rülein war ein herausragender Universalgelehrter der Renaissance. Sein Bergbaubüchlein „Eyn wolgeordent und nützlich büchlin. Wie man Bergwerck suchen un finden sol…“, um 1500 erschienen und mit Holzschnitten illustriert, wurde vor Agricolas „De re metallica“ das erste bergbautechnische Standardwerk, mit neun Auflagen in den ersten 40 Jahren und Übersetzungen in Paris und New York. Die Bedürfnisse der Bergleute kannte Rülein also auch. Licht, nach den langen Arbeitstagen unter der Erde, war nur eins davon.

Hell, offen, irgendwie frei – das Gefühl stellt sich in Marienberg schnell ein. Der Eindruck der perfekten Symmetrie wird noch verstärkt von den geschlossenen Häuserfronten mit den parallel zur Straße verlaufenden Dachfirsten. Zwar zerstörten Brände 1610 und 1684 viel Substanz. Doch die Grundstücke sind im Wesentlichen so erhalten, wie Rülein sie konzipiert hat. Die Häuserfronten stehen weder der Luft noch dem Licht im Weg.

Die größte Sehenswürdigkeit ist der Markt: 100 mal 100 Meter, einer der größten Marktplätze nördlich der Alpen. Heute wirken die Ausmaße des Platzes für das Städtchen etwas überdimensioniert – für die damalige Zeit waren sie unvorstellbar. Er nahm etwa ein Zehntel der ummauerten Stadt ein. Die Fernhandelsstraße Chemnitz-Prag verlief quer über diesen Platz. Seit 1900 erinnert dort eine Statue an Herzog Heinrich, den weitsichtigen Fürsten. In den prächtigen Häusern wohnten Bergwerksbesitzer, Geschäftsleute, reiche Händler. Einige Eingangsportale sind noch erhalten. Die Reliefs zeigen Wappen, Engel, manchmal Bildnisse der Eigentümer. Und auch die in Stein gehauenen Sitznischen durften nicht fehlen. Den Reichtum, den der Bergbau schuf, erkennt man auch in der St. Marienkirche, erbaut in den Jahren 1558 bis 1564.

Foto: 360grad-team

Der historische Pferdegöpel am Rudolphschacht im Ortsteil Lauta ist restauriert worden. Zu bestimmten Terminen gibt es auch Vorführungen mit Pferden.

Foto: AEROBILD 2000-04509 Löbnitz (Sachsen)

Der Stadtkern mit dem riesigen Marktplatz im Luftbild. Wegen dieser symmetrischen Anlage gilt Marienberg als Idealstadt der Renaissance.

Sie stand auch für den neuen Glauben. Nicht ohne Grund wurde der Stadtgründer Heinrich der Fromme genannt. Dennoch fügte sich die Kirche in den Grundriss der Stadt ein.

Diejenigen, die den Reichtum aus der Tiefe nach oben beförderten, lebten allerdings bescheidener: „Die Bergarbeiter gehörten zu den armen Schichten in der Stadt“, sagt die Stadtführerin, „sie wurden an den Rand gedrängt.“ Ein Wohnhaus einer Bergmannsfamilie ist heute noch zu sehen: Das Lindenhäuschen, erbaut vermutlich vor 1541 und so das älteste Gebäude in der Stadt. Gemütlich wirkt es mit den Dachgauben, den hölzernen Fensterläden und der niedrigen Eingangstür – gemütlich, aber auch eng, wenn man bedenkt, wie groß die Familien oft waren.

Spuren des Bergbaus findet man im Ortsteil Lauta. Sie stammen teils aus dem 16. Jahrhundert. Die Landschaft beeindruckt durch die vielen Halden, die, den Erzgängen folgend, oft wie an einer Perlenschnur aufgereiht sind. Am Rudolphschacht können Besucher einen restaurierten Pferdegöpel besichtigen.

„Die Bergarbeiter gehörten zu den armen Schichten in der Stadt“

Rülein orientierte sich an Vorbildern. Einmal natürlich an Freiberg, jener ersten Bergstadt des Erzgebirges, mit ihrem rechteckigen Obermarkt. Dagegen erinnert der Untermarkt, wo alles etwas kleiner und enger wirkt, noch daran, dass die Stadt eine Gründung des Hochmittelalters war. Die Blaupause für Marienberg war aber eine andere: St. Annaberg, 1496 nach den großen Silberfunden als „Neustadt am Schreckenberge“ gegründet. Den Grundriss der Bergstadt entwarf – Ulrich Rülein von Calw. Schon Annaberg sollte die ideale Metropole der Renaissance werden. Doch die Topografie machte das unmöglich. Zu steil ist der Nordwesthang des Pöhlbergs, an dem die Stadt entstand. So gehen vom rechteckigen Markt auch krumme Gassen ab.

Um 1500 entstanden noch weitere Bergstädte: Schneeberg (ab 1471), St. Katharinenberg im Buchenholze, das heutige Buchholz (Marktrecht 1511). Und schließlich St. Joachimsthal, das heutige Jáchymov (ab 1515), mit 18.000 Einwohnern im Jahr 1540 eine der größten Städte Böhmens. Doch keine dieser Städte entsprach den Idealen der Renaissance: Schneeberg kam noch ohne systematische Stadtplanung aus, Joachimsthal liegt so gedrängt im Tal, dass rechtwinklige Straßen undenkbar sind. Und auch das heutige Buchholz hat einen so steilen Untergrund, dass selbst der Markt mit Mauern abgestützt werden musste. Marienberg dagegen wurde auf einem leicht nach Süden geneigten Hochplateau gegründet, ein fast perfekter Standort. Somit ist die jüngste der großen Bergstädte auch diejenige, die dem Ideal am besten entspricht. 1550 hatte Marienberg schon mehr als 4000 Einwohner.

Man vermutet, dass die Namen der erzgebirgischen Städtefamilie an die Heilige Familie erinnern sollen: So heißt Jöhstadt nach Josef, Annaberg nach der Mutter Marias, Joachimsthal nach ihrem Vater und nicht zuletzt Marienberg nach der Mutter Jesu selbst. Auch das Bild am Marienberger Rathaus – es zeigt Maria mit Jesuskind, dem Stadtwappen und dem bergmännischen Eisen und Schlägel – ist ein Hinweis darauf, wie sich die Religion und der Stolz der Bergmänner miteinander verbanden.

Ob Ulrich Rülein von Calw jemals zufrieden durch die Straßen Marienbergs spazierte und sich in Italien wähnte? Wahrscheinlich hatte er dafür keine Zeit, war er doch auch Ratsherr und zeitweise Bürgermeister in Freiberg. Als überzeugter Anhänger des humanistischen Bildungsideals gründete er dort im Jahr 1514/15 die Lateinschule. Aus ihr ging das Geschwister-Scholl-Gymnasium hervor, eine der ältesten Schulen Sachsens. Wer noch mehr Spuren von Rülein sucht, findet sie vielleicht im Freiberger Dom. In der alten Literatur wird vermutet, die sitzende Figur am Fuß der kunstvoll ausgearbeiteten Tulpenkanzel (um 1505) mit nach oben gerichtetem Blick sei Ulrich Rülein von Calw. Belegt ist das nicht. Wahrscheinlich handelt es sich um Daniel, einen der Schutzheiligen des Bergbaus. Wie Rülein wirklich aussah, wissen wir heute nicht. Was ihn aber im Inneren bewegte, das offenbart ein Spaziergang durch Marienberg.

Weiterlesen? Ein anderer großer Denker des Erzgebirges wird im Kapitel „Wo Nachhaltigkeit herkommt und wo sie hingeht“ ab Seite 278 vorgestellt.

Information:

Stadtführung Marienberg: Der ein- bis eineinhalbstündige Rundgang durch das Zentrum der Renaissancestadt beginnt jeden Mittwoch um 10 Uhr in der Tourist-Information im Rathaus, Markt 1. Die Mindestteilnehmerzahl ist zwei Personen. Außerdem kann man den Rathausturm besteigen.

Museum sächsisch-böhmisches Erzgebirge: Die modern gestaltete Dauerausstellung umfasst unter anderem Gründungsgeschichte und Entwicklung der Stadt, Alltagskultur und deutsch-tschechische Nachbarschaftsbeziehungen. Sie befindet sich im alten Bergmagazin (Bauzeit 1806-1809). Am Kaiserteich 3, geöffnet ist dienstags bis sonntags und an Feiertagen von 10 bis 16 Uhr, Neujahr erst ab 13 Uhr. Heiligabend und Silvester ist geschlossen.

Pferdegöpel: Die historische Förderanlage am Rudolphschacht im Ortsteil Lauta (Betriebszeit 1838 bis 1877) ist für Schauzwecke restauriert worden. Vorführungen mit Pferden, außerdem Untertageführungen für Gruppen, Dauerausstellung zum Bergbau im Marienberger Revier, mechanischer Berg, Sonderausstellungen, Bergschmiede mit Schauvorführungen zu besonderen Anlässen, Märchenberg des Marienberger Schnitzvereins mit 20 beweglichen Märchen. Lautaer Hauptstraße 12, geöffnet ist dienstags bis sonntags und an Feiertagen

von 10.30 bis 16.30 Uhr, am Neujahrstag erst ab 13 Uhr. Heiligabend und Silvester ist geschlossen. Vorführungen mit Pferden am Wochenende und an Feiertagen um 13 und 14.30 Uhr.
www.marienberg.de
Ferienhaus „Lindenhäuschen": Die Unterkunft in der Bergstraße 14 bietet Zimmer für zwei bis vier Personen im historischen Ambiente eines restaurierten Bergarbeiterhäuschens. Originale Holzdecke aus dem 17. Jahrhundert noch erhalten. Küche, WC/Bad mit Wanne, Terrasse mit Grillplatz, W-Lan (kein TV), zwei Autostellplätze, kinderfreundlich in ruhiger Lage in der Innenstadt. Außerdem kann der Feierkeller für zehn bis 20 Personen gemietet werden. Kontakt: 03772 3729567, lindenhaeuschen@bss-bergsicherung-sachsen.de.

Foto: Matthias Degen

Das Lindenhäuschen, in dem früher Bergleute lebten, ist das älteste Gebäude der Stadt. Heute können Besucher es als gemütliche Ferienunterkunft mieten.

Foto: Stadtverwaltung Marienberg

Inmitten der geschwungenen Hügel des mittleren Erzgebirges liegt die alte Bergstadt Marienberg.

5. TEIL

IM HERZEN DER MONTANREGION – DAS OBERE ERZGEBIRGE

Die Ursprünge der Montanregion Erzgebirge liegen in und um Freiberg. Keine Frage. Und mit seiner langen Geschichte, mit der Bergakademie und ihren Gelehrten, ihren Entdeckungen und ihren neuen Technologien kann Freiberg, das ja eigentlich nur am Rand der Erzgebirgsscholle liegt, sicherlich als ein Zentrum der Welterbe-Region angesehen werden. Und doch sind wir geneigt, das Obere Erzgebirge zwischen Ehrenfriedersdorf, Annaberg-Buchholz und den Höhenzügen des Fichtelbergs als das Herz der Montanregion anzusehen. Nicht allein wegen der zentralen Lage. Sondern weil vor allem in Annaberg vieles zusammenkam und zusammenkommt, was das Erzgebirge prägte. Wie Freiberg 300 Jahre zuvor, so nahm auch Annaberg nach den Silberfunden Ende des 15. Jahrhunderts eine rasante Entwicklung. Schnell war Annaberg größte Stadt Sachsens. Deren Untergrund ist heute so durchlöchert wie ein Schweizer Käse. Die St. Annenkirche legt vom damaligen Reichtum ein wahrhaft imposantes Zeugnis ab. Wer ihrem Turm ersteigt, dem liegt sie zu Füßen. Mit den alljährlichen Bergaufzügen im Advent, von zehntausenden Menschen gesäumt, ist Annaberg-Buchholz heute das Zentrum dieser Art von Brauchtumspflege. Und nicht zuletzt war es Annaberg, wo Leute mit Weitblick den ideellen Wert des Bergbau-Erbes im Erzgebirge erkannten. So wurde mit dem Frohnauer Hammer die erste technische Anlage in Sachsen überhaupt unter Denkmalschutz gestellt. Nicht zuletzt war in Ehrenfriedersdorf eine der letzten aktiven Erzbergbaustätten. Und in Niederschlag am Fuße des Fichtelbergs ist ein neues Bergwerk für Spate entstanden. Für uns steht damit fest: Ohne das Obere Erzgebirge wäre das Weltkulturerbe „Montanregion Erzgebirge" undenkbar.

Welterbe-Stätten im Oberen Erzgebirge: Altstadt Annaberg unter anderem mit St. Annenkirche, Rathaus, Bergkirche, Bergmagazin, Adam-Ries-Haus, ehemaligem Franziskanerkloster, Stadtbibliothek; Bergbaulandschaft Frohnau unter anderem mit Frohnauer Hammer, Markus-Röhling-Stolln; Bergbaulandschaft Pöhlberg bei Annaberg; Bergbaulandschaft Buchholz unter anderem mit Richtplatz und Terrakonikhalden; Bergbaulandschaft Ehrenfriedersdorf unter anderem mit den umfangreichen Anlagen und Gebäuden des Sauberger Haupt- und Richtschachts, Röhrgraben, Zinnseifen im Greifenbachtal. Assoziierte Objekte: Eisenhütte Schmalzgrube, Geotop Scheibenberg.

Foto: Dirk Hanus

Die Bergbaulandschaft am Pöhlberg bei Annaberg-Buchholz gehört mit zur Montanregion Erzgebirge, die als Weltkulturerbe seit 2019 unter dem Schutz der Unesco steht.

DER MALER UND DER GALGEN

Zweifellos ist Hans Hesses episches Bergbaugemälde in der Annenkirche Annaberg das berühmteste Kunstwerk des gesamten Erzgebirges. Detailreich zeigt es die Silbergewinnung im 16. Jahrhundert. Und auch das damalige Rechtssystem.

Ihre Bruchsteinmauern aus dem Gneis des Erzgebirges sind so rau wie stürmische Januartage auf dem Fichtelberg

Silberbrenner Clemen hat eine Nebeneinkunft entdeckt. Der Mann aus Buchholz zweigt bei seiner Arbeit Silber ab. Bei passender Gelegenheit schafft er das Edelmetall durch die Wälder und über den Kamm des rauen Gebirges hinüber nach Böhmen, um es zu verkaufen. Bis er auffliegt. Wäre er heute bei so einer Tat ertappt worden, man würde Clemen den Silberbrenner wohl der Unterschlagung anklagen. Wenn es um ihr Eigentum ging, kannte die Obrigkeit damals keine Gnade. Wir wissen nicht mehr, welche Beweise damals gegen den Silberbrenner sprachen. Ob er die Taten wirklich verübt hat und warum, ob er sie gestand oder leugnete. Klar ist, das haben Heimatforscher einst den Chroniken entnommen, dass Silberbrenner Clemen aus Buchholz dafür bezahlt hat, im Jahr 1519, und zwar mit dem Leben.

Der Ort des Geschehens lässt sich noch erkunden. Im Stadtwald Buchholz treten flache Felsplatten zutage. Es ist der einstige Richtplatz der Stadt. Eingeritzte Jahreszahlen und Initialen deuten auf die Richter hin, die hier in früheren Zeiten wirkten. Buchholz, 1501 gegründet, hatte 1512 das Halsgericht, die hohe Gerichtsbarkeit über Leben und Tod, erhalten. Wald gab es allem Anschein nach keinen, als der Henker hier dem Silberbrenner den Strick um den Hals legte. „Die ausgewählte Stelle erwies sich als geeignet", trug Heimatforscher Richard Mauke 1905 im Geschichtsverein vor. „Sie lag hoch, weithin sichtbar, nahe der Stadt und nahe der Straße nach Schlettau." Gut möglich also, dass es genau dieser Richtplatz ist, der auf dem berühmtesten Kunstwerk des Erzgebirges verewigt ist, und gut möglich ist auch, dass der Maler Hans Hesse das Schicksal eben jenes Silberbrenners vor Augen hatte, als er das Gemälde kurze Zeit nach der Hinrichtung schuf.

Das vierflügelige Bergbau-Gemälde auf der Rückseite des Bergaltars in der St. Annenkirche in Annaberg zeigt die Arbeitswelt der Bergleute zu jener Zeit anschaulich, detailreich, lebensnah: eine umfassende Dokumentation der Silbergewinnung von der Erzsuche über die Verhüttung bis zur Münzprägung. 1491 hatten Silberfunde am Schreckenberg einen solchen Boom ausgelöst, dass die zunächst „Neustadt am Schreckenberge" und später Annaberg genannte Ansiedlung nur wenige Jahre nach der Gründung die zweitgrößte Stadt Sachsens war. An der Schwelle zur Reformation konnte sich die Bürgerschaft einen prächtigen Kirchenbau leisten. Zeichen des Selbstbewusstseins der aufstrebenden Bergknappschaften: Ein eigener Altar in der neuen St. Annenkirche – „unmittelbarer Ausdruck neuer Glaubensgrundsätze und des gestiegenen Selbstbewusstseins einer die ganze Last des Überbaus tragenden Gruppe von Lohnarbeitern", wie Kulturhistoriker Ingo Sandner in seinem Standardwerk „Hans Hesse. Maler der Spätgotik" über den Bergaltar schreibt.

Zehntausende Gäste besuchen Jahr für Jahr „eine der prächtigsten Hallenkirchen der Spätgotik im obersächsischen Raum", so die Eigenwerbung. Mit ihrer schieren Größe sieht sie aus der Ferne aus wie eine Trutzburg. Einst war die Kirche verputzt. Heute wirken ihre Bruchsteinmauern aus dem Gneis des Erzgebirges so rau wie stürmische Januartage auf dem Fichtelberg. Doch drinnen staunt der Besucher: diese Klarheit, diese lichtdurchflutete Helligkeit, die filigranen Linien, das Streben zum Himmel, die überbordenden Kunstschätze. Der Kontrast zwischen Innen und Außen, er könnte größer nicht sein.

Bei Führungen stoppen die Besuchergruppen an der Kanzel, bekommen die Lebensalter-Darstellungen auf den Reliefs der Brüstung erklärt, werden begeistert für den marmornen Hauptaltar, der in Augsburg in Auftrag gegeben wurde. Den Taufstein schuf Bildhauer Hans Witten, ebenso die Schöne Tür, die ihren Namen der kunstvollen Verzierung verdankt. Das Beste kommt zum Schluss. Die Rückseite des Bergaltars. Viele Menschen kommen von irgendwo aus Deutschland her angereist, um das Gemälde darauf zu sehen. Sie lernen, wie die Legende verewigt wurde, nach der ein Engel den Propheten Daniel, Heiligen und Schutzpatron der Bergleute, im Traum zu einem Baum führte und ihn hieß, nicht in der Krone nach dem Nest mit goldenen Eiern zu suchen, sondern an den Wurzeln des Baumes zu graben. Sie erfahren, wie die Bergleute dieser Legende nach das Beil warfen, um die Grenzen ihrer Erlaubnisfelder abzustecken. Sie sehen, unter welchen Bedingungen die Hüttenleute an offenen Feuern arbeiteten, ohne jeden Schutz die giftigen Dämpfe einatmend. Wie auch Frauen etwa in der Erzwäsche ihren Dienst verrichteten. Und wie der Schutzheilige Wolfgang an der Seite der Bergleute steht. Das Gemälde zeugt von der Anerkennung und Erhöhung eines Berufsstandes, seiner Eingliederung ins gesellschaftliche Denken und Fühlen kurz vor der Reformation, heißt es in einem Aufsatz der Zeitschrift „Kirchenpädagogik".

Foto: Dieter Knoblauch

Die linke Seitentafel des Bergaltars zeigt unter anderem den Schmelzprozess des Erzes.

Ein Freiberger Bergbauingenieur hat sich einmal die Mühe gemacht, die bergbaulichen Anlagen sowie die Berufsinsignien in dem Monumentalwerk zu zählen. Er kommt unter anderem auf 25 Schächte, 19 Kauen, sieben Stollen, sechs Haspeln, zwei Göpel, darüber hinaus 20 Arschleder, zwölf Kniebügel, 8 Grubenbeile. „Die verschiedenen Kauen zeigen interessante bautechnische Einzelheiten", kann man im Aufsatz in den Sächsischen Heimatblättern nachlesen.

Und dann ist da, am Horizont, über allem drohend, zu sehen: ein Galgen. Der Galgen. Insgesamt sei das Gemälde eine Fantasielandschaft, urteilte der Ingenieur. Aber zwei Bildszenen zeigen, da ist er sich sicher, reale Orte. Der eine ist für ihn der Fundort des ersten Silbererzes an der Sehma. Der andere ist der Blick auf den Schreckenberg und den Schottenberg bei Frohnau mit dem Galgen und dem Rad von Buchholz im Hintergrund. „Galgen und Rad – weit über das Land sichtbar – warnen eindringlich vor Widerstand gegen die Obrigkeit, Verletzung der Bergordnung oder Gewalttat und Raub", urteilt Ingo Sandner in seinem Buch.

Wildfrevel, Ehebruch oder eben Erzdiebstahl konnten als vorsätzliche Tat mit dem Strang geahndet werden. Während Totschlag im wechselseitigen Streit und Affekt relativ milde bestraft wurde. Das betraf sogar den Maler selbst. Denn kaum, dass sich dieser Hans Hesse in Annaberg niedergelassen hatte, wohl um 1506, da spielte er schon in einen Prozess die Hauptrolle. Er sollte einen Goldschmied im Streit erschlagen haben. Gerichtsakten gibt es nicht. Auch sonst hinterließ der Maler außer eineinhalb Dutzend ihm zugeschriebenen Werken nicht viel. Sandner schätzt Hesses Geburtsjahr auf die Zeit um 1470. Die Formensprache lege nahe, dass Hesse in Nürnberg ausgebildet worden sein könnte. Eine Schaffensperiode in Zwickau ist belegt (1497 bis 1506), dann jene in Annaberg und dem benachbarten Buchholz. Erhaltene Altäre zeigen Beziehungen nach Böhmen. Und eine Eintragung im Berg- und Schuldgerichtsbuch beurkundet die Straftat.

Vermutlich musste Hesse den Hinterbliebenen nächtliche Stundengebete für den Verstorbenen geloben, dazu eine ordentliche Abfindung zahlen und die Trauerfeier finanzieren. Das mochte den Maler finanziell arg strapaziert haben, jedenfalls verkaufte „Hans Hesse der moler" den Akten zufolge in Annaberg ein Haus, wonach vom Verkaufserlös von 43 Gulden 10 an „Merten Seiffart hanns goltschmieds gelassen Sohn" zu zahlen waren. Gut möglich auch, dass der Maler die Stadt verlassen musste, nachdem Herzog Georg dergleichen im Jahr 1502 für Totschläger verfügt hatte. Da traf es sich gut, dass das kurz nach Annaberg gegründete Buchholz gleich nebenan lag, aber eine Landesgrenze die Städte trennte: Annaberg wurde von der albertinischen Linie der Wettiner von Dresden aus regiert, Buchholz gehörte noch zur ernestinischen Linie (Torgau, Weimar, Wittenberg).

Foto: Dieter Knoblauch

Genau bis ins kleinste Detail: Der Bergaltar in der St. Annenkirche.

Buchholz galt damals als Zuflucht für zweifelhafte Existenzen auf der Suche nach einer zweiten Chance. Und doch wurde Hesse ein ehrbarer Bürger, Abgesandter der Stadt, als Viertelsmeister vertrat er die Interessen der Bürger gegenüber dem Stadtrat. Die letzten bekannten Werke entstanden um 1530. Zwischen 1538 und 1539 verkaufte er in Buchholz ein Haus für 168 Gulden, um sich ein kleineres für 35 Gulden zuzulegen. Womöglich war er da 65 Jahre alt, vielleicht auch 70. Damit verliert sich seine Spur.

Mit dem Gesetz kam Hesse allem Anschein nach nicht mehr in Konflikt. Dafür thronte vielleicht auch der Galgen zu sichtbar auf dem Galgenberg über seiner neuen Heimatstadt. Auch wenn die Gerichtsakten nicht beweisen, dass er wirklich häufig in Betrieb war, der Galgen. (Häufiger musste er erneuert werden, wie Heimatkundler Mauke schrieb, freilich könne das in gebirgiger Gegend nicht auffällig sein, „wo viel Regen und Schnee zu fallen pflegt, wo Winde wüten und an Bäumen, Zäunen und Dächern Schaden tun".) Ab und zu bedurfte es nach dem Silberbrenner Clemen aber doch eines neuen Galgens, 1555 beispielsweise, als ein Organist namens Georg Koch von einem Verlöbnis heimkehrte und im Zuge einer Verwechslung von einem Wurfkreuz getroffen wurde. Die Waffe spaltete ihm den Schädel, nach drei Tagen verschied der Orgelspieler, sein Mörder folgte dem Silberbrenner. 1590 dann eine arme Sünderin, die ihrem Kinde das Leben genommen haben sollte, drei Jahre darauf eine „berüchtigte Dirne". Andere Fälle endeten mit Vergleich, Abbitte, Verbannung. Auf dem Gemälde von Hans Hesse zeigt der Galgen noch heute, wie er damals drohte. Die Obrigkeit aber bestrafte nicht nur Verbrecher, sondern auch Bergleute, die sich gegen sie auflehnten, hart. Wie Heimatforscher Mauke berichtet, sprang etwa Graf Ernst von Schönburg mit aufständischen Bauern und Bergknappen 1525 nicht eben zimperlich um: „Er ließ fünfen zu Hartenstein und sieben zu Elterlein die Köpfe nehmen und fünf in der Scheibe einziehen." Einer davon sei an der Straße der Roten Sehma aufgespießt worden. „Wer diese trüben Seiten unserer Lokalgeschichte gelesen hat", so Mauke im Jahr 1905, „wird sich glücklich preisen, dass seine Tage nicht in eine so finstere, unsichere und rohfühlende Zeit gefallen sind."

Information:

Die St. Annenkirche in Annaberg ist von Januar bis März montags bis samstags von 11 bis 16 Uhr und sonntags von 12 bis 16 Uhr geöffnet. Von April bis Dezember ist die Kirche montags bis samstags 10 bis 17 Uhr sowie sonntags 12 bis 17 Uhr geöffnet. Bei kirchlichen Veranstaltungen abweichende Öffnungszeiten möglich. Führungen zum Preis von 4 Euro (2 Euro ermäßigt) montags bis samstags 10, 11, 14 und 15 Uhr sowie sonntags 12, 14 und 15 Uhr.

Weiterlesen? Welche ausgefeilten Methoden sich die Menschen im Lauf der Jahrhunderte ausdachten, um dem Erz das Silber abzuringen, lesen Sie in den Kapiteln „Von Bleiglanz und Silberblick“ (ab Seite 84) sowie „Aus den Gruben, auf die Dächer“ (ab Seite 120)

Foto: Dirk Hanus

Wie eine Trutzburg erhebt sich die imposante Kirche über Annaberg. Sie demonstriert die ungeheure Entwicklung, die die Stadt dank des Silberreichtums in ihren ersten Jahren nahm.

ADAM IM ALLTAG

Anfang 16. Jahrhundert. Der Berg rief, das Silber aus seinen Eingeweiden zu graben. Fortan regierte Geld die Welt, herrschten Zahlen über unser Leben. Bis ein Mann auszog, uns die Furcht vor ihnen zu nehmen. Dafür steht sein Name bis heute.

Laut einem Branchenmagazin war der Markt für Haftpflichtversicherungen im Jahr 2017 nicht eben das, was Analysten das nächste ganz große Ding nannten. „Der Haftpflichtmarkt gestaltet sich nicht gerade einfach", bilanzierten die Experten. Und dennoch stampfte ein Branchenriese eine neue Marke aus dem Boden. Was das mit dem Bergbau und dem Erzgebirge zu tun hat? Nichts. Abgesehen vom Namen, den die Strategen ihrer neuen Versicherung gaben. Sie benannten sie nach dem berühmten Annaberger Rechenmeister und Bergbeamten Adam Riese. „Die Welt der Zahlen und Finanzen ist kompliziert durch unzählige Angebote und Möglichkeiten", begründete der Konzern die Wahl. Es gehe um schnelle, passgenaue und ehrliche Lösungen: „Wer, wenn nicht der Vater des modernen Rechnens selbst könnte dafür glaubwürdiger stehen – hat er doch das vereinfachte Rechnen erst ermöglicht, gelehrt und unter das Volk gebracht." Folglich kann man im Netz unter www.adam-riese.de im Handumdrehen Angebote für Haftpflichtpolicen einholen.

Das Bildnis von Adam Ries aus dem Jahr 1550.

Adam Riese. Mit „e", wohlgemerkt. Auch die Menschen in seiner fränkischen Geburtsstadt Bad Staffelstein bestehen darauf, dem Ries das „e" hinten dran zu hängen. Ein Riese war er ja auch, nach allem, was man weiß, ein geistiger jedenfalls. Auch wenn Adam Ries manchmal von der Nachwelt noch größer gemacht wurde, als er wirklich war. Mathematik-Historiker Wolfgang Kaunzner: „Dichtung und Wahrheit lagen bei ihm anscheinend schon vor langer Zeit nahe beieinander, denn er war weder Erfinder der indisch-arabischen Ziffern, gar des Zehnersystems, noch des ersten gedruckten deutschen Rechenbuchs oder ein Freund von Johann Wolfgang von Goethe, er war auch keine sagenhafte Gestalt." Derlei Verklärungen hat Adam Ries so nötig wie Nachhilfe in Mathe. Um zu erfassen, was er leistete, lohnt sich der gedankliche Schritt zurück in die Zeit, in der er lebte. Man kann auch einfach über die Schwelle des Hauses an der Johannisgasse 23 in Annaberg treten und sich im Adam-Ries-Museum wiederfinden, in dem die Welt von damals wieder lebendig wird.

Es ist die Zeit der Renaissance. Und des zweiten großen Berggeschreis im Erzgebirge. Der Ruf der Silberfunde hat Annaberg in kürzester Zeit in die Liga der bedeutendsten deutschen Städte katapultiert. Die Menschen graben in den Eingeweiden der Berge nach Silber, ihre Gedanken erklimmen höchste Höhen. Der Mönch Martin Luther gehört zu den Zeitgenossen von Adam Ries, der Philosoph Niccolò Machiavelli, der Humanist Ulrich von Hutten. Silbergroschen füllen die Kassen der sächsischen Fürsten, die Geldwirtschaft kommt zur ersten Blüte und mit ihr der Austausch von Waren. Doch das erweist sich als schwierig, wenn bei den Menschen das Zählen an den Fingern der rechten Hand anfängt und an denen der linken endet. Und jedes Land, jede Stadt kennt eigene Maße. Wie viel, fragt Ries in einer seiner berühmten Aufgaben, sind 1000 Pfund aus Padua in Köln, wenn sieben Pfund aus Padua fünf Pfund in Venedig entsprechen, 10 Pfund in Venedig sechs Nürnberger Pfund und 100 Nürnberger Pfund 73 Kölner Pfund ergeben? Wer da nicht rechnen kann, der ist verloren.

Foto: Brigitte Streek

Rechenmeister wie Adam Ries holen die Mathematik aus den Studierzimmern der Universitäten. Die Büste steht an der Trinitatiskirche in Annaberg-Buchholz.

Es sind Rechenmeister wie Ries, deren Künste auf den Märkten gefragt sind, die die Mathematik aus den Studierzimmern der Universitäten holen und aus den Schreibstuben der Klöster. Es ist insbesondere Ries, der didaktisch und methodisch das deutsche Volk das Rechnen lehrt. Wer sich in der neuen Zeit nicht übers Ohr hauen lassen will, wenn er am Abend eines langen Tages Silber abliefert, wenn er Handel treibt mit Venedig, Padua, Nürnberg oder Köln, der muss rechnen können. „Unübertroffen als Lehrer und Autor“ nennt ihn das Adam-Ries-Museum in einer Broschüre. Ries verfasste seine Lehrbücher auf Deutsch, spickte sie mit Beispielen und Aufgaben aus dem Leben der Menschen. Sein zweites Rechenbuch, wie das erste geschrieben in Erfurt, erlebte in 150 Jahren mehr als 100 Auflagen. Doch damit nicht genug. Mit Adam Ries kamen die arabischen Zahlen im Alltag an, und er nahm vielen Menschen die Furcht vor ihnen.

Woher hatte er seine Kenntnisse? Das ist ein Rätsel, das sich nicht mit Rechnen und mit Logik lösen lässt. Seine „Geburtsurkunde“, wenn man so will, ist ausgestellt im 58. Lebensjahr. Es handelt sich um die Inschrift auf dem Titelblatt des dritten Rechenbuches: „Anno 1550 Adam Ries seins Alters im LVIII.“ Das L steht für 50, das V für 5, ein I für 1. Demnach war er 1550 im 58. Lebensjahr, also erblickte er wohl 1492 das Licht der Welt. Das holzschnittartige Bildnis mit den eng beieinanderstehenden Augen, der markanten Nase und dem wallenden Bart ist das einzige Porträt, das aus seinen Lebzeiten existiert. Es diente als Vorlage für die Büsten in Annaberg und seiner Geburtsstadt Staffelstein. Geburtshaus, Geburtsjahr? Unbekannt. Die Historiker wissen, dass sein Vater ein angesehener Bürger war. Doch über seine Bildung, seine Ausbildung ist nichts bekannt. Außer, dass er wohl nie an einer Universität eingeschrieben war.

Das Rechnen auf der Linie war in Europa im Mittelalter üblich.

Foto: Uwe Mann

Foto: Uwe Mann

Das neu gestaltete Adam-Ries-Museum in Annaberg Buchholz. Eines der wertvollsten Ausstellungstücke ist das erste Rechenbuch von Adam Ries.

Als er seinen Bruder 1509 nach Zwickau zur dortigen Lateinschule begleitete, verdingte sich Adam Ries wohl schon als Rechenmeister. Ein angesehener Beruf in jenen Tagen. Ries ging nach Erfurt. Das erste Buch erschien 1518. „Rechnung auff der linihen..." Erklärtes Ziel: Dem gemeinen Volk das Einmaleins und Plus und Minus vermitteln. In der Schatzkammer des Museums haben die Designer die Rechenbücher kunstvoll in Szene gesetzt. Das Exemplar des ersten Rechenbuchs ist eine kleine Sensation: Es ist das weltweit einzige erhaltene der dritten Auflage. Das Rechnen auf Linien basierte noch auf den römischen Ziffern. Am Rechentisch im Museum kann das jeder mit ein paar Handgriffen nachvollziehen. Nur mal angenommen, Sie möchten für sich eine Adam-Riese-Haftpflichtpolice für 34 Euro erwerben und für Ihren Partner eine im nächsthöheren Tarif für 37 Euro. Wie viel kosten beide zusammen? Links auf dem Rechenbrett legen Sie zunächst die 34 Euro auf: Also vier auf die Einer-Linie und drei auf die Zehner-Linie. Rechts werden die 37 Euro aufgelegt: Zwei Rechenpfennige auf die Einer-Linie, einer ins Fünfer-Feld, wiederum drei auf die Zehner-Linie. Zum Addieren schiebt man nun die Pfennige von rechts nach links. Ist ein Feld oder eine Linie voll, wandert ein Pfennig weiter nach oben, die überzähligen zur Seite. Das verbleibende Bild nach Abschluss der Rechenoperation: Ein Pfennig liegt bei 50, zwei bei 10 und einer bei 1. Die beiden Tarife würden Sie also zusammen 50+10+10+1= nach Adam Ries 71 Euro kosten – so Sie nicht doch einen Partnertarif wählen.

„Er lehrte Zinsrechnung und Berechnung des Arbeitslohns, damit jedermann sich vor Wucherzinsen und Betrug bewahren könne"

Wie sich solch eine Rechnung mit arabischen Ziffern deutlich einfacher bewerkstelligen lässt, zeigte Ries im 1522 ebenfalls in Erfurt erschienenen Buch „Rechnung auff der linihen und federn". Es war die Zeit, da Annaberg Leipzig und Dresden überflügelte. Ries kannte die Bergbau-Stadt, sein Mentor in Erfurt kam aus Annaberg. Obwohl kein Bergmann, folgte der Zahlenjongleur dem Ruf des Silbers. Die aufstrebende Stadt versprach Auskommen. Ries wurde Rezeßschreiber am Bergamt, eine Art Buchhalter in verantwortungsvoller Funktion, er erwarb das Bürgerrecht, heiratete, kaufte das Haus, in dem sich heute das Museum befindet, und machte als Bergbeamter Karriere. Höhepunkt: 1533 wurde Ries Zehntner im Bergamt Geyer. Für den Historiker Walter Schellhas ein Beweis des Vertrauens des Landesherrn: „Die Zehntner gehörten zur Spitze in der Hierarchie der landesherrlichen Bergbeamten, sie und die Bergmeister waren die eigentlichen Finanzverwalter und Leiter des Bergbaus."

Mit seiner Annaberger Brotordnung schützte Adam Ries die Bevölkerung vor allzu heftigen Schwankungen des Getreidepreises, auch im Sinn des einfachen Volkes wandte er sich in einem Gutachten gegen die kurfürstliche Idee, den Silbergehalt der Münzen bei Beibehaltung des Wertes zu senken. Das, so Ries, würde das Vertrauen in die Währung erschüttern, zu Preisanstieg bei gleichbleibenden Löhnen, zu Inflation und einer unerträglichen Belastung des Volkes führen. „Er lehrte Zinsrechnung und Berechnung des Arbeitslohns, damit jedermann sich vor Wucherzinsen und Betrug bewahren könne", schreibt Historiker Schellhas. 1550 erschien das dritte Buch, die Practica, und auch dieses Werk erfährt eine Würdigung im Museum. Nur sein ambitioniertestes Werk, die „Coß" über das Rechnen mit Unbekannten, konnte er zeit seines Lebens nicht in Druck geben. Eine erste Fassung hatte er bereits 1524 fertiggestellt. In Annaberg saß er von 1544 bis 1550 über der zweiten Fassung. Etliche Seiten gingen verloren, ein Schuldirektor entdeckte im Jahr 1855 eine verschollen geglaubte Handschrift in einer Marienberger Bibliothek. Die Handschrift selbst ist auch im Museum zu bewundern. „Sein größtes Denkmal" nennt Biograf Kaunzner dieses Werk, das 1992 endlich in einem Faksimile erscheint. 1559 starb Adam Ries. Die Unbekannten, mit denen er sich mathematisch befasst hat, hinterließ er auch in seiner Biografie. Vor allem aber hinterließ er ein Vermächtnis: Er hatte das Rechnen zur Sache des Volkes gemacht.

Neben dem geistigen Erbe geht auch eine große Schar von Nachkommen auf Adam Ries zurück. Die Datenbank der Nachfahren enthält bereits 24.000 Menschen. Wer weiß, womöglich hat der Versicherungskonzern in dieser Liste eine interessante Zielgruppe entdeckt und sich auch deshalb für den Namen Adam Riese entschieden. Die Strategen werden schon durchgerechnet haben, ob sich der Aufwand lohnt. Man muss nicht lange raten, bei wem sie das gelernt haben. Das Rechnen mit den Zahlen, das Rechnen mit den Unbekannten.

Weiterlesen? Warum sich in Annaberg nicht nur ein zugezogener Rechenmeister, sondern später auch ein zugezogener Lehrer Ansehen erworben hat, erfahren Sie im Kapitel „Nicht nur Ritterburgen" ab Seite 164.

Information:

Das Adam-Ries-Museum berichtet über Leben und Wirken des Rechenmeisters und seine Zeit. In der Rechenschule in historischem Ambiente lassen sich (nach Anmeldung) historische Rechenverfahren der Adam-Ries-Zeit unter Anleitung erlernen, Interessierte können die Prüfung für das „Annaberger Rechendiplom" ablegen. Johannisstraße 23, Annaberg-Buchholz, geöffnet dienstags bis donnerstags 9 bis 16 Uhr, freitags ab 10 Uhr, sonnabends/sonntags/feiertags ab 12 bis 16 Uhr, Silvester 10 bis 13 Uhr. Montags sowie Neujahr, Ostermontag, 1. Mai, Pfingstmontag, Buß- und Bettag, 24. bis 26. Dezember geschlossen. Eintrittspreise: Erwachsene 3 Euro, ermäßigt 2 Euro, www.adam-ries-museum.de.

DIE UTHMANNIN

Viele Details aus ihrem Leben sind unbekannt, manches ist Legende. Fest steht aber: Barbara Uthmann war eine der bedeutendsten Frauen in der Geschichte des Erzgebirges.

Eigentlich ist es ganz einfach. Sagt Manuela Fischer. Dann lässt sie die Klöppel tanzen. Die Fäden, die an den Holzstäbchen hängen, verdrehen sich miteinander, bilden um die Stecknadeln auf dem Klöppelsack ein Muster: Erzgebirgische Klöppelspitze. Manuela Fischer klöppelt seit ihrem fünften Lebensjahr. 1982 schloss sie ihre Ausbildung zur Handklöpplerin ab. Für die meisten Klöpplerinnen ist das Handwerk allerdings ein Hobby. Bei Manuela Fischer können sie es lernen. Sie leitet die Klöppelschule Barbara Uthmann in Annaberg-Buchholz, die von der Stadt und einem Verein getragen wird.

„Fast könnte man vergessen, dass Klöppeln einst ein harter Broterwerb war"

Morgens hat sich eine Handvoll Frauen eingefunden. Manuela Fischer erstellt die Anfänge, erklärt die Klöppelbriefe, auf denen die Muster aufgezeichnet sind, dann geht es los. „Ich hätte nie gedacht, dass ich mir das mal zutraue", erzählt eine Frau aus Annaberg. „Aber jetzt bin ich im Ruhestand und habe endlich Zeit dafür." Zwischen bunten Klöppelsäcken, Klöppelbriefen aus vergangenen Jahrhunderten und modernen Kunstwerken wie etwa Obst und Gemüse aus Spitze sitzen die Frauen, lachen und scherzen. Die Freude an dem Schönen, das sie mit ihren Händen produzieren, ist deutlich zu spüren. Fast könnte man vergessen, dass Klöppeln einst ein harter Broterwerb war.

In der zweiten Hälfte des 16. Jahrhunderts gingen die Silbervorkommen in und um Annaberg langsam zu Ende. Viele Familien verloren ihr Einkommen. Es war Barbara Uthmann, die, mit anderen wohlhabenden Frauen, das Spitzenklöppeln im Erzgebirge verbreitete. Gleichzeitig war sie Montanunternehmerin, investierte in Hütten und Bergwerke – vor knapp 500 Jahren eine ungewöhnliche Rolle für eine Frau. Es gibt nicht viele gesicherte Informationen über sie. Geboren wurde sie wahrscheinlich im Jahr 1514, ihr Name taucht in den Quellen in verschiedenen Schreibweisen auf. Klar ist: Barbara Uthmann verhalf vielen Menschen mit zum täglichen Brot. Als Beweis für die Bedeutung des Gewerbes wird oft eine Beschwerde an den Stadtrat über Konkurrenz durch wandernde Bortenhändler aus Schottland im Jahr 1571 zitiert. Darin listeten Bortenhändlerinnen aus Annaberg auf, wie viele Bortenwirkerinnen sie beschäftigten. Allein

Foto: Brigitte Streek

Der Barbara-Uthmann-Brunnen auf dem Markt von Annaberg-Buchholz. Die Unternehmerin wird auch heute noch verehrt.

bei Barbara Uthmann sollen es 900 gewesen sein. Wie realistisch diese Zahl ist, lässt sich allerdings nicht mehr feststellen.

Jedenfalls war der Handel mit Borten und Spitzen lange ein lukrativer Wirtschaftszweig. Und das hat mit dem Silberboom ab 1470 zu tun: Die Bevölkerungszahlen explodierten, die Bergstädte entstanden, und damit ein reiches Bürgertum, das Luxusware nachfragte. Die wohlhabenden Frauen taten es ihrer Kurfürstin nach, Anna von Dänemark, die in den Jahren 1553 bis 1585 an der Seite von Kurfürst August die Geschicke des Landes bestimmte. Sie bestellte im Jahr 1560 bei der „Christoph Uthmanin" Borten, so die historischen Quellen. Das Garn ließ man zunächst aus Schlesien kommen, der Heimat Christoph Uthmanns, oder aus Nürnberg. Später nutzte man auch einheimischen Flachs. Ein großer Teil der Erzeugnisse ging wiederum in den Export.

Beim Handel halfen den Verlegern Kontakte der bergmännischen Gewerke. Wahrscheinlich war das Kunsthandwerk auch auf alten Handelswegen in die Region gekommen, vielleicht aus einer Hafenstadt wie Venedig oder Genua. Die ersten Spitzen entstanden vermutlich, als man lose Kettfäden am Abschluss eines Gewebes kunstvoll miteinander verknotete und verflocht. Vom italienischen „passare le mani" (etwa: die Hände vorbeiführen), der Handbewegung beim Flechten, leitet sich der bis heute gebräuchliche Begriff Posamenten ab. Im Lauf der Zeit entstand die mit der Nadel gefertigte Nadelspitze und schließlich die Klöppelspitze. Ob Barbara Uthman selbst klöppelte, ist nicht geklärt. Die Legende vom kunstvollen Spitzenkragen, den sie ihrem Bräutigam zur Hochzeit gefertigt haben soll, ist eben – eine Legende. Sie lässt aber erahnen, welche Rolle das Handwerk gespielt hat. Erst im 19. Jahrhundert machte die Maschinenspitze den Produkten Konkurrenz.

„Mit ihren rissigen Händen hätten sie den teuren Faden zerstört"

Das scheinbar typisch erzgebirgische Handwerk ist in Wirklichkeit weltweit verbreitet. Das zeigt ein Blick in die Ausstellung in der Klöppelschule. Unter Glas liegen Klöppel verschiedener Länder von den USA bis Portugal, einige sind reich mit Blumen verziert. Aber keiner der auswärtigen Klöppel hat eine Hülse aus Holz, die über den eigentlichen Klöppel und die Fäden gezogen wird. Das, sagt Fachfrau Manuela Fischer, gibt es wirklich nur im Erzgebirge. Denn hier hätten in Notzeiten auch arbeitslose Bergmänner klöppeln müssen: „Mit ihren rissigen Händen hätten sie den teuren Faden zerstört." Deshalb die Hülle zum Schutz. Zumal auch vergoldete und versilberte Fäden verwendet wurden. In den Staatlichen Kunstsammlungen Dresden kann man ein Kleid der Kurfürstin Magdalena Sibylla von Sachsen bewundern. Es entstand um 1610-1620 und ist mit goldener und silberner Klöppelspitze besetzt. Typisch erzgebirgisch ist auch der Klöppelsack – in anderen Ländern klöppelt man auf einem Flachbrett oder Rohr, in Brasilien auf einem Baumstamm.

Foto: Jan Woitas

Manuela Fischer, Leiterin der Klöppelschule in Annaberg-Buchholz, präsentiert einen aus Edelstahldraht geklöppelten Schmetterling neben einer Brosche und Schutzengelfiguren.

Foto: Sammlung Frank Nestler

Werbekarte in eigener Sache aus dem Schwarzenberger Wilhelm Vogel, Spitzenklöppelei Verlag, um 1900.

Barbara Uthmann war aber nicht „nur" Verlegerin. Nach dem Tod ihres Ehemannes 1553 führte sie dessen Geschäfte fort. So übernahm sie mit ihren noch nicht geschäftsfähigen Söhnen Paul, Heinrich und später Hans die Saigerhütte Grünthal bei Olbernhau. Außerdem war die Familie an vielversprechenden Silberbergwerken beteiligt. Das Unternehmerpaar war gut vernetzt, wie man heute sagen würde. Barbara Uthmanns Vater war der wohlhabende Berg- und Hüttenherr Heinrich vom Elterlein. Ihren Geburtsort nennen die Quellen nicht, vermutlich war es Annaberg. Dafür spricht unter anderem, dass Heinrich vom Elterlein ab 1514 oder1515 als zweiter Zehntner in Annaberg tätig war, also als eine der führenden Persönlichkeiten des Annaberger Bergbaus. Barbara Uthmanns Großvater war der einflussreiche Chemnitzer Bürgermeister Matthes Arnold, ihre Großtante war in zweiter Ehe mit Georgius Agricola verheiratet, dem Begründer der modernen Bergbauforschung.

Foto: wikipedia

Im kollektiven Gedächtnis der Region ist sie längst eine mystische Figur geworden. Madonnenhaft lächelt das Gesicht der Statue auf dem Annaberger Markt. Ein aufwändiges Gewand mit Borten, ein Klöppelsack. So hat sie der Dresdner Bildhauer Eduard Robert Henze 1885/86 dargestellt. Dabei orientierte er sich an Bildnissen aus seiner Zeit, denn von Barbara Uthmann ist kein gesichertes Porträt überliefert. Zwar kann man im Erzgebirgsmuseum Annaberg-Buchholz das Schumann-Epitaph von Anthonius Heusler aus dem Jahr 1557 bewundern. Es zeigt Frauen aus der städtischen Oberschicht mit geklöppelten weißen Borten am Hals. Manche Experten gehen davon aus, dass die besonders hervorgehobene Dame auf der rechten Seite des Bildes Barbara Uthmann ist. Dafür spricht, dass sie der Familie Schumann geschäftlich und freundschaftlich verbunden war. Wolfgang Blaschke, Leiter des Museums, formuliert es so: „Wenn man sich Barbara Uthman vorstellen möchte, könnte sie wie auf dem Bild ausgesehen haben."

Das Denkmal auf dem Markt aber ist zu einem Symbol der Stadt geworden. Obwohl es erst seit 2002 dort steht – als Nachbildung, denn das Original war 1942 zu Kriegszwecken eingeschmolzen worden. Auf Betreiben eines Fördervereins konnte es wiedererrichtet werden. Und dabei spielte Manuela Fischer, damals Annaberger Klöppelkönigin, eine besondere Rolle: Sie klöppelte die Vorlage für die Spitze aus Bronze, die die Figur in der Hand hält. Und dann durfte sie die Statue auch noch einweihen: „Das war ein erhabener Moment."

Selbstverständlich steht auch in Elterlein, dem Herkunftsort von Barbara Uthmanns Vater, ein Brunnen mit ihrem Abbild, und auch in einem Bleiglasfenster in der Annenkirche zu Annaberg ist die Unternehmerin verewigt. Sogar ein Kleinplanet trägt ihren Namen, er wurde 1998 in der Volkssternwarte

Foto: Erzgebirgsmuseum/Dieter Knoblauch

Das Epitaph des Paul Schumann von Antonius Heusler aus dem Jahr 1557 ist im Erzgebirgsmuseum zu sehen. Es zeigt Annaberger Damen, die Klöppelspitze an ihrer Kleidung tragen. Experten glauben, dass es sich bei der Frau mit Kind im Vordergrund um Barbara Uthmann handelt.

Drebach entdeckt. Und das Erzgebirge wäre nicht das Erzgebirge, wenn hier nicht auch gedrechselte und geschnitzte Uthmann-Figuren zu finden wären.

Was blieb sonst von dieser außergewöhnlichen Frau? Als Montanunternehmerin hinterließ sie Spuren. Die Uthmanns gewährten den Arbeitern in der Saigerhütte für die damalige Zeit ungewöhnliche soziale Leistungen. Demnach gab es keine Pflicht zur Sonntagsarbeit, bei Unfällen wurden der Lohn weitergezahlt sowie die Arzt- und Barbierkosten übernommen. Es gab Deputate an Hosentuch und Sonderzahlungen. Als Kurfürst August 1567 den Hüttenbetrieb übernahm, gab er den Forderungen der Arbeiter nach und hielt an den Leistungen fest. Dennoch sah man zu DDR-Zeiten in Barbara Uthmann eher eine Kapitalistin und erinnerte lieber an die vielen unbekannten Frauen, die das Klöppeln groß machten. Im Nationalsozialismus nutzte man Uthmanns Werk aus, um eine „neue Volkskultur" zu erfinden, einschließlich einer sogenannten erzgebirgischen Tracht mit der Barbara-Uthmann-Haube mit handgeklöppeltem Spitzenbesatz.

Heute bewahren Barbara Uthmanns Nachfolgerinnen das Erbe. Jedes Jahr buchen etwa 3000 Menschen Kurse in der Klöppelschule. Zum Klöppelurlaub, in dem man das Handwerk er- und das Erzgebirge kennenlernen kann, reisen Gäste an aus ganz Deutschland, Österreich, der Schweiz und den Niederlanden. Zum 500. Uthmann-Geburtstag 2014 gestalteten 93 Klöpplerinnen und Gruppen aus ganz Deutschland und Europa ein besonderes Geschenk: Für einen Umhang für die Statue lieferten sie weiße Bänder – insgesamt 1645 Meter Klöppelspitze. Die Faszination der Barbara Uthmann ist ungebrochen. „Was die alles gemanagt hat. Und das in ihrer Zeit, als viele Frauen nicht einmal schreiben und lesen konnten", sagt Manuela Fischer von der Klöppelschule. „Für mich ist sie auf jeden Fall ein Vorbild."

Weiterlesen? Wie auch die heutige Nickelhütte Aue einst Sozialgeschichte im Erzgebirge schrieb, lesen Sie im Kapitel „Ein soziales Netz, gewebt in Niederpfannenstiel" ab Seite 180.

Information:

Klöppelschule Barbara Uthmann: Ausstellung zum Klöppeln in Annaberg und weltweit, außerdem Kurse und Zirkel. Im Haus des Gastes Erzhammer, Buchholzer Straße 2. Geöffnet ist montags bis donnerstags von 10 bis 17 Uhr, freitags von 10 bis 15 Uhr. www.annaberg-buchholz.de/de/kultur/die-kloeppelschule-barbara-uthmann.php Annaberger Klöppeltage: Wettbewerb, Kurse, Veranstaltungen, jedes Jahr im September. www.annaberg-buchholz.de/de/kultur/annaberger-kloeppeltage.php. Erzgebirgsmuseum in Annaberg: Dauerausstellung zu Barbara Uthmann, außerdem Schumann-Epitaph, Objekte zu Bergbau, historischem Handwerk, sakraler Kunst im Spätmittelalter, bürgerlicher und bäuerlicher Lebenskultur, Zugang zum Besucherbergwerk unter der Altstadt. Große Kirchgasse 16, geöffnet täglich 10 bis 17 Uhr. Führungen im Museum nach Voranmeldung, Führungen im Bergwerk montags bis freitags 12 und 15 Uhr, samstags, sonntags und an Feiertagen 11, 12.30, 14 und 15.30 Uhr. Heiligabend und Silvester geschlossen. www.annaberg-buchholz.de

Manufaktur der Träume, Ausstellung der Sammlung erzgebirgischen Spielzeugs von Erika Pohl-Ströher, Buchholzer Straße 2, Täglich 10 bis 18 Uhr, Weihnachten und Silvester bis 14 Uhr, Neujahr ab 12 Uhr, Eintritt 7, ermäßigt 4 Euro, Info unter anderem über Schließtage unter www.annaberg-buchholz.de/manufaktur-der-traeume

Klöppeln statt Kreuzfahrt: Die Volkskunstschule des Erzgebirgskreises richtet regelmäßig Kreativurlaube auf Schloss Schwarzenberg aus. Angeboten werden Schnitzen und Klöppeln. Klöppellehrerin Steffi Schneider (am Klöppelsack sitzend), die Teilnehmerin Martina Kästner weiterhilft.

Foto: Anna Neef

EDISONS ERZGEBIRGISCHE AHNEN

Eigentlich ging es darum, einen alten Schacht zu sichern. Als 120 Tonnen Gestein entfernt waren, kamen Reste einer verblüffenden Erfindung zum Vorschein. Die Ehrenfriedersdorfer Radpumpe hat nämlich einst den Bergbau revolutioniert.

Zuerst stießen die Bergleute auf Reste einer hölzernen Rinne. 34 Meter unter der Erdoberfläche, im Grubenfeld unter dem Sauberg von Ehrenfriedersdorf. Altbergbau und modernes Montanwesen haben dort gleichermaßen Spuren hinterlassen. Heute endet hier die Fahrt mit dem Sauberg-Express, der alten Grubenbahn, die durch einen von der späteren Zinngrube neu aufgefahrenen Entwässerungsstolln rumpelt. Da in einem Besucherbergwerk alles seine Ordnung haben muss, bekamen beim Museum über eine Arbeitsbeschaffungsmaßnahme beschäftigte Bergleute den Auftrag, an dieser Stelle eine mit Geröll verfüllte Strecke, unweit vom Alexander-Tagesschacht, zu sichern. Ihnen dämmerte bald: Die Rinne musste eine Hinterlassenschaft der Altvorderen sein. Aus der Arbeitsbeschaffungsmaßnahme war eine Schatzsuche geworden.

Mit jeder Tonne an losem Gestein, das die Bergleute entfernten, weitete sich der Raum. Am Ende hatten die Arbeiter eine fünf Meter hohe Kammer entdeckt, in der sich einmal ein Wasserrad gedreht hatte. Auf dem Grund stießen sie auf einen weiteren verfüllten Schacht. Dort fanden sich hölzerne Röhren und Kolben, dicke Lederscheiben, Nägel und Schrauben aus Metall. „Und Flügelmuttern", sagt Matthias Kreibich. Die waren also schon vor 500 Jahren bekannt. Fragt man ihn, was das für ein Gefühl war damals, sagt er nur: „Da guckste."

Matthias Kreibich begann 1978 auf der Zinngrube. Erst arbeitete er als Steiger. Als das Bergwerk 1990 aufgegeben wurde, als die Mehrzahl der 400 Bergleute ihren Job verlor, da wurde er Chef des Besucherbergwerks. Er kennt die Grube wie kein Zweiter. Er kennt ihre Geschichte. Matthias Kreibich ahnte, auf was für eine Hinterlassenschaft man gestoßen war.

Der Bergbau in Ehrenfriedersdorf gehört zu den ältesten im Erzgebirge. Nahe der gefundenen Radkammer kreuzen sich zwei Erzgänge. An solchen Kreuzungen reichern sich die Minerale in solcher Menge an, dass Erze mit abbauwürdigem Metallgehalt entstehen. Das fragliche Gangkreuz brachte Silber- und Kupfererz. Es wurde vermutlich bereits um 1240 entdeckt, als die Gewinnung von Zinn aus Zinnseifen an der Oberfläche einsetzte. Die frühen Bergleute folgten dem Kreuz in die Tiefe. Der Alexander-Tagesschacht entstand. Bald erreichte er Tiefen von mehr als 30 Metern. Doch dann setzte der größte Feind den Bergleuten zu: das Wasser. Immer sucht es sich seinen Weg. Schafft man es nicht weg, saufen die Gruben ab. Doch wie lässt sich Wasser in nennenswerter Menge aus einem Bergwerk befördern, mehr als 30 Meter unter der Erdoberfläche?

Kreibich vermutet, dass der Bergbau am Alexander-Tagesschacht wegen des Wassers bald wieder aufgegeben wurde. Bis zur Renaissance. Eine Zeit der geistigen Blüte, die in Italien wurzelte, aber ihre Sprosse bis ins Erzgebirge trieb. Also fragten sich die Bergleute, wie sie dem Wasser Beine machen könnten. Die Idee: ein Entwässerungsstollen. Und so wurde um 1536 der Tiefe Sauberger Stolln angesetzt. Der Kurfürst finanzierte den Bau. Zur damaligen Zeit war der Vortrieb eines solchen Stollens eine unvorstellbare Angelegenheit: Allein mit Eisen und Schlägel arbeiteten sich die Hauer durch das Gestein. Geschwindigkeit: ein paar Zentimeter am Tag. Für reichlich zwei Kilometer brauchten sie 34 Jahre. Die Sohle des Alexander-Tagesschachts zwar war bereits nach 10 bis 15 Jahren erreicht. Fortan konnte das Wasser von dort abfließen. Viel weiter in die Tiefe ließ sich aber wiederum nicht vordringen, ohne mit erneutem Wassereinbruch zu kämpfen. Einen tieferen Entwässerungsstollen zu graben würde jedoch erneut Jahre dauern. Es brauchte eine neue Idee. Und die hieß: Wer einen Feind nicht besiegen kann, muss ihn sich zum Freund machen.

Foto: Brigitte Streek

Jens Schaarschmidt aus Thum hat ein Modell der Ehrenfriedersdorfer Radpumpe gebaut.

Wie das gelang, hat einer der wichtigsten Gelehrten dieser Zeit aufgeschrieben, Georgius Agricola. Die zwölf Bände von „De re metallica“ über Bergbau und Erkundung blieben Jahrhunderte lang Standard-Literatur. In Ehrenfriedersdorf lernte Agricola eine Konstruktion kennen, die, von Wasserkraft angetrieben, mithilfe ausgefeilter Technik das Wasser aus der Tiefe hob. Historiker nennen die von ihm beschriebene Ehrenfriedersdorfer Radpumpe die wichtigste technische Erfindung des nun mit dem Welterbetitel gewürdigten erzgebirgischen Bergbaus. „Erst der Bergbau erforderte Entwässerung in größerem Stil und damit auch eine derart komplexe Maschine“, urteilt Friedrich Naumann, Professor für Wissenschaftsgeschichte. „Erfahrungen dazu lagen noch nicht vor, so dass man auf jeden Fall den Hut ziehen muss – man denke nur an die Bewältigung der umfangreichen mechanischen Probleme.“

Foto: Frank Hommel

Wenn Matthias Kreibich am Hebel zieht, setzt sich das Rad nahezu geräuschlos in Bewegung.

So wurde das Bergmaschinenwesen Ausgangspunkt des wissenschaftlichen Maschinenbaus. An Lösungen für Probleme wie Festigkeit, Reibung, Schmierung oder Kraftübertragung wurde bereits im 16. Jahrhundert gearbeitet. Wer die Konstruktion der Radpumpe erdacht hat, lässt sich nicht mehr sagen. In einer Broschüre argumentiert Kreibich, es dürfte kaum das Werk eines Einzelnen gewesen sein: „Denn zu groß sind die Unterschiede der erforderlichen konstruktiven und handwerklichen Fähigkeiten." Dank der Pumpe hielten die Bergleute bis dahin unbekannte Tiefen mit erträglichem Aufwand wasserfrei. Das Prinzip wurde noch bis Mitte des 19. Jahrhunderts im Bergbau angewandt. Der Clou ist ein sogenannter Krummzapfen an der Welle. Ähnlich wie eine Kurbelwelle beim Auto ermöglichte es dieser Zapfen, die Drehbewegungen des Wasserrades in eine Auf- und Abwärtsbewegung umzuwandeln. Das war nötig für den Saugeffekt: Durch die Auf- und Abbewegung konnten Pumpensätze angetrieben werden, die das Wasser nach oben beförderten. Die Konstruktion der Pumpensätze selbst erwies sich als nicht weniger raffiniert. Wurde der Kolben nach oben gezogen, saugte die Pumpe Wasser von unten an. Bewegte sich der Kolben dann abwärts, schloss sich unten ein Rückschlagventil aus Leder. Dagegen öffnete sich eine lederne Membran im Kolben, das Wasser wurde durch den Kolben nach oben gedrückt. Hob sich dann der Kolben wieder, so hob er das Wasser mit. Agricola hat die Funktionsweise genau beschrieben, Länge und Durchmesser der Teile sowie den Durchmesser des Wasserrades vermerkt.

Vom Rad selbst fanden die Schatzsucher keine Spuren mehr. Die Analyse der Jahresringe der hölzernen Reste der Kolbenrohre und Kolbenstangen aber zeigte: Die Bäume waren 1563 gefällt worden. Es handelte sich also tatsächlich um Reste einer Konstruktion aus Agricolas Zeiten. Kreibich und seine Mitstreiter nahmen die gefundene Kammer noch genauer unter die Lupe. Sie fanden Bühnenlöcher, per Hand aus dem Gestein geschlegelt, die als Auflage für Balken dienten. Je mehr sich Kreibich hineindachte, umso sicherer war er sich: Er hatte den Original-Standort einer Radpumpe vor sich. Kreibich tüftelte, wie die Radpumpe in jener Stelle montiert gewesen sein könnte. Der originale Standort der Pumpe verlangte nach einer Rekonstruktion, fand er. Sechs Jahre nach der Entdeckung der Kammer machten Stadt und Freistaat das erforderliche Geld locker.

Den Bau des vier Meter großen Rades übernahm die Mühlenbaufirma Schumann aus Mulda bei Freiberg, spezialisiert auf solche Fälle. Dort wurde auch schon die Welle des Frohnauer Hammers gefertigt. In Ehrenfriedersdorf brachte man das tonnenschwere Rad in Einzelteilen unter Tage. Die Mitarbeiter des Bergwerks konstruierten die Wasserzuführung und -ableitung. Sie bauten einen Pumpensatz nach. Da ergab sich ein neues Problem. So, wie die Anlage bisher geplant war, würde sich die Kolbenstange nicht nur auf und ab, sondern auch hin- und her bewegen und gegen das Pumpenrohr knallen. Kreibich fand weitere Auflageflächen für Balken. Ort und Anordnung verrieten: Zwischen Kolbenstange und Krummzapfen war noch ein beweglicher Pleuel eingebaut. Der glich die Bewegungen so aus, dass sich die Kolbenstange nur noch vertikal bewegen konnte.

Wenn Kreibich die Konstruktion vorführt, zieht er an einer Schnur. Aufschlagwasser wird auf das Rad geleitet, das setzt sich in Bewegung. Lautlos gleitet die Kolbenstange auf und ab. Nur das Rauschen des Wassers durchbricht die Stille. Wie damals, am 22. Februar 2008, als die Anlage zum ersten Mal Probe lief. Zur Zufriedenheit aller. Zunächst. Abermals bekam Kreibich eine Lektion darin, wie ausgefeilt die Technik von Edisons erzgebirgischen Ahnen tatsächlich war. Denn kam nur wenig Wasser, stockte das Rad. Das Problem: Die schweren Pumpengestänge verkanteten die Welle minimal in den Lagern. Die Konstruktion musste also noch ausgewuchtet werden. Seitdem läuft die Pumpe auch mit wenig Aufschlagwasser gleichmäßig und geräuschlos. 40 bis 50 Liter Wasser pro Minute konnte sie einst aus der Tiefe heben, schätzt Kreibich. Das Wasser war tatsächlich vom Feind zum Freund geworden.

Weiterlesen? Wie eine Erfindung in Aue einen ganzen Industriezweig schuf, darüber berichtet das Kapitel „Messer, Gabel, Ende, aus“ ab Seite 192.

Information:

Zinngrube Ehrenfriedersdorf: An Originalschauplätzen erzählen erfahrene Besucherführer von der 750-jährigen Bergbaugeschichte. Erlebnisführungen (zweieinhalb Stunden) dienstags bis sonntags 10 Uhr und 14 Uhr. Mindestalter 10 Jahre. Touristikführungen (eineinhalb Stunden) samstags, sonntags, an Feiertagen und während der Schulferien in Sachsen 11 Uhr, 13 Uhr und 15 Uhr. Mindestalter 6 Jahre. Schließtage: Montag, außer an Feiertagen und in den Schulferien sowie der 24., 25. und 31. Dezember und der 1. Januar. www.zinngrube.de.

Greifensteine: markante Felsformation im Wald zwischen Geyer, Ehrenfriedersdorf und Jahnsbach mit Aussichtsfelsen und Naturtheater.

Greifenbachstauweiher Geyer: ältester Stausee Sachsens, heute Naherholungsgebiet unter anderem mit Badestränden, Bootsverleih, Campingpark, www.greifenbachstauweiher.de.

NICHT NUR RITTERBURGEN

Der Frohnauer Hammer ist nicht das bedeutendste und schon gar nicht das älteste Hammerwerk des Erzgebirges. Dass er heute das bekannteste ist, hat mit einem weitsichtigen Lehrer zu tun – und einem neuen Bewusstsein für das Kulturerbe.

Carl Hermann Martin wird seinen Laden wohl dichtmachen. Zwar gehen seine Erzeugnisse weg wie warme Semmeln. Obwohl er teuer produziert. Qualität macht das wett. Wenn nur die Umstände nicht wären: So findet er kaum noch geeignete Gehilfen. Dann die Auflagen. Ständig denkt sich die Bürokratie etwas Neues aus. Und die Energiekosten zwingen ihn, auf neue Technik umzustellen.

Mit den Sorgen und Nöten, die ihn plagen, steht Martin exemplarisch für einen Handwerksbetrieb der heutigen Zeit. Allerdings: Carl Hermann Martin war Handwerker im Jahr 1905. Das Gewerbeaufsichtsamt hieß damals Gewerbepolizei. Und die Energiewende, vor der er stand, betraf die Befeuerung der Herdfeuer-Anlagen nicht mehr mit Holz-, sondern mit Braun- und Steinkohle.

Carl Hermann Martin war der letzte Hammerschmied im Frohnauer Hammer. Ein Foto zeigt, wie er, die dicke Lederschürze umgebunden, das glühende Werkstück unter den Hammer hält und wie die Funken fliegen. Schon lange denkt er darüber nach, den Hammer zu verkaufen. Klappt das nicht, will er ihn abreißen und dort Landwirtschaft betreiben. Das würde Unterhaltungskosten und Brandkassenbeiträge sparen. Schon öfter war der Familie eine stattliche Summe Geld geboten worden. Doch Vater Gustav, dem der Hammer seit bald 50 Jahren gehört, hängt daran. Mehr als einmal standen die Verhandlungen kurz vor dem Abschluss. Dann machte er doch noch einen Rückzieher. Nun aber ist Gustav Martin 84 Jahre alt. Eine unheilbare Schwäche fesselt ihn ans Krankenbett, es ist absehbar, dass seine Zeit zu Ende geht.

So schilderte der Oberlehrer Emil Finck die Situation in Frohnau in einem Brief im Jahr 1906 an die Königliche Kommission zur Erhaltung der Kunstdenkmäler in Dresden. Finck war 1880 nach Annaberg gekommen. Bald fühlte er sich als waschechter Erzgebirger. Heimatgeschichte wurde seine Leidenschaft. Er sammelte, was nicht niet- und nagelfest war, wirkte an zwei Ausstellungen mit, aus denen schließlich das Erzgebirgsmuseum entstand. Er verfasste wissenschaftliche Aufsätze. Und er verstand, dass kulturelles Erbe mehr war als Kirchen und Herrensitze.

„Denkmale – das waren bis dahin Ritterburgen", sagt Bernd Schreiter etwas zugespitzt. Wie Emil Finck vor mehr als 100 Jahren, so ist Bernd Schreiter heute Heimatforscher in Annaberg. Er führt Besucher durch den Frohnauer Hammer, er verfasst Bücher und Schriften übers Klöppeln, über Arbeitswelten, über Erzgebirgsansichten. Hammerwerke gab es einst wie Sand am Meer, sagt er. Vier sind noch übrig: In Dorfchemnitz, Freiberg, in der Saigerhütte Olbernhau und in Frohnau.

Im 15. Jahrhundert soll an dessen Stelle im Sehmatal bereits eine Getreidemühle gestanden haben. 1491 dann stieß ein gewisser Caspar Nietzel am Fuß des Schreckenbergs westlich des Tals auf einen Erzgang, der Silber führte. Am 21. September 1496 wurde auf der gegenüberliegenden Flanke des Pöhlbergs eine Stadt gegründet, die Neustadt am Schreckenberg, die bald Annaberg hieß und sich zur zeitweise zweitgrößten Stadt Sachsens aufschwang. Die alte Mühle im Tal wurde ab 1621 zum Eisenhammer umgebaut. Die Schmiede stellte Werkzeuge vor allem für den Bergbau her. Das Eisen kam aus Gruben im Preßnitztal, bei Schmalzgrube steht noch ein alter Hochofen aus jenen Tagen. Aber auch aus Erlabrunn südlich von Schwarzenberg bezog der Hammer das Material.

Wenn Bernd Schreiter mit dem schmiedeeisernen Schlüssel die Tür des Gebäudes öffnet, fühlt man sich in eine andere Zeit zurückversetzt. Die riesenhaften Eisen-Hämmer – der kleinste wiegt 100, der größte 250 Kilogramm – ruhen auf Stützen. Schreiter zieht an einem Hebel. Nun wird das Wasser der Sehma, das durch einen Graben und auf einer hölzernen Einfassung am Gebäude vorbeirauscht, auf das große Wasserrad geleitet. Eine baumstammdicke Welle setzt sich in Bewegung. Eine stählerne Noppe an der Welle drückt das Ende des Hammerstiels nach unten. Der Kopf, an der anderen Seite befestigt, bewegt sich aufwärts. Als sich die Welle weiterdreht und der Hammerstiel über die Noppe rutscht, saust der Hammerkopf nach unten. Wer seine Hand jetzt nicht in einen Tischtennisschläger verwandeln will, hält sie besser nicht darunter. Schon hebt sich der Hammer wieder. Er fällt beinahe im Sekundentakt. Gegenüber loderten einst Schmiedefeuer. Die Blasebälge lassen sich noch immer mit der Kraft der Sehma antreiben. Emil Finck schätzte die Kraft des Wassers auf 25 Pferdestärken. Also in etwa die eines Trabant-Motors.

Foto: Dirk Rueckschloss

Der Frohnauer Hammer war das erste Technische Denkmal in Sachsen.

Foto: Wolfgang Thieme

Johannes Schönherr (1921 - 2007) war das „Hammer-Hansel", viele Jahre lang überaus beliebter Museumsführer im Frohnauer Hammer.

Foto: Tourismusverband Erzgebirge

Aushängeschild: Der Hammer war ein Glanzstück bei der Bewerbung der Montanregion um den Welterbe-Titel.

Foto: Uwe Mann

Selbst ist der Schmied: Beim Schauschmieden greifen beherzte Besucher schon mal selbst zum Werkstück.

Der Frohnauer Hammer ist keinesfalls der älteste Eisenhammer im Erzgebirge, sagt Bernd Schreiter. „In Erfindung von Rekorden und Außergewöhnlichem ist man sehr kreativ", schreibt er in einem seiner Bücher. „Hier ist aber Vorsicht geboten. Manche Werbeleute verbreiten auch Unsinn." So wurde der Frohnauer Hammer in den 1930er-Jahren zur ältesten Hammerschmiede Deutschlands erklärt. Stimmt keinesfalls, sagt Schreiter. Noch nicht einmal besonders bedeutsam sei die Anlage zu ihrer Zeit gewesen. Aber als diese Zeit zu Ende ging, begriff Oberlehrer Finck, dass sich die Leute später stolz an sie zurückerinnern würden. Als er also hörte, der Hammer könne verkauft oder abgerissen werden, schrieb er an die Königliche Kommission zur Erhaltung der Kunstdenkmäler nach Dresden, mit der Bitte, ihn beim Erhalt der Anlage zu unterstützen.

Die Antwort aus Dresden war ernüchternd: „Die Kommission spricht Ihnen für den Bericht vom 5. dieses Monats über das alte Frohnauer Hammerwerk ihren besonderen Dank aus." Gleichwohl sei man nicht in der Lage, Mittel zur Erhaltung bereitzustellen. Und schlage vor, das Deutsche Museum in München für die Sache zu interessieren.

Man mag sich nicht ausmalen, was ein eingefleischter zugereister Erzgebirger wie Oberlehrer Finck bei solch einer Idee gedacht haben mag. Es kam jedenfalls nicht so weit. Finck fand Mitstreiter. Allen voran: Kurt Robert Alfred Freiherr von Welck, Amtshauptmann, heute würde man sagen: Landrat. Er und Finck schafften es, die Bevölkerung auf ihre Seite zu ziehen. Ein Verein wurde gegründet, der Hammerbund. Der Amtshauptmann übernahm den Vorsitz, der Lehrer den Stellvertreter-Posten. Der Bund organisierte Spendenaktionen und eine Benefiz-Tombola und schaffte es so, den Kaufpreis von 50.000 Mark zusammenzubekommen. Am 20. März 1908 unterschrieb Gustav Wilhelm Martin, der greise Eigentümer, den Vertrag mit dem Hammerbund. Den Abriss musste er nicht mehr fürchten. Beruhigt konnte er am 20. Juni 1908 die Augen für immer schließen. Das Erbe seiner Väter war in guten Händen. Am 1. Oktober 1909 öffnete eine Gaststätte im alten Herrenhaus ihre Tore, begann der Museumsbetrieb. Erster Hammerwirt und erster Museumsführer: der letzte Hammerschmied Carl Hermann Martin. Er schmiedet nun nicht mehr für Bergleute und Landwirte, sondern zur Ergötzung der Besucher.

Der Frohnauer Hammer ist längst das bekannteste Denkmal seiner Art, in Sachsen und darüber hinaus. Schreiter berichtet von Besuchern aus Bayern, die von den 15 historischen Eisenhämmern in ihrem Freistaat noch nie gehört haben. Aber den Frohnauer Hammer, den kennen sie. Den „Stolz von unnern Arzgeberg" nannte der Heimatdichter Alfred Kaden das Denkmal in seinem berühmten Lied, das die Frohnauer und Annaberger bis heute gerne singen.

Im besten Jahr, 1977 war das, wurden 242.000 Besucher gezählt. Bernd Schreiter stöhnt auf bei dieser Zahl. Da wurden die Besuchermassen nur abgefertigt, vorn rein, hinten raus, und quetschten sich durch die Anlage.

Inzwischen gehört der Hammer der Stadt Annaberg-Buchholz, wird vom Erzgebirgsmuseum aus mit verwaltet. Das hölzerne Schindeldach wurde vor ein paar Jahren neu gedeckt, wenig später bekam der Hammer eine neue Welle. Zuletzt hat sich die Besucherzahl auf 35.000 im Jahr eingependelt. Schreiter ist zufrieden, wenn er die Gelegenheit hat, zu erzählen, was er weiß. Wenn der Kindergarten vorbeikommt oder eine Schulklasse. Dann holt er wieder den gusseisernen Schlüssel hervor, fädelt ihn ins Schloss, zieht an der Stange, das Wasser rauscht, die Welle beginnt sich zu drehen, der Hammer hebt sich langsam immer höher - und schon saust er nieder.

Weiterlesen? Dass Eisen aus der Gegend von Schwarzenberg nicht nur im Frohnauer Hammer, sondern auch vor Ort verarbeitet wurde, lesen Sie im Kapitel. „Kennzeichen E" ab Seite 174.

Information

Frohnauer Hammer: Funktionsfähige technische Anlage, ältestes Schmiedemuseum Deutschlands (seit 1909). Sehmatalstraße 3, Annaberg-Buchholz, www.annaberg-buchholz.de/de/kultur/frohnauer-hammer.php. Museumsrundgang „Dem Schmied auf der Spur", danach Besuch im Hammerherrenhaus mit Klöppel-Vorführung, 5 Euro, ermäßigt 3 Euro, Kombi-Ticket mit Manufaktur der Träume und Erzgebirgsmuseum mit Besucherbergwerk „Im Gößner" erhältlich, Führungen täglich außer montags zwischen 9 und 16 Uhr, 25. Dezember und 1. Januar geschlossen. Dazu regelmäßig historische Schmiede-Vorführungen. Besucherbergwerk Markus Röhling Stolln, Führung (ab 6 Jahre) unter Tage, inklusive 600 Meter Fahrt mit der Grubenbahn und 500 Meter zu Fuß, täglich 10 bis 16 Uhr, Sehmatalstraße 15, Annaberg-Buchholz, Erwachsene 10 Euro, Schüler 6,50 Euro, Ermäßigung für Gruppen, Familien mit Kindern, www.roehling-stolln.de. Lohnenswert ist ein Spaziergang zur Bergschmiede Frohnau mit rekonstruiertem Pferdegöpel, Markus-Röhling-Weg 1, Annaberg-Buchholz.

6. TEIL

EISEN, KOBALT & URAN – DAS WESTERZGEBIRGE

Mit Städten wie Schwarzenberg, Lauter-Bernsbach, Aue-Bad Schlema, Schneeberg und Eibenstock trägt das Westerzgebirge mit einem ganz eigenen Charakter zum Gesamtbild der Welterbe-Region „Montanregion Erzgebirge" bei. Nirgendwo sonst ist das Gebirge so dicht besiedelt, ist die Kulturlandschaft mit ihren weit reichenden Blicken so offenkundig vom Menschen geprägt, fand die Industrialisierung so starken Widerhall. Das ist kein Zufall, sondern hängt eben auch mit der Diversität der vorgefundenen Bodenschätze zusammen – und damit, wie pfiffig die Menschen sie sich zu Nutze zu machen wussten. Ja, wie dreihundert Jahre zuvor in Freiberg und wie nur wenig später auch in Annaberg waren es auch in Schneeberg Silberfunde, mit denen die Gründung und Entwicklung der Stadt ihren Ausgangspunkt nahm und dank deren Schneeberg heute noch sicherlich in einem Atemzug mit den anderen beiden zu nennen ist, wenn es um die bedeutendsten und schönsten Bergstädte des Erzgebirges geht. Zum Zeitpunkt der Silberfunde um 1470 aber war gleich um die Ecke, am Roten Berg südlich von Schwarzenberg, schon seit Jahrzehnten Eisen abgebaut und verhüttet worden. Als der Schneeberger Silberboom jäh zu Ende ging, entdeckten die Westerzgebirger, wie sie sich Kobalt zunutze machen konnten. Das galt eigentlich als unerwünscht im Erz, garantierte den Erzgebirgern dann aber für lange Zeit ein Weltmonopol auf blaue Farben. Die Erfindung des Argentans, einer Legierung aus Nickel, Kupfer und Zink, führte in Aue zur Herausbildung eines Industrieimperiums. Mit dem Kalten Krieg und dem atomaren Wettrüsten schließlich kam der Uranbergbau nach Schlema, Hartenstein, Johanngeorgenstadt. Es war ein beispielloser Raubbau an der Natur, und wer sieht, wie heute die Wunden verheilen, kann sich nur die Augen reiben. Aber nicht nur in dem Zusammenhang birgt das Westerzgebirge spannende, interessante, verblüffende und zu Herzen gehende Geschichten.

Welterbe-Stätten im Westerzgebirge: Berglandschaft Schneeberg unter anderem mit St. Wolfgangskirche, Rathaus und weiteren historischen Gebäuden der Altstadt, Anlagen der Fundgruben Weißer Hirsch, Sauschwart, Daniel, Wolfgangmaßen, Georgenhütte, Siebenschlehener Pochwerk, Flizteich; Bergbaulandschaft Uranerzbergbau mit Schachtkomplex 371 und zahlreichen Halden; Bergbaulandschaft Roter Berg mit dem Herrenhof Erlahammer, Bergbaulandschaften Eibenstock und Hoher Forst bei Hartmannsdorf, Blaufarbenwerk Schindlerswerk. Assoziierte Objekte: Bergarbeiterkrankenhaus Erlabrunn, Papiermühle Niederzwönitz, St. Andreas Fundgrube, Herrenhaus Auerhammer, Besteckfabrik Wellner (alle in Aue), Schneeberger Floßgraben, Schloss Schwarzenberg, Geotop Roter Kamm.

Foto: Frank Hommel

Die Ärztin und Malerin Petra Beckert-Öhler ist der Anziehungskraft der Wolfgangskirche in Schneeberg erlegen. Das Bild war Teil einer Ausstellung im Schneeberger Museum für bergmännische Volkskunst. Die Kirche ist eine Ikone in der Bergbaugeschichte des Westerzgebirges – und wird nicht umsonst auch Bergmannsdom genannt.

KENNZEICHEN E

Am Anfang war das Eisen. Dann kam das Eisenwerk Erla. Dank Geschick und Glück hält das Werk nun schon mehr als 600 Jahre durch. Das Feuer wird weiter geschürt.

Ist das die vielzitierte Ironie der Geschichte? Dass ihre Anweisung eines Tages einen volkseigenen Betrieb hinüber in den Kapitalismus retten würde, hätten sich die Herren der DDR-Regierung wohl nicht im schlimmsten Alptraum ausgemalt. Aber genau so kam es. Der Auftrag an den VEB Eisenwerk Erla „von oben", Exportpartner jenseits des Eisernen Vorhangs zu suchen, sollte mehr Devisen bringen – und half später dem jahrhundertealten Unternehmen, das Ende des Landes zu überstehen. 1974 hatte im Eisenwerk die Serienfertigung in einem neuen Gussverfahren begonnen. Disamatic hieß die in Dänemark entwickelte Technik: ein Automat, der Gussformen presste und so aneinanderfügte, dass sich direkt im Anschluss die Gussteile fertigen ließen. Gießen auf dem Fließband, sozusagen. Der Anweisung folgend, belieferte das Werk bald Bosch, den schwedischen Kugellager-Konzern SKF, die dänischen Wärme- und Kältetechniker Danfoss. Der Export machte nur einen geringen Anteil aus. Aus dem Eisenwerk kam auch jeder Rad-, jeder Hauptbremszylinder für DDR-Fahrzeuge, dazu Rippenzylinder und Laufbuchsen für luftgekühlte Motoren. „Ohne das Eisenwerk ist in der DDR kein Fahrzeug losgefahren", formuliert es Helmut Stehlik. „Und keins hätte bremsen können." Dazu ließ der Kühlschrankhersteller DKK alle Gussteile in Erla bei Schwarzenberg fertigen.

Die paar Westkunden fielen kaum ins Gewicht. Doch plötzlich war die DDR Geschichte. Schnell folgte ihre Industrie. Der DDR-Fahrzeugbau ging unter wie ein leckgeschlagenes Schiff. Die Tage der Kühlschränke aus Scharfenstein waren gezählt. Betriebe mit teils tausenden Mitarbeitern gingen ein. Die eher kleine Gießerei wankte zwar, entließ nach und nach 460 von einst 550 Arbeitskräften, doch sie fiel nicht. Die Export-Direktive aus der Planwirtschaft hatte für Kontakte zur Marktwirtschaft gesorgt. Die Dänen von Danfoss erhöhten schrittweise das Auftragsvolumen. Helmut Stehlik: „Wir hatten einen Fuß in der Tür."

Wieder einmal hatte das Eisenwerk Geschick und Glück bewiesen. Beides braucht ein Unternehmen, das seit gut 600 Jahren fast ohne Unterbrechungen produziert. Fast 50 dieser Jahre gestaltete der promovierte Ingenieur Helmut Stehlik mit. 1968 fing er in Erla an. Als 1980 die 600-Jahr-Feier anstand, entflammte sein Interesse für die Historie des Werks. 2005 ging er in Ruhestand, aber er erforschte und dokumentierte die Geschichte weiter. Die letzten Jahrzehnte waren besonders turbulent.

Am Anfang war das Eisen. Gegenüber dem Eisenwerk Erla, am rechten Ufer des Schwarzwassers, erstreckt sich ein Berg. Ganz oben ragt der Crandorfer Kirchturm in die Höhe. Um 1189 tauchte Crandorf zum ersten Mal in der Geschichte auf. Siedler kamen, wohl aus dem Fränkischen, um die Gegend urbar zu machen. Ihnen mag bereits die rote Farbe des Verwitterungsbodens an den Hängen des Berges aufgefallen sein. Oder die ebenso rote Farbe der Gesteinsbrocken, die der Fluss freigelegt hatte. Das Rot gab dem Berg seinen Namen: Der Rote Berg oder Rothenberg, heute Teil des Welterbes. Die Farbe verriet den Bodenschatz, der den Neuankömmlingen mehr als willkommen gewesen sein muss: Eisen. Die Siedler brachten ihre Erfahrungen in der Verwertung der Erze mit. Die Erzeugnisse, Werkzeuge etwa und Waffen, waren mehr als gut zu gebrauchen.

1380 wurde ein Eisenhammer in Erla erstmals in einer Urkunde erwähnt. „Die Erwähnung lässt den Schluss zu, dass der Hammer bereits davor existierte", sagt Stehlik. Die Voraussetzungen waren günstig. Es gab nicht nur Eisenerz, das anfangs im Tagebau und später bis 1865 unter Tage abgebaut wurde. Das Schwarzwasser ließ sich für den Antrieb von Wasserrädern und Kunstgezeugen nutzen. Die umliegenden Wälder boten Holz in Hülle und Fülle. Die Kunst der Gewinnung des Eisens aus dem Erz wurde immer mehr verfeinert. Schwere Aufschlaghämmer überall im Tal trennten Eisen und Schlacke. Im 16. Jahrhundert gab es erste sogenannte Hohöfen – mit Holzkohle befeuerte Schachtöfen –, die so viel Hitze erzeugten, dass das Eisen schmolz.

Der Eisenhammer sah in diesen Jahrzehnten viele Besitzer und Pächter kommen und gehen. Auch das Wasser kam mitunter in zerstörerischer Wut, so 1661, so 1713. Als es gegangen war, hatte es Anlagen verwüstet, Vorräte an Erz und Kohle aufgezehrt. Doch der Hammer wurde stets wiederaufgebaut und nicht selten verbessert. Anfang des 17. Jahrhunderts entstanden bereits Gusserzeugnisse. Ofenplatten etwa, Grababdeckungen, Bergbau-Utensilien. Ein „E" kennzeichnete die Erlaer Produkte. Noch heute ist dieses E im Logo des Unternehmens zu finden.

Helmut Stehlik sagt, dass das Eisenwerk vielen Menschen sein Bestehen verdankt. Einigen besonders. So Carl Gotthilf Nestler und Eduard Wilhelm Breit-

Tradition heißt nicht, die Asche zu bewahren, sondern das Feuer zu schüren: Schmelzprozess im Eisenwerk Erla.

Foto: Wolfgang Thieme

Foto: Frank Nestler

Die Eisenwerk Erla GmbH, Deutschlands älteste noch in Betrieb befindliche Eisengießerei, gehört zur indischen Dynamatic Group und stellt vor allem Turboladergehäuse und Abgaskrümmer für die Automobilindustrie her.

feld. Deren Ära begann 1836 und währte am Ende fast 100 Jahre. Schwiegervater und Schwiegersohn führten das Werk mit einem breit gefächerten und immer wieder angepassten Sortiment zu immer neuer Blüte. Sie legten den Grundstein für das heutige Unternehmen. Das Museum Perla Castrum im Schloss Schwarzenberg bewahrt ein um 1840 entstandenes Gemälde, das das Ensemble des Werks in jenen Jahren zeigt. Zu sehen sind der Herrenhof, der im neogotischen Stil gehaltene, 1879 für immer erloschene Hohofen, das neugotische Gießhaus, das Pochwerk, die Frischhütte mit dem Stabhammerwerk, Arbeiter- und Meisterwohnhäuser, die 1837 erbaute Maschinenfabrik, in der Webstühle nach englischem Vorbild sowie Maschinen und Gewehre gefertigt wurden, die Eisensteingrube St. Johannes mit Schachthaus, der Kunstgraben samt Aquädukt. Zum Werk gehörte ferner ein landwirtschaftliches Gut: Hüttenherren und Hüttenvolk wollten versorgt sein.

Der Kontrast zu heute könnte größer nicht sein. Von den historischen Anlagen ist nichts geblieben. Das älteste Gebäude auf dem Gelände ist der Verwaltungstrakt. Baujahr 1903. Zentral liegt das Sozialgebäude, unter dem die Reste des einstigen Eisenhammers schlummern. Ein Flugzeugmodell in der Kantine zeugt davon, dass in den 1930er-Jahren sogar Leichtflugzeuge montiert wurden. In den 1920er-Jahren hatte Jørgen Skafte Rasmussen – der Däne schrieb in Zschopau mit der Marke DKW Motorrad-Geschichte – das Werk auf sein heutiges Hauptprofil als Zulieferer für den Fahrzeugbau ausgerichtet. Unter ihm diente das Werk auch der Kriegswirtschaft. Mehr als 100 Zwangsarbeiter, zumeist aus der Sowjetunion und Frankreich, schufteten in Erla.

1950 begann die Zeit als volkseigener Betrieb. 31 Jahre leitete Heinrich Reinhold das Werk. Unter ihm hielt die Gießerei technologisch Anschluss. Das betraf das sogenannte Croning-Formverfahren zur Herstellung von Rippenzylindern, schwierigen Gehäusen und Gussteilen für Kälteverdichter. Und das betraf die bereits erwähnte Disamatic-Formanlage im Jahr 1973. Stehlik: „Dadurch wurde die Produktivität der Firma enorm gesteigert." Im Wendejahr 1989 wurde noch in eine neue Disamatic-Anlage investiert.

Nach 1990 folgte die Ungewissheit. Eine Erbengemeinschaft erhob Ansprüche. Doch Ende 1993 kam ein Mann nach Erla, der sich in die Reihe prägender Lenker einreihte. Dr. Arnold Kawlath. Ihm gehörte die Ingolstädter Gießerei Schubert und Salzer, und für die suchte er einen neuen Standort. In Erla wurde er fündig. Stehlik: „Er legte den Grundstein zur Entwicklung des Traditionsunternehmens zu einer der modernsten Eisengießereien Europas." Kawlath ließ das Eisenwerk Erla mit neuer Schmelz-, Kernherstellungs- und Formtechnik ausstatten und schließlich die Produktion vom Donaustrand ans Schwarzwasserufer verlagern.

Mittlerweile gehört das Eisenwerk Erla zur indischen Zulieferer-Gruppe Dynamatics. Es zählt um die 400 Mitarbeiter, das Areal besteht aus zeitgemäßen Werkhallen, voll mit modernster Technologie: sechs Induktions-Schmelzöfen mit Kapazitäten von bis zu sechs Tonnen, Formanlagen für die Serienproduktion, Kernschieß-, Trenn- und Putzautomaten, Kerneinlegeroboter, 3D-Scanner, ein Computertomograph für die innere Prüfung, dazu Glühöfen, Prüflabor, Spektrometer, Analysenroboter. Unter den 200 Kunden finden sich alle namhaften deutschen Automobilhersteller. Gefertigt werden beispielsweise Turbinengehäuse, Abgasrohre, Kurbelwellenlager-Deckel. Anstelle des alten Heizwerks steht eine moderne Fertigungshalle, in der Gussteile auf automatisierten Produktionslinien einbaufertig bearbeitet werden. Die Kundschaft bestellt heute gern komplette Baugruppen. Außerdem hat die Gießerei Erla eine Tochtergießerei – in Indien.

Charakteristisch für das Werk sei, sagt Stehlik, dass „es nie Stillstand gab, bis heute keinen Stillstand gibt". Als er einmal einen Vortrag über das Unternehmen hielt, bemühte er das Bild von der Tradition, die nicht das Bewahren der Asche sei, sondern das Schüren des Feuers. In den Schmelzöfen im Werk veredeln Legierungen die Werkstoffe. Und genauso hat das Erzgebirge seine Geschichte mit dem Weltkulturerbetitel veredelt. Dafür wird der alte Herrenhof auf der anderen Uferseite ein Kultur- und Begegnungszentrum. Die Geschichte des Eisenwerks bekommt darin in eine kleine Ausstellung. Man soll das Eisen schmieden, solange es heiß ist, sagt man. In Erla sorgen sie seit mehr als 600 Jahren dafür, dass das Eisen nie erkaltet.

Weiterlesen? Über einen Hüttenstandort mit ähnlich langer Tradition geht es im Kapitel „Von Bleiglanz und Silberblick" (Seite 84).

Information

Perla Castrum, Museum auf Schloss Schwarzenberg mit Stadtgeschichte und Exponaten aus den Bereichen Eisen, Zinn und Spitze, geöffnet dienstags bis sonntags 10 bis 17 Uhr, Schließtage 24. und 31. Dezember. Erwachsene 6 Euro, ermäßigt 3 Euro, Kinder bis 6 Jahre frei.
www.perlacastrum.de.

EIN SOZIALES NETZ, GEWEBT IN NIEDER-PFANNENSTIEL

Ein erzgebirgisches Hüttenwerk setzte vor 300 Jahren Maßstäbe in der Absicherung seiner Mitarbeiter. Bis heute lässt es sich daran messen.

Foto: Frank Hommel

Mike Haustein ist gleichermaßen als Chemiker wie als Firmenhistoriker angestellt. Als letzterer führt er Besucher gelegentlich durch das sakral anmutende Gebäude des einstigen Hüttenlaboratoriums.

Dienstag, 30. Mai 2017, Berlin-Tiergarten. Inmitten blankpolierter Luxusautos feiern festlich gekleidete Damen und Herren ein Jubiläum: 300 Jahre Betriebskrankenkassen. Die Daimler-BKK hat in die Mercedes-Welt geladen. Der Gesundheitsminister hält eine Rede, dann wird angestoßen. Eine Brassband zieht durch die Reihen. Auf dem Speiseplan steht „Lachs im Ganzen". Angela Merkel grüßt von der Videoleinwand. „300 Jahre BKK bedeuten gelebtes Solidaritätsprinzip", lobt die Kanzlerin. „Ein Prinzip, das sich im Kern bis heute nicht verändert hat."

Am selben Tag, 220 Kilometer südlich. Auf dem Firmengelände in Aue-Niederpfannenstiel stehen Werkshallen, DDR-Verwaltungsbauten und historische Gebäude dicht aneinandergedrängt im Talgrund. Jenseits des Pförtner-Häuschens ragt ein quaderförmiger Bau in die Höhe. Auf dem Dach prangt der Schriftzug „Nickelhütte Aue". Durchs Areal schlängelt sich ein Fluss, Schwarzwasser genannt, der dem Werk von alters her die Energie zum Leben bringt, und manchmal auch gewaltige Zerstörung. Es ist ein Tag wie jeder andere. Die Hütte bereitet metallhaltige Abfälle auf. LKW warten, um ihre Ladung aus verbrauchten Katalysatoren, Schleifschlamm und Ätzlösungen loszuwerden. Bagger sortieren angelieferten Schrott. Gabelstapler flitzen durchs Gelände. Die Schmelze in den Tiegeln glüht. Röstöfen backen nichtmetallische Bestandteile aus Metallen heraus und verwandeln so Abfälle in Rohstoffe. Frisch etikettierte Plastiksäcke mit grün schimmerndem Nickel-Sulfat-Pulver verlassen die Hydrometallurgie. Die Mitarbeiter tragen blaue Arbeitskleidung. Beim Schichtwechsel rufen sie einander den Bergmannsgruß zu: „Glück auf." Der Festakt in Berlin, er ist hier so fern wie nur irgendwas. Dabei hat, was dort gefeiert wird, seine Wurzeln genau hier: Die erste Betriebskrankenkasse Deutschlands entstand in Niederpfannenstiel. Zwar hieß das Werk damals noch Blaufarbenwerk, den Namen Nickelhütte bekam es 1951. Doch das Unternehmen ist dasselbe geblieben, es arbeitet ohne Unterbrechungen seit 1635.

„Seit 1635 wurde auf neue Entwicklungen stets die richtige Antwort gefunden", sagt Chemiker Mike Haustein. Die Firma sei ein „Gemischtwarenladen" mit „chemisch-metallurgischen Produkten aller Art": „Wir bewegen uns in einer Nische, sind klein, flexibel, reagieren schnell." Bei der Nickelhütte verkörpert der 1974 geborene Haustein Zukunft und Vergangenheit gleichzeitig. Als Chemiker entwickelt er neue Produkte und Verfahren mit. Aber Haustein widmet sich auch dem Gestern. Bereits nach dem Studium wandte er sich der Wissenschaftsgeschichte zu, tauschte Labore gegen Archive. Er verfasste eine Biografie über den Germanium-Entdecker Clemens Alexander Winkler, der sich seine ersten Sporen in Niederpfannenstiel verdiente. Dann bekam Haustein den Auftrag, zum 375. Nickelhütten-Geburtstag ein Buch zu schreiben. So vergrub er sich in Archiven und Bibliotheken, befragte Zeitzeugen. Als „Das Erbe des Blaufarbenwerks" fertig war, blieb Haustein da. Als Chemiker, wohlgemerkt. Aber wer sich mit einer Frage zur Historie meldet, landet bei ihm. Haustein kümmert sich um die Ausstellung im einstigen Laboratorium. Dank seiner Vermittlung kamen Handschriften von Veit Hans Schnorr dem Jüngeren – der prägendsten Figur des Blaufarbenwerks – ins Stadtarchiv Aue. Und als die Stadt nahe dem Firmengelände einen Hang sichern ließ und Reste des ehemaligen Friedhofs der Blaufarbenwerker weichen mussten, war es Haustein, der einige Grabsteine sicherte.

Foto wikipedia

Das „Privatblaufarbenwerk Pfannenstiel" im „Album der sächsischen Industrie" aus dem Jahr 1856.

Auch mit der sozialen Ausrichtung des Werks hat sich Haustein intensiv befasst. „Das Thema zieht sich wie ein roter Faden durch die Firmengeschichte", sagt er. Die erste Krankenkasse geht wohl noch auf eine Initiative von Veit Hans Schnorr dem Jüngeren zurück, einem der Montanpioniere des Westerzgebirges. Die Silbervorkommen in Schneeberg waren Anfang des 16. Jahrhunderts fast erschöpft. Zwar förderten die Bergleute Erze, aber bei der Aufarbeitung zeigte sich häufig: Silber ließ sich daraus nicht gewinnen. Die Bergleute schrieben das einem bösen Berggeist zu, einem Kobold. So kam das Metall Kobalt der Legende nach zu seinem Namen. Die Erkenntnis, dass sich aus Kobalt eine Masse gewinnen lässt, die Glas tiefblau färbt, rettete den Bergbau in der Region.

Schon im Altertum hatten Ägypter, Babylonier und Mykener blaue Fayencen aus Kobaltverbindungen gewonnen. In Schneeberg gelang es Peter Weidenhammer um 1520, Glasschmelze blau zu färben. Um 1540 verbesserte Glasmacher Christoph Schürer die Farbe. Er gilt verschiedentlich als Erfinder des Kobaltblau. Und so gründete Veit Hans Schnorr der Ältere 1635 die Blaufarbenmühle am Pfannenstiel. Der Sohn, Veit Hans Schnorr genannt der Jüngere,

Das Gelände beherrscht das Stadtbild von Aue.

Foto: Frank Hommel

In den Öfen der Nickelhütte werden heute vor allem Recycling-Materialien aufbereitet.

schmiedete dann ein Konsortium mit den drei weiteren Blaufarbenwerken im Erzgebirge. Das Syndikat hielt für die nächsten 200 Jahre das Weltmonopol auf Kobaltfarben. Das Monopol blieb bestehen, bis synthetisches Ultramarin erfunden wurde.

Die Bedeutung des Monopols ist nicht zu unterschätzen: Es handelte sich damals um die einzigen hitzebeständigen blauen Farben, geeignet zum Färben von Glas, zur Bemalung von Porzellan. Jahrzehnte hatte es gebraucht, den Prozess der Farbgewinnung zu optimieren. Dieses Geheimnis sollte geheim bleiben. Also lag es im Interesse des Unternehmens, die Arbeiter an sich zu binden. Haustein: „Eine gewisse Abschottung nach außen war durchaus beabsichtigt und wurde durch soziale Maßnahmen, die ihrer Zeit weit voraus waren, nachdrücklich gefördert."

So bekamen Arbeiter in Pfannenstiel um 1700 schon Kranken-, Unfall- und Sterbegelder. Am 17. April 1717 entstand die Armuts- und Begräbniskasse. „In dieser Hinsicht schrieb das Blaufarbenwerk im sächsischen Aue Geschichte", sagte Bundeskanzlerin Merkel 300 Jahre später in ihrer Videobotschaft. „Lange bevor über 160 Jahre später Reichskanzler Otto von Bismarck eine Krankenversicherung per Gesetz auf den Weg brachte."

„Was man da investiert, bekommt man wieder zurück."

Die Gründungsurkunde der Kasse ist nicht mehr erhalten. Die Wismut hatte nach dem Zweiten Weltkrieg große Teile des Werks für die Uranaufbereitung beschlagnahmt. Aus Platzmangel landete das Archiv auf dem Hof. Für Mike Haustein ein Akt von „kultureller Barbarei, ein Verlust unersetzlicher historischer Dokumente." Er vermutet, dass die Gründungsurkunde so verlorenging. Glücklicherweise hatte in den 1930er-Jahren ein gewisser Rudolf Schwenger das Dokument analysiert. „In die Kasse mussten Fuhrleute gewisse Beträge von ihren Trinkgeldern entrichten", schrieb er. Jeder Arbeiter hatte vierteljährlich einen Groschen zu zahlen. Auch fällige Strafgelder wurden abgeführt. Das Blaufarbenwerk schoss vierteljährlich 12 Groschen zu. Wer länger erkrankte, bekam pro Woche 4 Groschen. Im Todesfall zahlte die Kasse Begräbnis- und Witwengeld. Die Familien Verstorbener erhielten Pensionszahlungen, berichtet Haustein.

Und das war nicht alles. Zeitweise gab es im Werk Schulen, Bäckereien, Kornmagazine, um Missernten auszugleichen. 1871 wurde eine Satzung, das „Regulativ für die Arbeiter-Casse", schriftlich festgehalten. Die braucht den Vergleich mit der heutigen Sozialgesetzgebung nicht zu scheuen. Haustein: „So wurden Arzthonorare und Medikamente vollständig übernommen, Verdienstausfall und Arbeitsunfähigkeit waren ebenfalls abgesichert."

Das soziale Engagement der Nickelhütte überstand auch die Reprivatisierung 1991. In der SG Nickelhütte trainieren Hunderte Jugendliche. Weltklasse-Skispringer Richard Freitag machte den Verein über das Erzgebirge hinaus bekannt. Die Nickelhütte etablierte ein Kino, ein Bowling-Center, ein Fitnessstudio. Im Winter lockt das Ice-House zu einer Runde auf Schlittschuhen. Auch wenn es darum geht, das mit dem Welterbetitel gewürdigte Bergbauerbe der Montanregion zu erhalten, ist die Nickelhütte aktiv. Das ehemalige Magazin, 1823 erbaut und damit das älteste Gebäude, wurde saniert. Heute beherbergt es die Kantine für die 430 Hüttenwerker. „Wir sind in der Region verwurzelt", sagt Mike Haustein. „Was man da investiert, bekommt man wieder zurück." Und zwar an jedem Tag. Egal, ob mit Festakt samt Videobotschaft aus dem Kanzleramt – oder ohne.

Weiterlesen? Um die Geschichte welchen Ortes sich Mike Haustein außerdem kümmert, erfahren Sie im Kapitel „Schindlerswerk und Gottes Beitrag" ab Seite 202.

Information:

Mehr zum Unternehmen auf www.nickelhuette-aue.de.

Umgebung: Das Museum der Stadt Aue in einem umgebauten Huthaus berichtet über die Entwicklung der Stadt. Bergfreiheit 1, Aue, geöffnet dienstags bis freitags von 10 bis 18 Uhr, samstags 10 bis 16.30 Uhr, sonntags 12 bis 16.30 Uhr. Eintritt 1,50 Euro, ermäßigt ab 0,50 Euro. www.stadtmuseum-aue.de.

KATASTROPHE MIT ANSAGE

Es ist der 4. Februar 1783. In Weimar schreibt ein berühmter Bergbauminister seiner heimlichen Liebe ein paar belanglose Zeilen. Im Erzgebirge reißt eine Flutwelle 18 Menschen mit sich. Am Ende begegnen sich die Geschichten.

Bergbau kann eine heikle Angelegenheit sein. Volkmar Müller steht am Pochwerk-Gebäude der Fundgrube Wolfgangmaßen. Ein vierstöckiger Bau mit Glockentürmchen. Früher wusste der Bergmann beim Glockenschlag: Zeit, einzufahren. Manche sahen das Tageslicht nie wieder.

Im Pochwerk zermalmten Stempel einst das Kobalterz. Damit sich der Rohstoff leichter aufbereiten ließ. Im 15. Jahrhundert hatten Silberfunde zu einer heftigen, aber kurzen Blüte Schneebergs geführt. Die Kobalt-Vorkommen erwiesen sich als langlebiger. Daraus ließ sich blaue Farbe herstellen. Der Anfang einer Entwicklung, die so weit führte, dass sich die erzgebirgischen Blaufarbenwerke zu einem Konsortium verbanden, das zum weltweit bedeutendsten Hersteller wurde.

Dazu trug Wolfgangmaßen bei. Volkmar Müller und seine Kollegen vom Bergbauverein Schneeberg versetzen das Innere des Pochwerks in den Originalzustand zurück. Eine Lebensaufgabe. Die Erzgänge heißen hier Wolfgang-Spat, Sidonie-Spat und Friedrich-August-Spat. Längst sind die Grubenbaue verbrochen, auf dem Satellitenbild lässt sich der Spur der Einbrüche entlang der Bäume, Büsche, Dornenhecken leicht folgen. Irgendwo hier ruhen seit 1749 vier Bergleute. Trotz Warnung des Bergbeamten wurde damals eine Radstube aus dem Gestein gehauen, also ein Raum für ein Wasserrad. Am 11. August gab die Firste nach. Ein Bergmann wurde unverletzt geborgen, zwei nie wiedergesehen. Ein weiterer starb sofort, einer aber lebte noch mindestens 24 Stunden weiter. Seine Kameraden drangen zu ihm vor, konnten den Mann aber nicht bergen. Der Mann war eingeklemmt, jedoch schien die Bruchstelle den Verantwortlichen so gefährlich, dass sie einen Rettungsversuch aus Angst vor weiteren Opfern untersagten.

Müller sagt dennoch, dass Bergleute damals nicht in dem Bewusstsein eines besonders gefährlichen Berufs in die Grube fuhren. Für ihn gleicht das Gefahrenbewusstsein der Bergleute damals dem heute beim Autofahren. Immer wieder geschehen furchtbare Unfälle im Straßenverkehr, doch niemand steigt ins Auto im Bewusstsein, es könnte die letzte Fahrt sein.

Für ihr Buch „Grubenunglücke im deutschsprachigen Raum – Katalog der Bergwerke, Opfer, Ursachen und Quellen" wurden Bochumer Bergbauforscher jedenfalls auch im Erzgebirge fündig. Gegen Leichtsinn, so scheint es, war nicht jeder der als gottesfürchtig bekannten Bergleute immun. So riss 1870 ein Förderseil bei den Arbeiten am Rothschönberger Stollen, als jemand in den Förderkorb sprang. Drei Tote. 1879 dann riss ein Förderseil in Langenrinne bei einer verbotswidrigen Seilfahrt. Zwei Tote. Oft wurde einbrechendes Wasser zum Verhängnis. 1573 ertranken acht Bergleute im Schacht Wilder Mann/Brand Erbisdorf. Auch der Umgang mit explosiven Stoffen war nicht immer sachgerecht. In der Herkulesfundgrube Schwarzenberg explodierte 1900 eine Dynamitpatrone, die zum Auftauen auf einem Ofen lag. Drei Tote. Vier Tote fordert eine Nitroglyzerin-Explosion 1871 in Rittersgrün. Ein Jahrzehnt später gab es erneut zwei Tote und elf Verletzte nach einer Pulverexplosion in der Mannschaftsstube. Ein Kurzschluss in einem Ventilator führte 1955 zu einem Grubenbrand bei der Wismut in Niederschlema. 33 Bergleute kamen ums Leben. Ein anderes verheerendes Unglück traf die Menschen an der Oberfläche. Es war eine Wasserwelle, die am 4. Februar 1783 hinter Wolfgangmaßen den Zschorlaubach hinunterrauschte. In Zschorlau, wo das Tal enger wurde, türmte sich das Wasser zu einer Flut. Die riss vier Häuser und 18 Menschenleben mit sich. Das Wasser hatte die Zschorlauer überrascht.

Foto: Georg Ulrich Dostmann

Der Filzteich heute: Eine Naherholungsidylle für Jung und Alt inmitten der Natur. Die zweitälteste Talsperre Sachsens geht auf den Bergbau zurück.

Am Zschorlaubach entlang führt der Schneeberger Bergbaulehrpfad. Oft gleicht das Gewässer einem Rinnsal. Schnurgerader Verlauf und hölzerne Einfassungen zeigen: Hier hat wer den Bach in einen Graben gezwängt. Wo war einst sein natürliches Bett? Niemand kann das heute noch sagen. Die Suche nach Zinn, aus den Sedimenten gespült, hat die Gegend umgepflügt. Dann steht man plötzlich vor einem sieben, acht Meter hohen Damm, der sich links und rechts in den Wald erstreckt. Dahinter breitet sich der Filzteich aus. Die zweitälteste Talsperre Sachsens. Bei Windstille spiegeln sich Bäume und Wolken und Himmel. Fingergroße Libellen tanzen durchs Schilf. An heißen Tagen tummeln sich Badende, Sonnenanbeter und Ruderer. Manchmal geben Stars Konzerte, kämpfen Drachenboot-Teams um den Sieg. Am Filzteich tobt das Leben. Der Teich und sein ausgeklügeltes Graben- und Stollensystem gelten als technisches Meisterwerk, gehören – wie auch die Anlagen von Wolfgangmaßen um die Ecke – dem Welterbe-Bestandteil „Montanlandschaft Schneeberg" an.

Die historische Postkarte zeigt den Damm, der in seiner Geschichte mehrfach gebrochen war. Auch im Hartmannsdorfer Forst, der sich nördlich anschließt, finden sich zahlreiche Bergbauspuren.

Foto: Sammlung Frank Nestler

Das Pochwerk der Fundgrube Wolfgangmaßen ist die Heimstatt des Bergbauvereins Schneeberg. Volkmar Müller und seine Mitstreiter wollen dort Blaufarben aus Kobalt gewinnen – wie in alter Zeit.

Foto: Frank Hommel

Schneebergs reiche Silberfunde prägten ab 1470 den Begriff vom Berggeschrey. An steilen Hängen und auf schmalen Plateaus drängen sich Schneebergs Häuser, überragt von der Wolfgangskirche. Vom Stadtteil Hohes Gebirge aus bietet sich ein eindrucksvoller Blick auf das von der Unesco geschützte Gebiet. Die Menschen trieben Stollen in den Berg, gruben Schächte in die Tiefe. Die Zahl der Bergbau-Anlagen ging bald in die Hunderte. Jede brauchte Wasser, um Wasserräder anzutreiben. Für all diese Anlagen reichte das Wasser im Tal aber nicht aus. Dafür erwiesen sich die Hänge als zu steil, die Wasserläufe zu kurz, die Bäche zu dürftig. Für einen Stausee fehlte der Platz. Man baute den See dennoch – aber man baute ihn hinter dem Berg. Berghauptmann Heinrich von Starschedel wählte das Moorgebiet, in dem der Zschorlaubach entspringt, der einen Bogen um Schneeberg herum schlägt, Zschorlau durchquert und bei Aue in die Zwickauer Mulde mündet. „Der Stollen, der das Wasser unterirdisch vom Filzteich hinüber nach Schneeberg brachte, muss noch irgendwo sein", sagt Volkmar Müller. Gefunden hat ihn bis heute niemand.

Mit dem Bau des Filzteichs war es nicht getan. Wer Wasser brauchte, konnte nicht einfach etwas davon abzweigen. Dafür reichte die Menge nicht. Vielmehr lagen die Abnehmer hintereinander, aufgereiht wie Perlen an einer Perlenkette. Das Wasser wurde mehrfach genutzt. Das funktionierte nur, wenn das folgende Wasserrad jeweils etwas tiefer installiert war als das vorhergegangene. Der Höhenunterschied musste genau berechnet sein: War er zu gering, gab es kaum Gefälle. War er zu hoch, hieße das, wertvolle Energie zu verschwenden. Das Wasser floss kreuz und quer durch die Stadt. Das Niveau des Teichs konnte am Damm reguliert werden. Diese Konstruktion sollte die Ursache des Problems werden, das in die Katastrophe führte.

Foto: Georg Ulrich Dostmann

Volkmar Müller vom Bergbauverein Schneeberg ist einer der Experten für Bergbaugeschichte der Region. So hat er zum Beispiel 40 historische Bergbücher abgeschrieben, um die Einträge für Forscher zugänglich zu machen.

Heute ist der Überlauf solide gemauert. Doch in jenen Wintertagen war die Verbindung zwischen Mauer und Damm undicht. Wasser sickerte hindurch. Von außen kaum sichtbar, höhlte es den Damm von innen aus. Die Beamten des Bergamts Schneeberg kannten das Problem, doch sie glaubten, sie hätten es im Griff. Sie wollten das Wasser langsam ablassen, das Problem im Frühjahr beheben. Also stellten sie einen Posten auf, der den Damm überwachte. Täglich ließ sich der Berggeschworene auf dem Filzteich berichten. Material zur Befestigung und Ausbesserung war bereits beschafft. Wie konnte der Damm trotzdem brechen?

„Der Winter war schneereich", sagt Volkmar Müller. Bis in jenen ersten Februartagen 1783 eine Warmfront heranzog. Regen ohne Unterlass schmolz die weiße Pracht zusammen. Der Druck auf den aufgeweichten Damm wuchs. Dann, am 4. Februar, schrieb im fernen Weimar ein 33-jähriger Bergbauminister, der in dieser Geschichte noch seinen Auftritt haben wird, an eine von ihm angebetete, aber anderweitig verheiratete Freifrau ein paar belanglose Zeilen. Er freue sich, sie wohl zu wissen, abends müsse man das Picknick in Gesellschaft überstehen. Am Filzteich wurde an diesem Tag das entweichende Wasser immer trüber. Dann gab der Damm auf zwanzig Metern Länge nach. Ein Bote war rechtzeitig nach Zschorlau geschickt worden. Das belegen erhaltene Berichte. Kam er zu spät? Gar nicht? Konnte er den Ernst der Lage nicht vermitteln? All das lässt sich heute nicht rekonstruieren, sagt Volkmar Müller. Klar ist: Das Wasser überraschte Zschorlau im Schlaf. Es traf die Armen. Handwerker, Tagelöhner, Witwen, Waisen, die auf dem Dorfanger siedelten, dem Gemeindeland im Tal. Auch bachabwärts, in Auerhammer, zerstörte das Wasser Gebäude. Die reicheren Zschorlauer Bauern mit ihren Hufen links und rechts den Hang hinauf blieben verschont.

Müller berichtet, dass die Zschorlauer den Schneebergern die Geschichte um die ausgebliebene Warnung lange nachtrugen. Andererseits rollten Spenden an. Als der Bergbauminister aus Weimar drei Jahre später die berühmten Schneeberger Bergbau-Anlagen und somit auch den Filzteich besuchte, war der Damm wiederhergestellt. Der Minister, bei dem es sich um niemand anderen als Goethe handelte, schwärmte von der Schönheit der Talsperre. Ein Brief an Charlotte von Stein war diesmal nicht nötig, denn sie war an seiner Seite. Der Besuch in der Stadt, so erzählt man sich dort, geriet trotzdem zum Wendepunkt in Goethes Leben. Als er in eine der Fundgruben einfuhr, soll er sich einen von ihr erhaltenen Ring für immer vom Finger gestreift haben. Von Schneeberg aus ging es zurück zur Kur nach Karlsbad. Von dort brach Goethe im September dann zu seiner berühmten Italienreise auf. Nur sein Diener war bei ihm. Die Dame wusste nichts von den Reiseplänen. Nicht nur der Bergbau, auch die Liebe kann eine heikle Angelegenheit sein.

Weiterlesen? Unter anderem um einen weiteren Ort, dem Goethe einen Besuch abstattete, ging es im Kapitel „Der Eiffelturm von Halsbrücke" (Seite 78).

Information:

Strandbad Filzteich: Mehrere Rutschen, Sprungturm, FKK-Bereich, zahlreiche Veranstaltungen und Konzerte, geöffnet ist von Anfang Mai bis Mitte September von 8 bis 18 Uhr, Juli und August bis 20 Uhr, Eintritt (Tageskarte) 3,50 Euro, Kinder 1,25 Euro, zahlreiche Ermäßigungen etwa für Kunden des Betreibers Stadtwerke Schneeberg, Am Filzteich, www.silberstrom.de.

Fundgrube Wolfgangmaßen: Historische Grube mit Pochwerksgebäude an der B 169 gegenüber der ehemaligen Jägerkaserne, zu den Bergerlebnistagen im Juni, dem Bergstreittag jedes Jahr am 22. Juli sowie dem Tag des Offenen Denkmals im September gibt es Einblicke in die Rekonstruktionsarbeiten, Besichtigung der untertägigen Aufschlagrösche und 12 Meter hohen Radstube, www.kobaltbergbau.de.

Silberschmelzhütte Georgen: ehemalige kurfürstliche Silberschmelzhütte, Schneeberg, Forststraße 40, geöffnet zu ausgewählten Anlässen, Führungen auch auf Anfrage, www.silber-schmelzhuette.de.

Natur- und Bergbaulehrpfad „Hoher Forst": 6 Kilometer lange Wanderung auf dem Natur- und Bergbaulehrpfad durch den Hartmannsdorfer Forst in eine mittelalterliche Bergbaulandschaft mit Vereinsbergwerk „Engländerstolln" und wüster Bergstadt Vurstenberg, Ausgangspunkt ist der Weg zwischen dem Kreiskrankenhaus Kirchberg und dem Wasserwerk Burkersdorf, Führung nach Anmeldung möglich, www.kirchberger-bergbrueder.de.
Fundora, 2018 eröffneter Indoor-Spielplatz für Groß und Klein mit Abenteuer-Labyrinth, Virtual Reality, Laser-Tag, Schwarzlicht-Minigolf, Am Filzteich 1, Schneeberg, an Feiertagen und während der Sommerferien täglich von 10 bis 20, sonntags bis 19 Uhr geöffnet, außerhalb der Ferien montags geschlossen, dienstags ab 9 Uhr, mittwochs bis freitags ab 14 Uhr und an den Wochenenden ab 10 Uhr, Tagesticket 19 Euro Erwachsene, 12 Euro Kinder.
www.fundora-schneeberg.de

Eine Inschrift am Damm erinnert an das fatale Ereignis.

Foto: Wikipedia/Aagnverglaser

MESSER, GABEL, ENDE, AUS

Tausende Menschen produzierten in Aue einst hochwertige Bestecke. Heute wächst Gras über dieses Stück Industriegeschichte. Und zwar buchstäblich.

Am Ende mussten auch noch die drei bronzenen Glocken dran glauben. Mehr als 100 Jahre hingen sie im Glockenturm des Wellnerwerks. Als ab 2011 – 16 Jahre, nachdem die Stanz- und Pressmaschinen, die Walz- und Schmiedeautomaten verstummt waren – die Turmuhr nicht mehr gewartet wurde, hörten sie auf zu läuten. Und eines Tages, im September 2012, da waren die Glocken einfach nicht mehr da.

Wie es gelang, die Bronze aus dem Turm zu hieven, blieb ein Mysterium. Eine enge Wendeltreppe führt hinauf. Auf der Aussichtsplattform muss man seinen Kopf tief in den Nacken legen, um durch eine schmale Luke weiter nach oben zu spähen. Dort hingen die Glocken. Die schmale Leiter, die hinaufführt, wirkt nicht gerade, als ob sie eine Last von 100 Kilogramm trüge. Doch die Diebe bekamen ihre schwergewichtige Beute aus dem Glockenturm. Mit einer Sackkarre bugsierten sie sie dann zum Treppenhaus. Im Pulver eines explodierten Feuerlöschers, das sich über die Fußböden verteilt hatte, sah man die Spuren der Räder. Niemand bekam mit, wie es dann vier Etagen abwärts ging und die Glocken weggebracht wurden. Die Polizei stellte die Ermittlungen irgendwann ein. Ortschronist Heinz Poller hält es für ausgeschlossen, dass die Täter sich am Klang ergötzen wollten. „Die Glocken hören wir nie wieder schlagen“, sagt er. „Die sind längst eingeschmolzen.“

Ein Tag im Mai. Der Himmel strahlt sein schönstes Kobaltblau über das Gelände der einstigen Firma Wellner, später ABS für Auer Besteck- und Silberwaren. Die vier Zifferblätter der Turmuhr zeigen nach jeder Himmelsrichtung eine andere Zeit an. Die Stadt ließ das Uhrwerk einlagern, damit sich nicht auch daran noch jemand vergreift. Es ist nicht allzu lange her, da blickte man von diesem Turm aus hinunter auf ein Gelände aus Schnitt- und Stanzenbau, Schriftstempelfabrikation, Tischlerei, Bauabteilung, Werkstatt, Eisengießerei und Dampfhammerwerk. Übrig blieben: ein Eckhaus, von einem Planungsbüro wiederhergerichtet. Ein Verwaltungsbau, in dem heute das Landratsamt sitzt. Und das imposante Hauptwerk mit dem Turm, als eines der assoziierten Objekte mit der „Montanregion Erzgebirge" eng verbunden. Der Rest: eine 20.000 Quadratmeter große Wiese. Gras wächst über dieses Stück erzgebirgischer Industriegeschichte.

Die reicht bis ins 18. Jahrhundert zurück. Damals wurden Eisenerze abgebaut und Zinn. Letzteres diente bald dazu, ausgewalzte Eisenbleche zu veredeln, die Oberfläche vor Korrosion zu schützen. So wurde die Gegend als Lieferant von Weißblechen und später auch von verzinnten Löffeln bekannt. Ein Löffelschmied schaffte täglich etwa 20 bis 30 Löffel. Doch dass aus dieser Tradition ein Imperium mit 6000 Mitarbeitern wurde, dass betuchte Gäste der Nobelhotels rund um den Globus – vom Kempinski Berlin über das Grand Hotel am Lido in Venedig bis zum Excelsior Palace Hotel in Rom – ihre erlesenen Speisen mit Löffeln aus Aue auf die Teller hoben, sie mit Messern aus Aue zerteilen und schließlich auf Gabeln aus Aue in die vornehmen Münder schoben, dazu bedurfte es einiger Wendungen der Geschichte. Da mussten die richtigen Männer zum richtigen Zeitpunkt einander über den Weg laufen. Auch die Liebe spielte eine gewichtige Rolle.

Foto: Jens Kugler

Hotels, Sanatorien, Kaffeehäuser, Kasinos und Luxusdampfer ließen ihre Gäste mit Besteck aus Aue speisen.

Am Anfang stand – ein Preisausschreiben. Es ging darum, China den Rang abzulaufen. Aus dem Reich des Ostens kam im 18. Jahrhundert ein Packfong genanntes metallenes Material nach Europa. Es bestach durch silberhelle Farbe, ließ sich polieren, war hart und widerstandsfähig. Es stellte sich heraus, dass es sich um eine Legierung aus Kupfer, Zinn und Nickel handelte. Und so regte der Verein zur Förderung des Gewerbefleißes in Preußen die Erfindung einer ähnlichen Legierung an, die zur Herstellung von Löffeln taugen, in der Farbe dem Silber gleichkommen, aber nur einen Bruchteil des Edelmetalls kosten sollte. Der Mann, der diese Legierung 1823 fand, kam aus dem Erzgebirge, aus Schneeberg.

Sein Name: Ernst August Geitner, Arzt, Chemiker, Botaniker, Fabrikbesitzer, Autor. Seine Bücher mit Titeln wie „Briefe über die Chemie, dem schönen Geschlechte gewidmet" sollten seine Fachgebiete der Jugend und der Damenwelt näherbringen. Der umtriebige Geist entwickelte einen brennstoffsparenden Ofen zur Herstellung von Salmiak aus Knochen. Um Engpässe in der Versorgung auszugleichen – Napoleon wollte mit der Kontinentalsperre England aushungern – gewann er Zucker und Sirup aus Weizenmehl. Seine neue Legierung enthielt 20 Prozent Nickel, 55 Prozent Kupfer und 25 Prozent Zink. Geitner taufte das Material Argentan. Es war frei von Arsen – und damit ungiftig. Für die industrielle Herstellung erwarb er ein altes Hammerwerk in Aue und be-

Die alte Wellner-Brache in Aue vor dem Abriss.

Foto: Marcel Weidlich/publicpix

Es wächst Gras über Industriegeschichte: Große Teile der Nebengebäude der Firma sind abgerissen, das Gelände renaturiert.

Foto: Frank Hommel

Foto: Frank Hommel

Nach wie vor ist das Firmengebäude ein imposantes Stück Industrie-Architektur. Zumindest von außen.

Foto: Frank Hommel

In Aue ist man heute noch stolz auf die hochwertigen Wellner-Bestecke, die einst an Luxushotels weltweit geliefert wurden.

gann 1829 mit der Produktion. Unter den Arbeitern fiel einer besonders auf: Christian Gottlieb Wellner, geboren 1795 in Bermsgrün nahe Schwarzenberg. Wellner beschäftigte sich intensiv mit der Legierung. 1840 dann, Christian Gottlieb war mit 45 Jahren nicht mehr der Jüngste aller Jungunternehmer, nahm seine eigene Argentanfabrik den Betrieb auf. Die ganze Familie war eingespannt beim Gießen und Walzen der Neusilberblöcke. Die Arbeit zahlte sich aus. Das Unternehmen wuchs.

Der alte Wellner hatte zwei Söhne. Der jüngere, Christian Gottlieb Junior, übernahm Gießerei und Walzwerk. Er sollte sich in der Besteckherstellung einen guten Namen machen. Wie auch einer seiner Schwiegersöhne, Carl Friedrich Hutschenreuther, der ebenfalls eine Besteckfirma gründete. Das größte Unternehmer-Glück war Wellners ältestem Sohn Carl August beschieden. 1824 geboren, lernte er Tischler, ging auf Wanderschaft. 1854 meldete auch er eine eigene Firma an. Es war die Geburtsstunde des Wellner-Imperiums. Aus dem anfänglich kleinen Löffelproduzenten entwickelte sich rasch ein großer Besteckhersteller mit Sortiment an Hotel- und Tafelgeräten wie Schüsseln, Terrinen, Weinkühlern, Essig- und Ölgestellen. 1884 kaufte Carl August Wellner das Firmengelände nahe der Schmelzhütte – die heutige Wiese – und ließ das vierstöckige Hauptgebäude errichten. Mit Schmuckdekors, Relief- und Steinmetzarbeiten wirkt es wie eine Mischung aus Industriewerk und Märchenschloss. Zwei Riesen tragen die Weltkugel auf ihren Schultern. Die Symbole der Firma – Elefant, Würfel und drei Zwerge – stehen für Beständigkeit, Glück und Fleiß.

1889 tauchte ein Klempnergeselle auf Wanderschaft in Aue auf. Bald freundete er sich mit Carl August Wellners Söhnen an und lernte deren Schwester kennen, Ida Marie. Sie fand Gefallen an dem Klempner, Peter Paul Gaedt geheißen. Sie heirateten, und Gaedt führte das Unternehmen ganz nach oben. Ende der 1920er-Jahre hatte Wellner fast 60 Niederlassungen und Musterausstellungen rund um den Erdball, in Amsterdam und Athen, in Kairo und Kapstadt, in Havanna und Rio de Janeiro. Hotels, Sanatorien, Kaffeehäuser, Kasinos und Luxusdampfer ließen ihre Gäste mit Besteck aus Aue speisen. Die 1920er-Jahre, für Wellner waren sie wirklich golden.

Die Weltwirtschaftskrise beendete diese Glanzzeit, doch mit der DDR lebte sie wieder auf. Zwar war die Familie enteignet, aber das Unternehmen – es hieß nun Auer Besteck- und Silberwaren – avancierte zum größten Besteckhersteller Ostdeutschlands. Man setzte auf Design, und so finden sich Auer Bestecke aus dieser Zeit heute in Kunstgewerbe-Museen. Ein Verkaufsschlager waren die Bestecke mit Griffen aus Meißner Porzellan.

Und so kam 1990. Die Firma hatte zwei Weltkriege überstanden, die Weltwirtschaftskrise, die Enteignung, den Sozialismus. Den Übergang wieder in die Marktwirtschaft überstand sie nicht. Investor Herbert Hillebrand aus Nordrhein-Westfalen, der es dank seiner Sammelleidenschaft für derartige Ensembles als „Burgenkönig“ bundesweit zu einiger Bekanntheit schaffte, sagte später: Die Firma sei nicht zu retten gewesen, die Treuhand habe ihm das verschwiegen. Hillebrand kaufte von der Treuhand auch Porzellan-, Kristall und Keramikmanufakturen, wollte „Tischkultur auf höchstem Niveau“ bieten – aus einer Hand. Einem Wirtschaftsmagazin schilderte er seinen ersten Besuch in Aue aus seiner Sicht. Er habe sich die Zahlen zeigen lassen, da sei ihm bewusst geworden, was er da gekauft habe: „Eine Geldvernichtungsmaschine, die nebenbei Besteck produziert“, so das Magazin. In Aue sieht man das anders. 8,7 Millionen D-Mark soll er für die Rettung von 150 Arbeitsplätzen von der Treuhand bekommen haben. Nachdem die Stadt ihm noch 1,5 Millionen D-Mark für ein Museum bewilligt hatte, aber nichts geschah, folgte eine Strafanzeige.

Ende vom Lied: Zwei Jahre Haft auf Bewährung wegen Veruntreuung öffentlicher Gelder. Die Besteckfertigung in Aue war Geschichte, dafür bekam die Stadt eine riesige Brache. Dank Fördergeld wurde das Dach des Fabrikgebäudes erneuert und so dem Verfall Einhalt geboten. Das Wellner-Gebäude hat eine Zukunft jedenfalls mehr als verdient. Die Marke Wellner lebt schließlich auch weiter. Als 2001 die verbliebenen Produktionsanlagen zum Verkauf standen, schlug ein Mann zu, der viele Jahre im Werk gearbeitet hatte. Sein Name: Siegfried Günzl. Er wollte die traditionsreiche Marke nicht sterben lassen. Im benachbarten Schneeberg fand er geeignete Räume für eine kleine Manufaktur. Dort entstehen bis heute hochwertige Wellner-Bestecke in edler Optik – für renommierte Köche und Luxushotels in aller Welt.

„Tischkultur auf höchstem Niveau“

Weiterlesen? Mehr über die ebenfalls als assoziiertes Objekt mit der Welterbe-Region verbundenen Hinterlassenschaften des Steinkohle-Bergbaus in Oelsnitz erfahren Sie im Kapitel „Die Eisenbahn in voller Blüte“ ab Seite 248.

Information:

Im Berufsschulzentrum „Erdmann Kircheis“ an der Rudolf-Breitscheid-Straße 27 gibt es während der Öffnungszeiten eine kleine Ausstellung zu Wellner. www.bsz-technik-aue.de.

Herrenhaus Auerhammer: Von einem Verein wiederbelebtes Herrenhaus des Auerhammers, den Ernst August Geitner zur Argentan-Produktion gekauft hatte. Kontakt: www.herrenhaus-auerhammer.de.

SCHULD UND NEUANFANG IM BERGMANNSDOM

Hoch erhebt sich die Kirche über Schneeberg. Ihre Geschichte ist ein Sinnbild deutscher Historie.

Sinnbildlich steht der Lucas-Cranach-Altar in der Wolfgangskirche für Höhen und Tiefen deutscher Geschichte. Als das Gotteshaus nach einem Bombenangriff in Flammen stand, retteten mutige Schneeberger den Kunstschatz.

Am 18. Juni 1996 windet sich ein Spezialtransporter durch die engen Gassen der Schneeberger Altstadt. Er stoppt vor der St. Wolfgangskirche. Schaulustige bevölkern den Platz. „Nie werde ich diesen Tag vergessen", sagt Frank Meinel mehr als zwanzig Jahre später. „Es war ein schöner Tag, die Sonne schien." In Plastik verpackte Gemälde werden in die Kirche gebracht. Meinel: „Ein bewegender Moment. Da sind einige Tränen geflossen."

Die Gemälde, die damals nach fünf Jahrzehnten ihren alten Platz wiederbekamen, ergeben eines der bedeutendsten Kunstwerke Sachsens: Den Schneeberger Cranach-Altar, 1532 beauftragt, mit Beratung Martin Luthers von Lucas Cranach dem Älteren, aber auch dem Jüngeren, sowie von Werkstattmitarbeitern geschaffen, 1539 das erste Mal in Schneeberg aufgestellt. Ein Flügelaltar, der aufgeklappt werden kann. Das übermächtige Bild von der Kreuzigung Christi in der Mitte bestimmt die Festtagsseite. Kunsthistoriker Thomas Pöpper spricht vom umfangreichsten Altarwerk, das die Cranach-Werkstatt fertigte. Zu Beginn der Reformation habe der Altar „dem neuen Glauben Form und Gestalt" gegeben – und sei „ein Symbol der bergmännischen Identität und erzgebirgischen Heimat".

Die Kirchgemeinde hatte sich für die Rückkehr ihres Schatzes eine Alarmanlage zugelegt. „Die funktionierte natürlich nicht", sagt Meinel. Er lacht. Über Wochen wurde die Kirche Tag und Nacht bewacht. „Wir haben dann für die Polizisten Steaks gegrillt." Eine Gemeinde in Hochstimmung. Ein Gerüst wurde aufgestellt, um die Altartafeln in den neu geschaffenen Rahmen zu montieren. Der alte war in den Wirren der Geschichte verloren gegangen. Am 14. Juli dann die Wiedereinweihung. Ein Datum des symbolischen Neuanfangs, das noch heute gefeiert wird. „Wir haben kein Datum der Kirchweihe“, sagt Pfarrer Meinel. „Deshalb begehen wir Kirchweih immer an dem Sonntag, der dem 14. Juli am nächsten liegt.“

15 Jahre zuvor, Anfang der 1980er-Jahre, hatte sich Frank Meinel mit dem Cranachschen Werk erstmals intensiver auseinandergesetzt. Er ist ein Erzgebirger, studierte in Berlin Theologie. Er wusste noch nicht, dass ihn der Beruf als Pfarrer einmal zurück in seine Heimat führen, dass er in Schneeberg landen würde – in der St. Wolfgangskirche. Das Gotteshaus aus dem 16. Jahrhundert wird auch Bergmannsdom genannt, wegen der imposanten Erscheinung, der exponierten Lage inmitten des Bergbaugebiets der Schneeberger Altstadt. Frank Meinel interessierte sich für Kunst. Die DDR bereitete sich aufs Lutherjahr 1983 vor. Im Zeughaus Unter den Linden in Berlin sollte eine große Ausstellung Kunst der Reformationszeit zeigen. Man erinnerte sich des Altars, dessen Einzelbilder zu der Zeit in Dresden lagerten. Die restaurierte Kreuzigungsszene, der zentrale Teil des Cranach-Altars, konnte in der Ausstellung gezeigt werden.

1993 wurde Meinel dann Pfarrer in Schneeberg. Wieder war ein Fest vorzubereiten: Das Jubiläum „500 Jahre Bergstreittag“ 1996. Und zu dem Jubiläum – beim Streik gegen eine geplante Lohnkürzung hatten die Bergleute 1496 den Sieg davongetragen – sollte der Cranach-Altar endlich wieder nach Schneeberg. Für Pfarrer Meinel hat der Altar eine ganz besondere Bedeutung, wie er einmal in einem Vortrag schilderte: „Es war nicht zuletzt die geistliche Aussage des Cranachbildwerks, die Schulderkenntnis und Neuanfang, eben Befreiung, als zentrales Thema predigt. Die Rettung des Altars 1945 war für die Menschen hier ein Zeichen, eine Hoffnung.“

Auch am 19. April 1945 strahlte der Himmel über Schneeberg blau. Es war der Tag, an dem die Flammen des Krieges die Stadt erfassten. Dass dieser Flächenbrand auch in Schneeberg gelegt worden war, verschwieg Meinel nicht. „Auch hier in der alten Bergstadt waren zu viele einem Verführer gefolgt, auch in der Kirchgemeinde St. Wolfgang.“ Pfarrer, Kirchenälteste, Gemeindemitglieder seien der braunen Ideologie aufgesessen. „Wir haben haarsträubende Dokumente aus dieser Zeit, Lobeshymnen auf den Führer, furchtbare Bilder mit Hakenkreuzfahnen in St. Wolfgang und vieles mehr.“ Wohin das führte, erlebte Schneeberg an jenem 19. April. Der Krieg war entschieden, gekämpft wurde immer noch. Geschützlärm drang über die Höhen, Artillerie-Geschosse schlugen im Stadtgebiet ein. Dann kreiste ein Aufklärer, ein zweites Flugzeug folgte, die Crews nahmen die Stadt unter Feuer. Das historische Fürstenhaus fiel in Schutt und Asche, der Markt stand bald in Flammen. Bei einem zweiten

Angriff feuerten die Piloten mit Leuchtspurmunition und Phosphorbomben auf Dach und Turm der 400 Jahre alten Kirche. Wind begünstigte die Ausbreitung der Flammen. Aus umliegenden Ortschaften eilten Feuerwehrleute herbei. Doch die Kräfte reichten nicht. Selbst die von Kohleadern durchsetzten Pfeiler brannten.

Fotothek Kirchgemeinde St. Wolfgang

Zunächst glaubte niemand an den Wiederaufbau.

Der Bau war nicht zu retten. Aber die Cranach-Bilder. Zupass kam dabei ein Kunstfrevel zweihundert Jahre zuvor. Bei einer barocken Umgestaltung waren die Altar-Tafeln aus dem Flügelrahmen entnommen worden. Um sie im Kirchenschiff nebeneinander aufhängen zu können, waren die bemalten Vorder- und Rückseiten voneinander abgetrennt worden. Man scheute sich noch nicht einmal, die Säge einzusetzen. Jene Tafeln, die in den Seitenschiffen hingen, waren bereits im April 1945 abgenommen und notdürftig verpackt worden. Die Kisten ließen sich schnell aus dem brennenden Kirchenschiff hinausschaffen. Doch die zentrale Kreuzigungsszene sowie das Abendmahl waren in einem prunkvollen Altargerüst verbaut, gerahmt von dorischen Säulen. Während der Dachstuhl brannte, schnappten sich Helfer Werkzeug, kletterten auf den Altar, brachen die Bilder aus der Konstruktion und brachten sie in Sicherheit. „Da haben einige Leute ihr Leben riskiert", sagt Meinel. Allein die hintere Predella, eine Auferstehungsszene, ging verloren. Sie lagerte in der Empore, neben 1000 Bänden des Kirchenarchivs und 2000 Bänden der kircheneigenen Bücherei. Bald regnete es verkohlte Papierschnipsel.

Am 4. Juni 1945 gegen 18.30 Uhr stürzten die verbliebenen Pfeiler samt Gewölbe und den Brüstungsmauern der Empore in sich zusammen. Einmal befragte eine Gymnasiastin Zeitzeugen über diesen Moment. „Über der Stadt breitete sich eine Staubwolke aus, die sich nur langsam wieder auflöste", heißt es in ihrem Bericht. „Daraufhin kamen viele Einwohner zur St. Wolfgangskirche, um sich die völlige Zerstörung anzusehen. Niemand der damals Anwesenden glaubte in diesem Moment an den Wiederaufbau."

„Die rauchenden Ruinen, bis hin zu St. Wolfgang, waren das Symbol der Blutschuld des Dritten Reiches, auch wenn diese Angriffe sinnlos waren, da der Krieg längst entschieden war", sagt Meinel „Aber auf Deutschland war zurückgefallen, was von Deutschland ausging." Es gab bereits Pläne, die Ruinen zu schleifen. Doch die Schneeberger kämpften für Dom und Altar. Meinel nennt die Kirche Identität und Heimat: „Unabhängig von der Religion." Zunächst galt es, den Altar aus der Schusslinie zu bringen, damit er nicht als Beutekunst konfisziert werden würde. So wurde die Mitteltafel nachts per Pferdefuhrwerk über Umwege in eine Fabrik im nahen Wolfsgrün gebracht und hinter einem großen Büroschrank versteckt. Die Flügelbilder kamen in einer Druckerei in Rittersgrün in ein altes Huthaus, das als Schuppen diente.

Erst als sich die Aufregung gelegt hatte, holten die Schneeberger ihren Schatz zurück. Sie hängten ihn in die Hospitalkirche. Die aber war beheizt – „und es gibt nichts Schlimmeres für Gemälde als schwankende Temperaturen", so Meinel. Wölbungen und Risse waren die Folge. Das Institut für Denkmalpflege nahm sich der Bilder an.

Schließlich wurde entschieden, die Gemälde zu restaurieren. Zunächst musste das Holz, auf dem die Bilder gemalt sind, neu parkettiert werden. Das Lindenholz wurde also Schicht für Schicht wieder verstärkt. Dann folgte die Farbe. 25 Jahre sollten die Arbeiten schließlich dauern. Die Außenhaut der Kirche stand da längst wieder. 1951/52 war die Turmhaube aufgesetzt worden, 1956 das Dachtragwerk. Der Innenraum wurde originalgetreu rekonstruiert, auf barocke Ausstaffierung verzichtet. Alles in allem dauerte die Beseitigung der Kriegsschäden 70 Jahre. Frank Meinel steht in dem lichtdurchfluteten Gotteshaus. Alle Blicke gelten dem Altar. „St. Wolfgang ist das Sinnbild für ein lebendiges gottesdienstliches und kulturelles Leben", so Meinel, „und zugleich unseres Willens zum Lernen und zur Versöhnung in dieser Stadt und dieser Gegend geworden."

Weiterlesen? Ein weiteres Cranach-Kunstwerk findet sich auf Schloss Augustusburg. Darüber mehr im Kapitel „Das Traumpaar der Renaissance" auf Seite 254.

Information:

St. Wolfgangskirche: spätgotische Hallenkirche, zwischen 1516 und 1540 errichtet, eine der frühesten Großkirchen der lutherischen Reformation, geöffnet täglich von 14 bis 16 Uhr, zahlreiche Veranstaltungen, Führungen nach Anmeldung möglich, Kirchgasse 7, Schneeberg, 03772 39120, www.st-wolfgang-schneeberg.de/.

Museum für bergmännische Volkskunst: Spezialmuseum für Schnitzkunst des Westerzgebirges im „Bortenreuther-Haus", geöffnet ist dienstags bis sonntags sowie an Feiertagen 10 bis 17 Uhr, Heiligabend und Silvester bis 15 Uhr, Karfreitag geschlossen, Eintritt 3 Euro, ermäßigt 2,50 Euro, Schüler 1,50 Euro, Obere Zobelgasse 1, www.museum-schneeberg.de.

Fotothek Kirchgemeinde St. Wolfgang

Erst undenkbar, bald Realität: Der Wiederaufbau der Kirche. Pfarrer Frank Meinel: „Die Wolfgangskirche – und das ist bis heute so – ist ein Sinnbild der Stadt. Sie ist Identität und Heimat. Unabhängig von der Religion."

SCHINDLERSWERK UND GOTTES BEITRAG

Ein versteckt gelegenes, beinahe komplett erhaltenes Blaufarbenwerk bringt selbst Fachleute zum Staunen. Die Zeit blieb erst stehen, dann begann sie zu nagen.

Am Schindlerswerk bei Albernau ist Aufregung selten. Einmal kamen Autos im Minutentakt, aber freilich nur, weil die nahe Bundesstraße zwischen Aue und Klingenthal gesperrt und die Umleitung nur lückenhaft ausgeschildert war. Wer falsch abbog, landete vorm verschlossenen Tor des Werks. Die Autofahrer fluchten, wendeten, gaben Gas. Auf den Gedanken, hinter das Tor zu blicken, kam niemand. Warum auch? Das einstige Blaufarbenwerk liegt eingezwängt im Tal der Zwickauer Mulde. Dichter Bewuchs bewahrt das Gelände vor neugierigen Blicken. Am nahen Bahnhof Bockau ist der letzte Zug schon lange abgefahren.

Nichts los am Schindlerswerk? Ganz stimmt das nicht. Legte man zwei Fotos nebeneinander, eines vom Sommer 2016 und eines vom Jahr darauf, würden kleine Veränderungen auffallen. Die Tür zur Schalterhalle des Bahnhofs - plötzlich nicht mehr verriegelt und verrammelt. Das Gestrüpp um das Gebäude - zurechtgestutzt. Das Loch im Dach - abgedichtet. Manchmal parken sogar Autos hier. 2017 hat sich im Schindlerswerk ein Verein gegründet. Der will Bahnhof und Blaufarbenwerk vor dem Verfall retten. Herrenhaus, Labor, Magazin, Schachtelgebäude, Nassmühle, Maschinenhaus, Schlämmerei, Trockenmühle, Hütte 1 und Hütte 2, Casino, Zimmerei, Kutscherwohnhaus, Wagenremise, Direktorenvilla: Wo sonst gibt es noch einen solchen Komplex als Ort zum Arbeiten und Leben? Schick glänzen weiß-blau getünchte Häuser in der Sonne. Wer das Reich der blauen Farben erkundet, sieht, dass der nun unter dem Schutz der Unesco stehende Bestandteil des Welterbes „Montanregion Erzgebirge" mit etwa 20 mehr oder weniger gut erhaltenen Wohn- und Fabrik-Gebäuden die Anstrengung lohnt.

Welche Gedanken mögen dem Schneeberger Unternehmer Erasmus Schindler 1649 durch den Kopf gegangen sein, als er das abgelegene Grundstück kaufte? Farbpigmente waren Luxusgut. Ultramarinblau wurde aus dem seltenen Mineral Lapislazuli gewonnen und musste herbeigeschifft werden. Im Tagebuch seiner niederländischen Reise 1521 notierte Albrecht Dürer folglich: Eine Unze Farbpigment kostet zwölf Dukaten. Für 30 Gramm Gold gibt es also 29,8 Gramm Blau. Es war die Zeit, in der im Erzgebirge helle Köpfe mit Kobalt experimentierten. Vermischt mit Quarzsand und Pottasche, verlieh das Kobalt Glas einen blauen Schimmer. Es zierte Kacheln aus Delft, es färbte Glas aus Venedig. Doch die Erzgebirger wollten den Rohstoff selbst verwerten. In Pfannenstiel bei Aue entstand ab 1635 das erste Blaufarbenwerk. (Aus dem ging später die Nickelhütte hervor, deren Geschichte eng mit dem Schindlerswerk verknüpft ist.) In den Wirren des 30-jährigen Krieges erfuhr auch Erasmus Schindler, wie ein solches Werk arbeitete. Das Erz wurde zerkleinert und geröstet, um Arsen und Schwefel zu entfernen. Pochwerke zerkleinerten das entstandene Kobaltoxid weiter. Um den gewünschten Farbton zu bekommen, berechneten Farbmeister die exakten Anteile der Rohstoffe. Nach diesen Vorgaben mischten Gemenge-Macher Quarz, Kobaltoxid, Pottasche und Arsenik. In Temperöfen vorgewärmte Schmelztiegel, auch Häfen genannt, wurden mit dem Gemenge bestückt. Für mehrere Stunden buk die Masse bei 1200 Grad. Das Ergebnis: Smalte, ein blaues Glas, das gemahlen, zerrieben und gesiebt wird, bis die gewünschten Korngrößen der Pigmente erreicht sind.

Erasmus Schindler galt als tüchtiger Mann. In Rekordzeit verwirklichte er sein Vorhaben. Ab 7. September 1650 wurde produziert. Das Fleckchen Land lag zwar abgeschieden. Aber die Wasserkraft genügte den Ansprüchen, Holz konnte leicht herangeflößt werden, die Kobalterzgruben waren nah. Beizeiten kooperierten die hiesigen Blaufarbenwerke. Ende des 17. Jahrhunderts schlossen sie sich zu einem Konsortium zusammen. Eine Industriestruktur von Weltgeltung war entstanden.

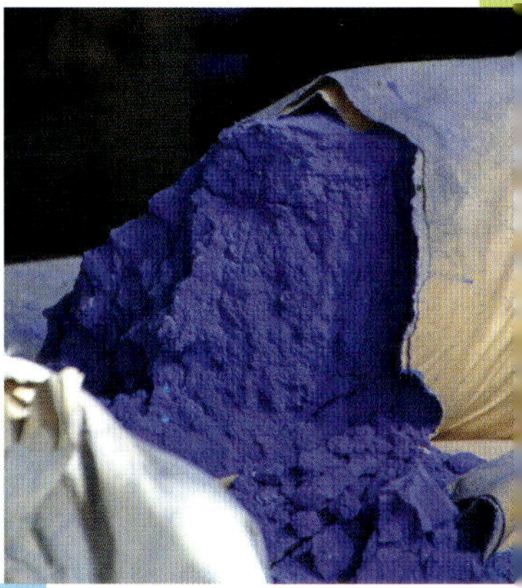

Foto: Frank Hommel

Im versteckt gelegenen Schindlerswerk im Tal der Zwickauer Mulde bei Albernau dreht sich alles um eine Farbe: Blau.

Dass es im Schindlerswerk noch heute um blaue Farben geht, ist Zufällen zu verdanken. Fast möchte man, angesichts der vielen Wendungen der Geschichte, von Gottes Beistand reden. Auch die Abgeschiedenheit spielte eine Rolle. Mitte des 19. Jahrhunderts etwa geriet das Blaufarben-Konsortium unter Druck: Die Konkurrenz wuchs, der Preis verfiel. Ultramarin konnte auch synthetisch hergestellt werden. Die Konsolidierung war unausweichlich. Aus dem Konsortium wurde der Blaufarbenwerks-Verein. Der zog die Produktion in Pfannenstiel bei Aue zusammen. Das Schindlerswerk sollte veräußert werden. Doch wer würde den abgeschiedenen Komplex übernehmen? Unter der vertraglichen Voraussetzung, keine Farben mehr zu produzieren? Die prognostizierten Erlöse für einen Verkauf waren dann doch zu gering. Eine andere Idee musste her. 1856 stieg das Schindlerswerk also in die synthetische Produktion von Ultramarin-Farben ein. Ab 1860 trug die Sparte zum Gewinn des Blaufarbenwesens bei. Zu DDR-

Blick in die einstige Abfüllanlage der Ultramarin-Pigmente.

Foto: Frank Hommel

Das Ensemble ist als Ort zum Arbeiten, Leben und Wohnen fast komplett erhalten geblieben.

Foto: Marko Borrmann

Zeiten war das Werk der einzige Ultramarin-Produzent des Landes. Kisten im Magazin zeugen noch heute von Abnehmern in Daressalam oder Mombasa.

1990 stand das Schindlerswerk erneut auf der Kippe. Die Treuhand gab keinen Pfifferling darauf. Ein Mann wollte das nicht hinnehmen: Gerd Bochmann ist studierter Chemiker. 1974 kam er ins Werk. Er kannte dessen Geschichte und die Geschichten der Menschen, die hier arbeiteten. Zu DDR-Zeiten gab es einen eigenen Poststempel, eine eigene Kegelbahn. Vor der Konsum-Verkaufsstelle stand eine Bank, Mittelpunkt von Klatsch und Tratsch. Einmal endete ein Ehestreit tragisch, erzählt Bochmann. Ein Mann, ordentlich angetrunken, saß auf einem Kohlehaufen, schimpfte lautstark auf die Ehefrau. Kollegen wollten ihn herunterholen. Einer davon: der Parteisekretär. Da wandte sich der Zorn des Mannes der Partei der Arbeiterklasse und ihrem Staat zu. Beide hatten für öffentliche Beschimpfungen wenig übrig. Der Mann verschwand hinter Gittern, erzählt Bochmann. Ein Ort, der solche Geschichten erlebt hat, sollte mit der DDR untergehen? Nein, dachte Chemiker Bochmann. Er kratzte sein Geld und seinen Mut zusammen, gründete eine GmbH, kaufte das Schindlerswerk.

Fast drei Jahrzehnte später ist die Schindlerswerk GmbH und Co. KG immer noch da. Eine Handvoll Mitarbeiter produzieren Farben, Pigmente, Reinigungsmittel. Im Werkslabor steht moderne Mess- und Analysetechnik. Geforscht wird an Funktionsfarben, die antibakteriell wirken oder vor dem Befall von Schimmelpilzen schützen. Gerd Bochmann ist dem Verein beigetreten. Auch Firmengeld steckt in der Erhaltung der historischen Bausubstanz. Aber für ihn allein ist das eine Nummer zu groß. Exemplarisch zeigt sich das bei den Hüttengebäuden, in denen Kaolin, Soda, Natriumsulfat und Schwefel zu Ultramarin verbacken wurden. Waren die Öfen in Betrieb, schmolz im Winter der Schnee auf den Dächern. Seit die Öfen aber kalt bleiben, bleibt der Schnee liegen. Im Winter 2005 türmte er sich so hoch, dass das Dach der Hütte 1 nachgab. Heute wachsen Bäume zwischen den Mauern. „Ein Wunder, dass die Öfen überhaupt noch stehen", sagt Denkmalschützer Mike Haustein. „Das zeigt, wie massiv die gebaut wurden." Eigentlich ist Haustein Chemiker in der Nickelhütte. Doch er hat sich der Pflege des Bergbauerbes verschrieben. Er hat den Vorsitz des Vereins übernommen. Er hat die Dachpappe fürs Bahnhofsdach gekauft und draufgenagelt. Und er hofft, dass wenigstens einer der Hüttenöfen gerettet werden kann. Bei der Hütte 2 trotzt das Dach bislang den Wintern. Wie lange noch? Fast alle Wohnhäuser stehen schon lange leer. Das Kasino, lange Mittelpunkt des Werkes, bekam mithilfe von Fördermitteln ein Notdach. Für das Kutscherwohnhaus schwebt dem Verein ein kleines Museum vor. Im oberen Stockwerk des mehr als 200 Jahre alten Hauses war eine Arztstation eingerichtet.

Im Glasschrank liegen noch Medikamente der letzten Sprechstunde. Das Schindlerswerk spiegelt nach wie vor Leben und Arbeit der Blaufarbenwerker im Einklang wider. So landete das Kleinod – vielleicht sollte man „Groß-od" sagen – im Welterbe-Antrag. Nun ist es Teil des Welterbes. Gott hat damit seinen Beitrag zum Erhalt geleistet. Jetzt sind die Menschen gefragt.

Weiterlesen? Um das Kobalterbe kümmert sich auch der Bergbau-Verein Schneeberg, um dessen Aktivitäten geht es im Kapitel „Katastrophe mit Ansage" (Seite 186).

Information:

Kontakt zum Förderverein über www.förderverein-schindlers-blaufarbenwerk.de.

Umgebung: 9 Kilometer südwestlich liegt Eibenstock mit der Bergbaulandschaft. Informationen und Kontakt über Tourist-Service-Center Eibenstock, Dr.-Leidholdt-Straße 2, Eibenstock, 037752 2244, montags bis freitags 9 bis 12 und 13 bis 17 Uhr, samstags 9 bis 12 Uhr.

Das Ultramarin wurde noch zu DDR-Zeiten weit über die Landesgrenzen hinaus exportiert.

Foto: Frank Hommel

DEN BERG IM BLUT

Seit 2004 werden im Erzgebirge wieder junge Leute zu Bergmännern ausgebildet. Das ist nicht zuletzt dem Einsatz eines Unternehmens zu verdanken, das selbst gar keinen Bergbau betreibt. Aufzuräumen gibt es unter Tage ja auch genug.

Die Schneeberger sind es gewohnt, dass ihre Stadt durchlöchert ist. Dass dann und wann Grubenbaue nachgeben, Stollen einstürzen, in alten Schächten Felsen und Mauern verschwinden wie im Schlund eines gefräßigen Ungeheuers. Jahrhundertelang holten die Menschen Erze aus dem Berg, Silber, Wismut, dann Kobalt, schließlich Uran. Tut sich also mal wieder die Erde auf, beauftragt das Oberbergamt Freiberg Spezialisten, die Löcher zu sichern und zu verwahren. Etwa die Bergsicherung Freital, die Bergsicherung Sachsen, die Firma BST Freiberg. Dank dieser Firmen, die von Altenberg bis Zschorlau unterwegs sind und von Annaberg bis Zwönitz, ist der Beruf des Bergmanns in der Unesco-Welterberegion „Montanregion Erzgebirge" noch immer ein Beruf, der ein Auskommen verspricht.

Foto: Lars Rosenkranz

Dank der Bergsicherungsunternehmen ist Bergmann im Erzgebirge nach wie vor ein Beruf mit Zukunft.

Der Fall der Oberen Badergasse in Schneeberg, wo sich im Juni 2017 die Erde auftat, landete bei der Bergsicherung Schneeberg, der ältesten und größten Firma der Branche. Und so kam es, dass dieser Tagebruch für zwei junge Männer ein besonderer Fall wurde. Tom Becker und Alessandro Glienke hatten eben bei der Bergsicherung ihre Ausbildung zum Berg- und Maschinenmann begonnen. Für sie ein Traumberuf. Es ist abwechslungsreich, sagt Alessandro Glienke. Jeder Tag ist anders, sagt Tom Becker. Teamgeist ist das Wichtigste, sagen beide. Die Badergasse war ihre erste Baustelle.

Erste Aufgabe: Masse fördern und abtransportieren. Sprich: Steine und Geröll in Eimer schaufeln und nach oben bringen. 18 Meter tief ist der Schacht. Fördermaschinen lohnen sich da nicht. „Als Bergmann spart man sich das Geld fürs Fitnessstudio", sagt Steiger Gerd Lorenz. Seine Leute lernen auch die Tradition und die Sprache. Also führt ein Schacht niemals schräg in die Erde oder schief, sondern „tonnlägig". Also heißt der Fußboden im Stollen Sohle, die Decke First, die Leiter heißt Fahrt. Und der Bergmann fährt ein. Egal, ob zu Fuß oder im Kriechgang.

Alessandro Glienke und Tom Becker wäre es im Traum nicht eingefallen, zu einer Fahrt Leiter zu sagen. Bergbau steckt ihnen im Blut. Tom Beckers Großvater arbeitete selbst bei der Bergsicherung, der von Alessandro Glienke bei der Wismut. Der Sowjetisch-Deutschen Aktiengesellschaft, die nach dem Metall Wismut hieß, aber Uran abbaute, verdankt die Bergsicherung ihre Existenz. Der wilde Raubbau der ersten Jahre nach dem Krieg hinterließ beizeiten Spuren. Niemand konnte garantieren, dass aufgetürmte Halden nicht am nächsten Tag abrutschen würden. Straßen blieben gesperrt, Hohlräume drohten einzustürzen. Die Wismut selbst kümmerte sich nicht darum. Das war Sache der Städte und Gemeinden. Am 1. Juli 1957 nahm eine aus drei Mitarbeitern bestehende Abteilung bei der Stadtverwaltung Schneeberg ihre Arbeit auf. Die Aufgabe erwies sich bald als eine Nummer zu groß. Die Bergsicherung kam zum Rat des Bezirks, wurde dann volkseigener Betrieb. Sie fand auf dem Gelände der 1654 erstmals erwähnten Fundgrube Weißer Hirsch an der Kobaltstraße, heute ebenfalls Welterbe-Bestandteil, ein geeignetes Domizil.

„Der Beruf ist so komplex: Bewetterung, Geologie, Hydrologie, Maschinenkunde, die Arbeit mit Holz-, Beton- und Stahlausbau. Das lässt sich nicht einfach aus dem Lehrbuch lernen."

Die Aufgaben wuchsen so rasant wie die Anzahl der Beschäftigten. 1968 waren im Bezirk Karl-Marx-Stadt rund 2500 Bergschäden registriert: ungenügend gesicherte Stollen, offene Mundlöcher, Tagesbrüche. 1989 gab es in Schneeberg rund 400 Mitarbeiter, dazu kamen Außenstellen in Freiberg und Glauchau. Die Bergsicherung hatte sogar im Auftrag der Stasi bei Aue nach geheimen Nazi-Bunkern für Raubkunst gefahndet. Aber das Bernsteinzimmer blieb verschollen. 1990 gelang es dafür, die Bergsicherung aus dem Verzeichnis Volkseigener Betriebe zu streichen. So wollte man weiter um öffentliche Aufträge mitbieten dürfen. Als quasi staatlicher Betrieb wäre das nach der Wiedervereinigung sonst nicht erlaubt gewesen. Nebeneffekt: Das Unternehmen geriet nicht in die Fänge der Treuhand. Ein Glücksfall, sagt Bernd Schönherr, heute Geschäftsführer. So überlebte die Bergsicherung die Zeit der Privatisierung. Investoren gaben sich an der Kobaltstraße die Klinke in die Hand. Muttergesellschaften verschmolzen, fusionierten, gingen pleite. Zuletzt, bei der Insolvenz der Heitkamp-Gruppe 2011, hing auch die Zukunft der Bergsicherung am seidenen Faden. Wären die Schneeberger mit für finanzielle Altlasten des überschuldeten Konzerns herangezogen worden, hätte das das Aus bedeuten können. Doch das wurde abgewendet. So kaufte Bauunternehmer Martin Feldhaus aus dem Sauerland die Bergsicherung. Seitdem herrscht dort Kontinuität.

Heute schwärmen von der Fundgrube Weißer Hirsch rund 100 Mitarbeiter aus. Nach wie vor ist die Sicherung alter Bergbau-Hinterlassenschaften das Herz des Unternehmens. Nur selten reichen dafür zwei Azubis mit Spitzhacke, Eimer und Schaufel. So wurde ein Einbruch 2013 in Frohnau zur Großbaustelle. Am Ende waren Strecken unter Tage auf 135 Metern Länge gesichert,

Foto: Jens Kugler

Eine etwas andere Dimension: Die Kehrradstube in der Fundgrube „Weißer Hirsch“ in Schneeberg.

Erkundungsbohrungen mit einer Länge von einem Kilometer niedergebracht, Hohlräume mit 2667 Kubikmetern Beton verfüllt, vier Millionen Euro verbaut.

Gelegentlich prüft die Bergsicherung für Interessenten, ob kommerzieller Bergbau Gewinn abwerfen würde. So sehr ihn die Renaissance des Erzbergbaus freuen würde, so skeptisch ist Schönherr. „Bergbau ist teuer", sagt er. Und das Erzgebirge könne mit global bedeutsamen Lagerstätten nicht konkurrieren. Sein Hauptaugenmerk gilt dem Aufräumen. Und die Bergsicherung gönnt sich die Freiheit, die Tradition zu bewahren. 1996 wurde ein eigenes Besucherbergwerk eingerichtet. Schönherr: „Wir wollten den Schneebergern zeigen, wie es unter ihrer Stadt aussieht. Und wie schwer es ist, die Rohstoffe zu gewinnen, auf denen unser Wohlstand beruht." Außerdem lernt der Nachwuchs dort die bergmännischen Techniken. Und so bohrten Alessandro Glienke und Tom Becker 200 Meter unter Schneeberg Löcher, fuhren Strecken auf, lernten, wie Schächte und Stollen mit Holzausbau vor dem Verbruch geschützt werden.

Foto: Bergsicherung Schneeberg

Teamarbeit wird unter Tage großgeschrieben. Einer muss sich auf den anderen verlassen können.

Auch auf Initiative der Bergsicherung war 2004 die seit dem Ende der DDR brachliegende Ausbildung zum Bergmann wiederbelebt worden. „Unser Altersdurchschnitt stieg", sagt Schönherr. „Viele Leute standen vor der Rente. Jemand musste den jungen Leuten die Erfahrung der älteren Mitarbeiter weitergeben." Damals war auch Berufsschullehrer Jens Lommatzsch dabei. Die Wiederbelebung der Bergmanns-Ausbildung im Erzgebirge nennt er eine kulturhistorische und ökonomische Notwendigkeit. „Der Beruf ist so komplex: Bewetterung, Geologie, Hydrologie, Maschinenkunde, die Arbeit mit Holz-, Beton- und Stahlausbau. Das lässt sich nicht einfach aus dem Lehrbuch lernen." Sprich: Es braucht alte Hasen, die ihr Wissen weitergeben. Lommatzsch selbst hatte von Bergbau zunächst wenig Ahnung. „Die alten Bergbauausbilder gab es ja nicht mehr. Ich bin Maschinenbau-Ingenieur. Aber der Beruf hieß Berg- und Maschinenmann." Lommatzsch lacht. „So bin ich dazu gekommen." Waren seine Schüler nicht an der Schule, lernte er selbst. Lang waren die Sitzungen mit Betrieben und IHK, um alle Interessen unter einen Hut zu bringen. Die Berufsschulklasse ist Bundesfachklasse. Das heißt: Damit der Beruf weiterbesteht, findet der Unterricht immer statt; auch, wenn die Klasse manchmal nur aus zwei Lehrlingen besteht. Das Wissen ist alt, das Lehrmaterial stammt größtenteils aus DDR-Zeiten, neue Lehrbücher gibt es bis heute nicht. Doch in der Berufsschule zu sitzen, das ist für junge Bergleute sowieso allenfalls die zweitschönste Sache der Welt. Schöner ist es unter Tage, wo einer auf den anderen zählt. „Bergbau ist Kollektivarbeit", betont Schönherr. „Die Leute müssen sich aufeinander verlassen können. Sie wissen nie, was sie unter Tage erwartet."

Zum Beispiel kann es passieren, dass Steiger Gerd Lorenz überrascht mit der Nachricht, dass an einer anderen Baustelle noch am selben Nachmittag gesprengt werde. Oder geschossen, wie der Bergmann sagt. Und dass die zwei Neuen sich bei der Gelegenheit gleich mal anschauen können, wie so etwas geht: Bohrlöcher setzen, Ladung anbringen, verdrahten, zünden. Die Augen der beiden leuchten, als sie diese Nachricht hören. Sie haben den Bergbau im Blut, und sie sind froh, dass sie in die Fußstapfen ihrer Großväter treten können. Nur Traditionspflege, Bergmannshabits, Paraden und Zapfenstreiche, das überlassen sie dann doch lieber den alten Hasen.

Weiterlesen? Auch Frauen haben manchmal den Berg im Blut, steht im Kapitel „Die Liebe der Frauen zum Bergmannsberuf" ab Seite 48.

Information

Die Fundgrube Weißer Hirsch, Kobaltstraße 42, Schneeberg, ist für öffentliche Führungen jedes Jahr am Tag des Bergmannes (1. Sonnabend im Juli), Bergstreittag (22. Juli), Wochenende des Schneeberger Lichtelfestes (2. Advent, von Freitag bis Sonntag) in der Regel von 9 Uhr bis 15.30 Uhr geöffnet. Aus betrieblichen Gründen können sich gelegentlich Termine verschieben oder entfallen. Voranmeldung über die Bergsicherung Schneeberg (Telefon 03772 290) ist daher ratsam. Weitere Infos: www.bergbauverein-weisser-hirsch.de.

DAS WUNDER VON SCHLEMA

Wie rettet man einen Ort, der einer Mondlandschaft gleicht, radioaktiv belastet ist und als Tal des Todes bundesweit traurige Bekanntheit erreicht hat? Ganz klar: Man macht daraus ein Kurbad!

Das Wunder von Bern brauchte 90 Minuten. Das Wunder von Schlema dauerte 14 Jahre. Einmal riss der Bürgermeister ein Stück Grasnarbe aus dem Kurpark und hielt die Wurzeln gegen die Sonne. Das, erklärte er einer Reporterin, sei dieses Wunder. Es war der Wandel vom geschundenen Ort zu einem Ort, der geschundenen Menschen Hilfe und Linderung ihrer Leiden verspricht.

Foto: Museum Uranbergbau Bad Schlema

Bereits 1950 hatte sich der Ort grundlegend geändert. Die Folgen des Uranbergbaus der Wismut waren nicht zu übersehen.

Ein Foto vom 25. Oktober 1998 symbolisiert diesen Wandel. Kurt Biedenkopf, damals sächsischer Ministerpräsident, steht vor einem Mikrofon. Die Hauptrolle spielt aber der Mann neben ihm, beide Arme erhoben, die Fäuste geballt. Stolz spricht aus seinem Blick. Es war Konrad Barth, eben jener Bürgermeister, und er wusste: Hier werden nicht nur Kurhaus und Kurpark eingeweiht. Hier wird das Wunder vollbracht. Sein Wunder. Dass Schlema 2004 auch noch mit dem Prädikat „Bad" geadelt wurde, war das Tüpfelchen auf dem I.

Konrad Barth hat sein Amt längst aufgegeben. Sein Gedächtnis befördert Erinnerungen so glänzend ans Tageslicht wie die Bergleute einst das Uranerz. Barths Familie stammt aus Schlesien. Nach dem Krieg konnte sie dort nicht bleiben. „Wir wurden erst mal nur herumgeschubst", erzählt er. Dann kamen sie nach Oberschlema. Sein Vater fand Arbeit, Konrad Barth einen Platz zum Leben. „Wir sind sehr schnell angekommen", sagt Barth. Das Dorf platzte aus allen Nähten. Die Wismut versorgte die Sowjetunion im atomaren Wettstreit mit Uran. Sie wurde fündig in Oberschlema, Johanngeorgenstadt, Schneeberg, Alberoda, Hartenstein, Königstein, dem thüringischen Ronneburg. Sie betrieb eigene Krankenhäuser, eigene Läden. Zeitweise arbeiteten mehr als 137.000 Menschen in diesem Staat im Staate. Barth lernte Schlosser, 1959 heuerte er bei der Wismut an. „Ich habe das Klima gemacht", sagt er. In den tiefsten Stollen, mehr als tausend Meter unter der Erde, herrschten Temperaturen von bis zu 65 Grad. Dank der Zufuhr riesiger Luftmengen und dank Großkühlanlagen konnten sie auf 25 bis 26 Grad gesenkt werden. „Ich habe auch Schnellvortriebe mitgemacht", sagt Barth. „Ich war Bergmann mit Leib und Seele." Er war auch: Gemeinderat. Und SED-Mitglied. Er wollte der neuen Heimat etwas zurückgeben. 1979 wurde er Bürgermeister: „Man hat mich so lange bequatscht, bis ich ja gesagt habe." Ober- und Niederschlema waren zu einer Gemeinde verschmolzen. Und die Wismut hatte ganze Arbeit geleistet.

Im Museum Uranerzbergbau bewahrt Chef Hermann Meinel Fotos mit idyllischen Ansichten des alten Oberschlema auf. Schmucke Häuschen, eine Kirche, ein Kurhaus, ein Kurpark samt Musikmuschel. Nach dem Ersten Weltkrieg hatte man das Edelgas Radon als Heilmittel entdeckt. In Oberschlema gab es reichlich davon. Der Ort stieg zu einem der größten Heilbäder Deutschlands auf. Doch 1946 hatten die Sowjets viele Gebäude de facto konfisziert, den Kurbetrieb untersagt. Der rücksichtslose Bergbau zerstörte den Ort. Allein im Grubenfeld des Objekts 02 der Wismut wurden 5 Millionen Kubikmeter Gestein und Erz aus dem Berg geklopft, 7800 Tonnen Uran abgebaut. Die Bergmänner teuften die Schächte zu Dutzenden ab. Die Erde sank an manchen Stellen infolge des Bergbaus um bis zu sechs Meter ein. Es traf die Kirche, es traf das historische Blaufarbenwerk, es traf die Bahnstrecke nach Schneeberg-Neustädtel. „258 Häuser wurden schließlich abgetragen", berichtet Barth. Zur Sicherheit war ein großer Teil des Ortes mit Drahtzaun eingegrenztes Sperrgebiet. Der Hammerberg wuchs zu einer riesigen Halde.

„Alles hat zu seiner Zeit seine Berechtigung"

„Alles hat zu seiner Zeit seine Berechtigung", sagt Barth. Er möchte die Wismut-Zeit nicht verteufeln. Schon als Bürgermeister war ihm bewusst, dass der Uran-Bergbau endlich ist. Er suchte nach einer Zukunft für den Ort, der ihm eine Gegenwart geschenkt hatte. Er fand diese Zukunft in der Vergangenheit. Und er fand Mitstreiter. Ein Freundeskreis tat sich zusammen. Ein erstes bescheidenes Büchlein erinnerte an die Geschichte des Heilbads. Titel: „Schlemas Wässer wirkten Wunder." Da war er zum ersten Mal in der Welt, der Gedanke an ein Wunder. Und dann kam der politische Umbruch. Das Wunder konnte Gestalt annehmen.

Ende August 1990 gründeten Barth und seine Mitstreiter einen Verein. Ziel: Wiedereröffnung des Radonbades Schlema. Barth trieb ein Modell des alten Kurhotels auf, das für eine Weltausstellung in Chicago in den 1930er-Jahren gefertigt worden war. Und stellte damit bei der 1. Sitzung des neu gewählten Kreisrats am 6. September die Idee vor. Die Räte waren perplex. Schlema als Kurbad? Jenes Schlema, dem westdeutsche Journalisten den Kosenamen „Tal des Todes" verpassten? In dem 350 Hektar Fläche aus Halden bestanden, radioaktiv belastet oder Teiche voll mit Wismut-Abwässern waren? „Es gab riesiges Gelächter und auch viele Beschimpfungen zu dem Vorhaben", schrieb Konrad Barth später in einem persönlichen Rückblick. „Und zwar über Jahre hinweg."

Der heutige Ortsteil Niederschlema war von den Eingriffen in die Landschaft besonders stark betroffen.

Foto: Museum Uranbergbau Bad Schlema

Der Kurpark hat heute jede Menge idyllische Fleckchen.

Foto: Frank Hommel

Die Bezeichnung „Tal des Todes" wurmt ihn noch heute. „Viele Medien sind über uns hergefallen wie die Aasgeier." Sie hätten sogar krebskranke Kinder herbeigekarrt, um zu zeigen, wie schlimm das sei. Dabei weiß Barth, dass die Wismut ihre Bergleute tatsächlich den Belastungen des radioaktiven Gases in den Stollen ausgesetzt hat. Er kennt die Zahlen zur Schneeberger Krankheit, einer speziellen Form des Lungenkrebses. Und er weiß, dass es auch der Alarm-Stimmung der Medien zu verdanken ist, dass am Ende die Fördermittel sprudelten. Barth: „Ich habe schnell begriffen, dass in der Tragik eine Chance liegt." Die Wismut, von der Bundesrepublik Deutschland übernommen, bekam den Auftrag, ihre eigenen Hinterlassenschaften wegzuräumen. Auch das ein Glücksfall für den Bürgermeister. „Wir haben immer gut zusammengearbeitet."

Barth kämpfte an vielen Fronten. Ein Radonheilbad brauchte zuallererst: Radon. Das Edelgas ist ein Zerfallsprodukt von Radium, das wiederum ein Zerfallsprodukt von Uran ist. In Oberschlema war 1909 radonhaltiges Wasser gefunden worden. Doch der Uran-Bergbau hatte alle Radon-Quellen versiegen lassen. Das Granitmassiv des Gleesbergs rückte in den Blick. Experten fanden einen Ansatzpunkt für eine Bohrung. Bei zehn Metern Tiefe stellte das beauftragte Team die Arbeiten ein. Der Bürgermeister machte Druck, bald drehten sich die Bohrer wieder. In 30 Metern Tiefe stieß man auf radonhaltiges Wasser.

Foto: Dirk Hanus

Schacht 371 der Wismut bei Hartenstein war der Hauptschacht des Uranbergbaus der Region und mit 1800 Metern Teufe das tiefste Bergwerk Deutschlands.

Auch galt es, die Wirksamkeit der Radontherapie zu untermauern. Das übernahm der Verein Radiz. An seine Spitze trat der Physiker Karl Aurand, ein Schüler des Biophysikers Boris Rajewsky. Der hatte in den 1930er-Jahren das Radiumforschungsinstitut in Oberschlema gegründet, um die Wirkung des radioaktiven Edelgases auf den Menschen zu untersuchen. Die Erste Biophysikalische Arbeitstagung im Institut 1941 gilt den Schlemaern heute als Startschuss für den internationalen Wissensaustausch. An diese Tradition knüpften sie an – und organisierten ab 1991 weitere Fachtagungen. Außerdem wurde eine Doppelblindstudie erarbeitet. Ergebnis: Radonkuren können bei Patienten mit Rheuma langfristig Schmerzen und so den Bedarf an Schmerzmitteln senken. Zwar ist noch heute umstritten, inwieweit sich dieser Befund verallgemeinern lässt. Doch die Bad Schlemaer – wie die anderen im Verein Euradon zusammengeschlossenen Radon-Bäder – lassen sich von Zweifeln nicht aus der Ruhe bringen. Sie verweisen auf Untersuchungen, die ihnen Recht geben. Seine Kollegen litten an allen möglichen Krankheiten, so Barth einmal zu einem Reporter – außer an Rheuma. Ein Strahlenmediziner war 1993 zu dem Schluss gekommen, dass bei einer Badekur kein Strahlenrisiko bestehe. Und so wurden in der Bäderabteilung des Ärztehauses ab November 1993 wieder Badeserien mit Radonwasser verabreicht.

Barth trat derweil der großen Politik auf die Füße. Er sprach in Bonner Ministerien vor und im Bundestag. Er gewann Ingrid Biedenkopf, Ehefrau des damaligen Ministerpräsidenten, als Unterstützerin. Er begrüßte Minister, Staatssekretäre. 1992 kam Kurt Biedenkopf selbst. Der König der Sachsen versprach Unterstützung. Um Druck zu machen, verweigerte Barth zeitweilig sogar seine Unterschrift auf wichtigen Dokumenten. So lange, bis er seinen Kopf durchgesetzt hatte.

Als Belastung für den Ort erwies sich der Abtransport der Halde des ehemaligen Schachts 250. Tag und Nacht fuhren Kipper. Anwohner verloren die Nerven. „Man wollte mich vom Fahrrad zerren und an einen Baum binden", erzählt Barth. Doch er genoss auch Rückhalt, wurde 1994 im Amt bestätigt. Mit 77,9 Prozent. Weiter ging es Schlag auf Schlag. Anfang 1995 kam der Förderbescheid für das neue Kurmittelhaus samt Gesundheitsbad, im Oktober 1995 dann der erste Spatenstich. „Jetzt gibt es kein Zurück mehr", rief Barth. Knapp ein Jahr später die Grundsteinlegung des Bads. Zuvor, beim 8. Deutschen Bergmannstag, hatte er wieder die Biedenkopfs herumgeführt, und den damaligen Bundespräsidenten Roman Herzog. Barth wusste: Man darf nicht nur die Häuser hinstellen, man muss sie auch mit Leben füllen. Er gründete den Tourismusverband Silberstraße mit. Im Jahr 2000 kamen mehr als 50.000 Gäste zur 15. Feuerwehr-Sternfahrt.

1991 war die Sanierung der Bergbaulandschaften bereits angelaufen.

Heute ist der Hammerberg wieder grün, gehört zur Welterberegion „Montanregion Erzgebirge". Im Kurpark darf zwar nichts gebaut werden, das ließe der alte Bergbauuntergrund nicht zu. Aber wer wollte das auch? Der Hügel im Park mit dem weithin sichtbaren Sonnensegel ist zu einer Landmarke geworden. Auf dem braunen Schild an der Autobahn wird mit diesem Segel für Bad Schlema geworben. Die Idee hatte – Barth. „Ich war in München im Olympia-Park und habe die dortige geschwungene Dachkonstruktion gesehen. Ich habe sie angefasst und gesagt: So etwas will ich auch haben." Die Segel sind für ihn Segel eines Sklavenschiffs. „Über Tage, unter Tage, wir sind alle Sklaven", sagt er. Sklaven der Arbeit, unserer Zeit, Bedürfnisse, Erwartungen. Das Bild, das ihn und Biedenkopf bei der Eröffnung des Kurhauses zeigt, hängt hinter ihm im Wintergarten. Wie ein Sklave wirkt Konrad Barth darauf nicht. Eher wie ein strahlender Sieger.

Weiterlesen? Kurort und Uran-Elend? In Jáchymov zeigen sich diese Gegensätze noch extremer. Mehr dazu erfahren Sie im Kapitel „Zwischen Himmel und Hölle" (Seite 226).

Information:

Kurpark Bad Schlema: 18 Hektar großer Kur- und Erholungspark mit Sonnensegel, Ruhe- und Duftgarten, Damwildgehege, Heilpflanzengarten, Sonnenuhr und Schautafeln zu historisch bedeutsamen Gebäuden und Anlagen. Eintritt frei, www.kurort-schlema.de/natur/parks/kurpark/.

Gesundheitsbad Actinon: 650 Quadratmeter große Wasserfläche mit Innen- und Außenbereich mit radon- und solehaltigen Therapiebecken bei Wassertemperaturen bis zu 36 Grad Celsius, Saunabereich, Wellness- und Gesundheitsangebote, geöffnet ist täglich von 9 bis 22 Uhr, freitags und samstags bis 23 Uhr, Eintritt ab 10 Euro, Richard-Friedrich-Boulevard 7, Bad Schlema, www.bad-schlema.de.

Museum Uranbergbau Bad Schlema: Ausstellung über die Geschichte des Uranbergbaus in Sachsen und Thüringen, dazu Fotos, Gemälde, Leihgaben einstiger Bergleute, geöffnet ist täglich außer freitags von 9 bis 17 Uhr, am Wochenende ab 10 Uhr, an ausgewählten Tagen nur bis 16 Uhr. Eintritt 5 Euro, verschiedene Ermäßigungen für Schwerbehinderte, Kurgäste, Azubis, Studenten, Schüler, Kinder, Bergstraße 22, Bad Schlema, www.uranerzbergbau.de.

Foto: Frank Hommel

Die Glocken hingen einst in der alten Kirche Oberschlema, die 1953 dem Bergbau weichen musste. Bis 2012 versahen sie dann in der neuen Kirche ihren Dienst, bevor sie ihren Platz im Kurpark bekamen.

7. TEIL:

HÖHEN UND TIEFEN – DAS BÖHMISCHE ERZGEBIRGE

Das Erzgebirge endet bekanntlich nicht an der sächsisch-böhmischen Landesgrenze. Im Gegenteil, der Kamm des Höhenzugs liegt meist auf tschechischer Seite, und so ragt mit dem Keilberg dort auch die höchste Erhebung in den Himmel. Es verwundert nicht, dass der Bergbau auch auf der böhmischen Seite deutliche Spuren hinterließ. Auch dort haben einst Bergleute das Gebirge erkundet. Der Austausch mit Sachsen war vielfältig. Und so setzen die böhmischen Bestandteile der Montanregion Erzgebirge dem Welterbe sozusagen die Krone auf. Mit Graupen, dem heutigen Krupka, oder Joachimsthal, dem heutigen Jáchymov, sind in historischer Zeit Städte mit Strahlkraft weit über das Erzgebirge hinaus entstanden. Sie komplettieren die Welterbe-Region. Joachimsthal war zeitweise – obgleich man sich das heute schwer vorstellen kann – mit die einwohnerreichste Stadt Böhmens. Lang ist das her, und der Name der Stadt ist heute nicht mehr nur mit glorreichen Zeiten, mit Georgius Agricola und dem Dollar verbunden, sondern auch mit einem der Tiefpunkte erzgebirgischen Erzbergbaus: Als nämlich nach dem Krieg vermeintliche und tatsächliche politische Gegner unter furchtbaren Bedingungen Uran abbauen mussten, während sie ihrem Verfall nahezu zusehen konnten. Beides, silberner Glanz und späteres Elend, haben ihre Spuren in Jachymov hinterlassen. Während Graupen und Joachimsthal eher in Tallagen gegründet wurden, finden sich andere einstmals mehr oder weniger bedeutende Bergstädte wie St. Sebastiansberg, heute Hora Svatého Šebestiána, Kupferberg, jetzt Měděnec, oder Gottesgab, heute Boží Dar, direkt auf dem Kamm des Gebirges. In ersterer haben wir Menschen aufgespürt, die das Bergbau-Erbe hochhalten, in letzterer einen Tausendsassa, der sich anscheinend um alles im böhmischen Erzgebirge kümmert.

Stätten der Welterbe-Region im Böhmischen Erzgebirge: Montanlandschaft Jachymov mit historischer Altstadt und Grube Svornost; Montanlandschaft Abertamy–Boží Dar–Horní Blatná unter anderem mit Plattner Kunstgraben, Montanlandschaft Vrch Mědník (Kupferhübel) unter anderem mit den Stolln Maria Hilf und Gelobtes Land, Montanlandschaft Krupka unter anderem mit historischer Altstadt und Bergbaulandschaft Steinknochen; Turm des Todes in Jachymov.

Foto: Jan Albrecht

Das böhmische St. Joachimsthal, heute auf tschechisch Jáchymov, war zeitweise eine der bedeutendsten Bergstädte des Erzgebirges. Stolln Nummer 1 in Jachymov ist heute als Besucherbergwerk zugänglich.

DIE ABGEWETZTE PERLE

Wenn das Erzgebirge eine Auster ist, dann ist Sankt Joachimsthal die Perle in ihrem Inneren. Doch die Geschichte hat Spuren hinterlassen. Eine Krimiserie könnte dem Schmuckstück wieder mehr Glanz verleihen.

Der Kommissar hat schlechte Laune. Hätte er mal nicht den Freund seiner Ex-Frau verprügelt. Jetzt ist er strafversetzt. An den äußersten Rand der Republik, wo es ein halbes Jahr lang schneit und ein halbes Jahr schlechtes Wetter ist. Viele Häuser entlang der Hauptstraße sind verfallen. Hier wird er es nicht lange aushalten.

Foto: Georg-Agricola-Gesellschaft für Technikgeschichte und Industriekultur

Der Bergbaugelehrte Georgius Agricola wirkte von 1527 bis 1530 als Arzt und Apotheker in St. Joachimsthal.

Der Arzt ist guter Dinge. Als neuer Stadtarzt und Apotheker kann er den Menschen helfen und dabei sein Wissen vertiefen. In dieser blühenden Stadt, es ist die größte weit und breit, lässt es sich gut leben und arbeiten. Überall werden neue Häuser gebaut. Der Austausch mit gebildeten Menschen wird ihn weiterbringen. Vor allem aber interessieren ihn die vielen Mineralien, die man hier findet.

Der miesgelaunte Kommissar und der ehrgeizige Arzt befinden sich in derselben Stadt. Doch zwischen ihnen liegen fast 500 Jahre. Eine Zeitspanne, in der aus einem kleinen Gebirgsdorf zuerst eine der größten Städte Mitteleuropas wurde, dann ein beschaulicher Kurort, dann ein Inferno im Dienste des Uranerz-Bergbaus, schließlich ein halb verfallenes Städtchen in einer fast vergessenen Region Tschechiens: Jáchymov. Sankt Joachimsthal. Der Name steht für den großen Glanz und den tiefen Fall einer Region, deren Wohl und Wehe von den Rohstoffen unter der Erde abhängt. Die inzwischen verstorbene Libuše Pokorná, langjährige Direktorin des Museums in Most/Brüx, sagte einmal: „Jáchymov ist die Perle des Erzgebirges. Aber es ist eine abgewetzte Perle."

Stellenweise hat man sie neu poliert. Hebt der Kommissar den Blick, sieht er die restaurierte Fassade und den Ziergiebel des Hauses, in dem sich die

Polizeiwache befindet. In Wirklichkeit hat die Kriminalpolizei keine eigene Dienststelle in Jáchymov. Man hatte die Touristeninformation umgestaltet, damit der Fernsehsender Česká Televize dort seine Krimiserie „Rapl" drehen konnte. Die Abenteuer von Kommissar Kuneš in der Provinz sorgten ab 2016 für beeindruckende Einschaltquoten. Das Haus mit dem Ziergiebel aber gibt es wirklich: Es ist das Rathaus, erbaut im 16. Jahrhundert. Es stand schon zur Zeit des Stadtarztes. Der hieß Georg Pawer (Bauer). Unter seinem latinisierten Namen wurde er zum wohl bedeutendsten Gelehrten in der Geschichte des Erzgebirges, manche nennen ihn Vater der Mineralogie, Geologie und Bergbaukunde: Georgius Agricola. Als er im Herbst 1527 in Böhmen ankam, begann die wohl fruchtbarste Periode seines Wirkens.

Foto: Lars Rosenkranz

Die Ausstellung in der ehemaligen Königlichen Münze informiert über die Geschichte des Münzwesens und des Bergbaus sowie über das Kurwesen in St. Joachimsthal.

Conradsgrün hieß einst das Dorf, eingezwängt in das steile Tal des Baches Weseritz. Es gehörte zur Grundherrschaft des Adelsgeschlechts der Schlicks. Bergleute aus Geyer und Schlackenwerth, dem heutigen Ostrov nad Ohří, sollen dem Grafen Stephan von Schlick vom Erzreichtum der Gegend berichtet haben. Sie hatten bereits in einem Stollen gearbeitet, aber aus finanziellen Gründen wieder aufgegeben. Der Graf rief eine Kapitalgesellschaft ins Leben, die diesen Stollen wieder eröffnen ließ.

So begann 1516 ein erhebliches Berggeschrei. In den 1530er-Jahren sollen auf mehr als 800 Zechen und in 13 Schmelzhütten weit mehr als 10.000 Menschen gearbeitet haben. Viele kamen aus den sächsischen Bergbaurevieren ins Königreich Böhmen. Im Joachimsthaler Bergbau wurden insgesamt schätzungsweise 700 Tonnen Silber gewonnen. Die Lagerstätte erstreckt sich über etwa 35 Quadratkilometer, man baute auf mehr als 130 bedeutenden Erzgängen ab. Der Bergbau dehnte sich aus bis in die benachbarten Orte Gottesgab/Boží Dar, Abertham/Abertamy und Hengstererben/Hřebečná.

Graf Stephan Schlick ließ einen Stadtgrundriss erstellen, der Markt und das Alte Rathaus entstanden. Später baute man ein repräsentatives Wohnhaus zum bis heute erhaltenen Neuen Rathaus um. Zwischen 1518 und 1520 entstand eine Burg, von ihr sind zwei Türme übrig. Innerhalb weniger Jahre wurde aus Conradsgrün die Stadt Sankt Joachimsthal. Der heilige Joachim soll der Vater Marias gewesen sein, und damit passte die junge Metropole gut in die erzgebirgische Städtefamilie mit Annaberg nach Marias Mutter und mit Jöhstadt, dessen Name auf Marias Mann Josef zurückgeht. Im Jahr 1520 ernannte König Ludwig II. Sankt Joachimsthal zur königlichen freien Bergstadt. In den dreißiger Jahren des 16. Jahrhunderts zählte sie bereits 1200 Häuser mit mehr als 18.000 Einwohnern und war damit eine der bevölkerungsreichsten Städte des Königreichs Böhmen. Zum Vergleich: In Chemnitz lebten zu dieser Zeit nur etwa 4500 Menschen.

Den Reichtum aus der Erde verwandelten die Menschen von Joachimsthal in bare Münze: Schon im Jahr 1519 hatten die Schlicks begonnen, auf ihrer Burg die ersten Geldstücke aus Silber zu prägen. Ab 1528 sicherte sich Ferdinand I. von Habsburg, jetzt böhmischer König, das Münzrecht. In den Jahren 1533 bis 1536 baute man das Gebäude neben dem Rathaus zur Königlichen Münze um; es ist bis heute erhalten. Bald nannte man die geprägten Silberstücke schlicht „Joachims-Thaler". Daraus wurde irgendwann „Thaler", „Taler" oder „Tholer". Möglicherweise leitet sich sogar der amerikanische Dollar davon ab.

In den ersten Jahren kam es immer wieder zu Streit zwischen Bergleuten und Gewerken, also sozusagen den Bergbauunternehmen. Erst die Bergordnung, die sich an der Annaberger Bergordnung orientierte und sich später im gesamten böhmischen Königreich verbreitete, brachte etwas Ruhe. Dennoch brach sich die Wut der Bergknappen, die vom Reichtum oft nicht viel abbekamen, immer wieder in Aufständen Bahn. Auch die Reformation und die Gegenbewegungen sorgten in der Stadt für Unruhe. Da kann man sich vorstellen, dass der Stadtarzt viel zu tun hatte. Nicht nur typische Bergmannskrankheiten wie Schwindsucht oder Kurzatmigkeit hatte er zu behandeln. Agricola beriet auch den Rat zum Thema Hygiene und Seuchenschutz. Und er führte die Aufsicht über die Apotheken, Hebammen, öffentlichen Badestuben, Spitäler, Armenhäuser und Bordelle.

Agricola ordnete die Mineralien in Kategorien ein. Er wollte auch ihre Heilkräfte ans Licht bringen.

Trotzdem fand er Zeit, seine Mineraliensammlung aufzubauen. Wahrscheinlich fuhr er selbst immer wieder in Gruben ein oder stieg auf die Halden. Seine Fundstücke betrachtete er mit dem Auge eines Wissenschaftlers – im Gegensatz zu vielen Zeitgenossen, die noch glaubten, das Quecksilber habe der Merkur geschaffen. Agricola ordnete die Mineralien in Kategorien ein. Er wollte auch ihre Heilkräfte ans Licht bringen. Außerdem lieferte er detaillierte, lebensnahe Beschreibungen des Joachimsthaler Bergbaus, der Geologie, der Fundorte, des Hüttenwesens, der bergbaulichen Künste. So entstand mit „Bermannus oder ein Gespräch über den Bergbau" ein erstes mineralogisch-lagerstättenkundliches Buch. Sein späteres umfassendes Werk „De re metallica libri XII" wurde zum Standardwerk über Bergbau und Erkundungsmethoden. Nach drei Jahren zog Agricola nach Chemnitz – vielleicht, um mehr Zeit für seine Studien zu haben. Finanziell war er unabhängig, auch dank mehrerer Beteiligungen etwa an der Grube „Gottes Gabe" in Abertham.

Doch der Silber-Reichtum war nicht endlos. In der zweiten Hälfte des 16. Jahrhunderts ging es mit dem Bergbau langsam bergab. Anfang des

Foto: Infocentrum Jáchymov

Die Stadt Jáchymov schmiegt sich in das enge Tal der Weseritz am Erzgebirgskamm.

Foto: Lars Rosenkranz

Modelle alter Wasserkunst im Bergbau im Geschichts- und Heimatmuseum Jáchymov/ Joachimsthal.

17. Jahrhunderts lebten nur noch gut 2000 Menschen in Joachimsthal, die kaiserliche Münze verlegte man nach Prag. Neue Hoffnung brachten erst neue Rohstoffe, die man ab dem 18. Jahrhundert gewinnen konnte: Arsenik, Blei, Wismut, Kobalt. 1898 entdeckte man in der lange ungenutzten Pechblende das Radium. Begann, radonhaltiges Wasser zu nutzen, aus Joachimsthal wurde ein Kurort. Doch mit der Erholung war es bald zu Ende. Der Erste Weltkrieg brach über Europa herein.

Danach gehörte Joachimsthal zur tschechoslowakischen Republik. Doch bald folgte eine Heimsuchung auf die nächste: das Münchner Abkommen, der Anschluss der deutschsprachigen Gebiete an Hitlerdeutschland. Dann der Zweite Weltkrieg, danach die Vertreibung der meisten Einwohner. Schließlich das autoritäre tschechoslowakische Regime, das im Auftrag der Sowjetunion riesige Mengen von Uranerz für die Atombombe förderte. Der Uranbergbau brachte ähnliche Umwälzungen wie mehr als 400 Jahre zuvor der Silberbergbau. Nur, dass das, was man aus der Erde hob, nicht glänzte, sondern strahlte. Die Natur wurde zerstört, Gefangene schufteten sich in Arbeitslagern zu Tode, zurück blieb eine kaputte Stadt (siehe Kapitel „Zwischen Himmel und Hölle“).

Heute sind manche Gebäude restauriert, doch viele andere verfallen. Meist leben die Eigentümer woanders. Hinzu kommt, dass das böhmische Erzgebirge in Tschechien traditionell einen schlechten Ruf hat. Schon die Bezeichnung „Krušné hory“ klingt vielen nach „krušný“ - bitter, mühselig oder sauer, auch wenn sie sich eigentlich wohl vom alttschechischen Wort für Erz ableitet. Die chemische Industrie in Nordböhmen hat zu lange dafür gesorgt, dass die Wälder abstarben. Doch das hat sich geändert, seit die schwefelhaltigen Abgase besser gefiltert werden. Vielleicht hilft beim ersehnten Imagewandel sogar die Krimiserie „Rapl“ ein wenig. Die Online-Zeitung „idnes“ für die Region Karlovy Vary/Karlsbad berichtete bereits, dass Menschen sich in der Gegend einfinden, um die Schauplätze zu besuchen. Gedreht wurde zum Beispiel auch im Stollen Nr. 1, im Kulturhaus und dem Kurhotel Radium Palace. Und nun ist man Bestandteil einer riesigen Welterbe-Region. In Jáchymov hofft man, dass mehr Besucher die Schönheit der erzgebirgischen Perle entdecken.

Weiterlesen? Der Silberboom Joachimsthals erstreckte sich seinerzeit auch auf die Umgebung. Siehe Kapitel „Ein Hügel voller Löcher“ab Seite 234.

Information:

Königliche Münze: Gebäude hinter dem Rathaus an der Hauptstraße, mit Erker aus dem Jahr 1536. Ausstellung zu Geschichte, Geologie, Mineralogie, Münzwesen, Kurwesen, Geöffnet ist von Mai bis September dienstags bis sonntags, von Oktober bis April mittwochs bis sonntags, jeweils von 9 bis 12 und von 13 bis 17 Uhr. Spitalkirche Allerheiligen: Das älteste Baudenkmal der Stadt wurde 1516 bis 1533 errichtet und ist fast im Originalzustand erhalten. Der dreiteilige Altar stammt aus der Werkstatt Lucas Cranach des Älteren. Es werden regelmäßige Besichtigungen angeboten, deutsche Begleittexte sind vorhanden. Bělohorská 714, Termine im Infozentrum in der Königlichen Münze erfragen.

Blick auf Jáchymov, das in einem engen, nach Süden abfallenden Tal liegt. Im Vordergrund das Fördergerüst des Einigkeiter Schachts, im Hintergrund der Burgturm.

Foto: Eva-Maria Hommel

ZWISCHEN HIMMEL UND HÖLLE

Wie kann man sich erholen, wo politische Gefangene schuften mussten bis zum Tod? Wie Wellness genießen, wo der Grundstoff für sowjetische Atombomben aus der Erde kam? An diesen Fragen kommt in Jáchymov niemand vorbei.

Foto: Eva-Maria Hommel

Der Schriftsteller Josef Haslinger hat die Geschichte der Ausbeutung politischer Gefangener im Uranbergbau in seinem Roman „Jáchymov" verarbeitet.

Anselm Findeisen hat immer viel Sport getrieben, jetzt ist er unheilbar krank. Seine Wirbelsäule versteift sich zunehmend, einfache Bewegungen fallen ihm schwer. Diagnose: Morbus Bechterew. In einem alten Kurbad im böhmischen Erzgebirge sucht er Linderung. Bohumil Modrý hat sein Leben lang Sport getrieben, doch jetzt ist er unheilbar krank. Seine Muskeln werden immer schwächer. Diagnose: Strahlenkrankheit. Die Gefangenschaft in einem Arbeitslager im böhmischen Erzgebirge hat sein Leben zerstört.

Anselm Findeisen und Bohumil Modrý haben einiges gemeinsam. Was sie verbindet, ist die Stadt Jáchymov, als Sankt Joachimsthal einst eine der wichtigsten Silberstädte des Erzgebirges, später ein bedeutendes Kurbad, hübsch gelegen am böhmischen Gebirgskamm. Heute lastet auf ihr das Erbe des Uranabbaus der 1940er- und 1950er-Jahre. Auch das ist ein Teil der Welterbe-Region „Montanregion Erzgebirge".

Trotz der Gemeinsamkeiten gibt es einen wesentlichen Unterschied zwischen den beiden Männern: Anselm Findeisen ist eine fiktive Figur. Ein Verleger, den der Schriftsteller Josef Haslinger erfand, um sich der Geschichte der Stadt anzunähern, die zwei Gesichter hat. Heilung und Tod, Gesundheit und Unmenschlichkeit, Reichtum und Elend, Himmel und Hölle. Darum geht es im Roman „Jáchymov". Bohumil Modrý gab es wirklich. Seine Geschichte ist es, die der Verleger im Buch erfährt. Modrý war Torwart der tschechoslowakischen Eishockeymannschaft, ein Held. Doch dann sperrte das totalitäre Regime ihn und einen großen Teil der Mannschaft in den Arbeitslagern von Jáchymov ein.

Alles begann mit der Pechblende. Es ist lange her, dass Bergleute im Erzgebirge das schwarze, glänzende Mineral entdeckten. Sie hatten zunächst keine

Verwendung dafür. Erst 1789 isolierte der Chemiker Martin Heinrich Klaproth Uran. Niemand ahnte, dass dieses Uranerz, heute heißt es offiziell Uraninit, einmal heiß begehrt sein würde. Und dass die mit Uran gebauten Bomben die Welt in Angst und Schrecken versetzen würden.

Seit 1833 baute man in der Stadt Uranerze ab, um Spezialfarben für Keramik und Porzellan herzustellen. Mitte des 19. Jahrhunderts waren es etwa zwei Tonnen pro Jahr. Hauptschacht war der Einigkeiter Schacht (Důl Svornost) mit 450 Metern Teufe. Preise, Gewinne und Fördermengen stiegen. Die Stadt, die damals zur österreichischen Monarchie gehörte, wuchs. Und dann, 1898, kam das polnisch-französische Forscherpaar Pierre und Marie Curie ins Spiel. In Paris untersuchten die beiden Rückstände der Uranfarbenfabrik Joachimsthal und entdeckten Polonium und Radium. Diese Elemente sind, wie man heute weiß, Zerfallsprodukte des Urans. Beide sind radioaktiv. Für ihre Forschung erhielten die Wissenschaftler den Nobelpreis für Physik, Marie Curie bekam später auch noch den Chemie-Nobelpreis.

Bald verstand man nicht nur, wie gefährlich die Strahlung war. Sondern entdeckte auch Hinweise auf die heilende Wirkung des Radons, eines Zerfallsprodukts von Radium und damit auch von Uran. Ob es wirklich gegen Erkrankungen des Bewegungsapparats, der Atmung und der Haut hilft, ist umstritten, doch viele schwören darauf. Nach 1906 entstand in Joachimsthal das erste Radiumkurbad der Welt. Eigentlich hätte es Radonbad heißen müssen, denn die Heilquellen enthalten vor allem das in Wasser gelöste Edelgas. Trotzdem nennt sich das monumentale Kurhotel, das, vom österreichischen Staat finanziert, 1912 eröffnet wurde, „Radium Palace“. Es lockt bis heute Gäste aus vielen Ländern an.

Nach 1906 entstand in Joachimsthal das erste Radiumkurbad der Welt

Das Hotel wurde in den Jahren 2016/17 renoviert. Ein Stück vom alten Glanz ist zurück in Jáchymov. Doch die Wunden aus der Geschichte sitzen tief. Das schwärzeste Kapitel begann 1938. Da diente das Joachimsthaler Uran wieder einmal als Rohstoff für eine wissenschaftliche Entdeckung: Die Physiker Otto Hahn, Fritz Straßmann und Lise Meitner entdeckten und analysierten die Kernspaltung. Bis zur Atombombe war es dann nur noch ein relativ kleiner Schritt.

Nach dem Zweiten Weltkrieg war Joachimsthal fast entvölkert, etwa 90 Prozent der deutschen Bewohner wurden vertrieben. Gleichzeitig begann ein Bergbau in unglaublichen Dimensionen. Denn die tschechoslowakische Regierung hatte sich verpflichtet, Uranerz an die Sowjetunion zu liefern, Rohstoff für den Kalten Krieg. So brach in und um Jáchymov, wie es jetzt hieß, die Hölle los. 1946 hatten in den Gruben etwa 300 Bergleute gearbeitet, um 1955 zählte

Foto: Infocentrum Jáchymov

So sah die Uranfarben-
fabrik im Jahr 1900 aus.

Foto: Infocentrum Jáchymov

Der Einigkeiter Schacht um 1930. Bis heute wird dort das Wasser für die radonhaltigen Heilbäder gewonnen.

man schon rund 40.000, davon 12.000 Gefangene. Denn die Arbeitskräfte, die freiwillig in den entlegenen Ort kamen, reichten nicht. Die Stadtverwaltung geht heute davon aus, dass bis 1961 insgesamt etwa 65.000 Menschen in den Lagern eingesperrt waren. Unter ihnen zunächst auch deutsche Kriegsgefangene sowie politische und andere Gefangene aus der Tschechoslowakei. Als die Lagerstätten ab 1960 erschöpft waren, hatte man 7199 Tonnen Uran aus der Erde geholt. 256 Schächte waren insgesamt in Betrieb gewesen. „Du schickst mich nicht in ein Heilbad, sondern in das Schandmal eines Staates", lässt Josef Haslinger den Verleger Findeisen zu seinem Arzt sagen.

Im Buch beschreibt die Tochter des Eishockeyspielers die 18 Gefangenenlager: „Sie sahen genauso aus wie deutsche Konzentrationslager..." Intellektuelle, Priester, Unbequeme mussten bohren, sprengen, Uranerz verladen – und atmeten den Uranstaub ein. Ohne Strahlenschutz. Der schlimmste Ort der Joachimsthaler Hölle war der siebenstöckige Rote Turm des Todes, etwas außerhalb der Stadt, aus Ziegelsteinen erbaut. Dort mussten Gefangene das Erz mit bloßen Händen aussieben und verpacken. Das überlebten sie in der Regel weniger als ein Jahr.

Foto: Prudik

Im Roten Turm des Todes mussten politische Gefangene das Uranerz mit bloßen Händen aussieben und verpacken. Der Turm ist heute nationale Gedenkstätte, aber nicht dauerhaft für Besucher zugänglich.

Bohumil Modrý verbrachte ein Jahr in Jáchymov und vier Jahre in anderen Gefängnissen. Dann kam er dank einer Amnestie frei. Doch seine Gesundheit konnte ihm niemand zurückgeben: Er starb 1963, mit 46 Jahren, an den Folgen der Strahlenbelastung. Erst nach seinem Tod wurde er rehabilitiert. Modrý, so erfährt man im Buch, war ein außergewöhnlicher Torwart, ein Pionier des Eishockeys. Eindrucksvoll beschreibt Haslinger, wie die junge Mannschaft bei der Weltmeisterschaft 1938, vor dem Münchner Abkommen, die Bronzemedaille gegen das Deutsche Reich gewann. „Der Sieg wurde in den Straßen von Prag gefeiert, als wäre es ein Sieg über Hitler gewesen", lässt er die Tochter sagen. Bohumil Modrý und seine Mannschaft errangen zwei Weltmeistertitel und eine olympische Silbermedaille. Eine kleine, von der Geschichte gebeutelte Nation überragte beim Eishockey die Gegner.

Doch im Jahr 1950 wurde die Mannschaft mitten in Prag plötzlich verhaftet. Den einstigen Torwart Modrý, der zu dem Zeitpunkt schon ausgeschieden war, holte man zu Hause ab. Warum? Die Aussagen der Zeitzeugen widersprechen sich. Josef Haslinger hat verschiedene Quellen ausgewertet, mithilfe von Modrýs Tochter. Beim Lesen gewinnt man den Eindruck: Es spielte gar keine große Rolle, was die Spieler gesagt oder getan hatten. Das Regime wollte ein Exempel statuieren.

Bekannt ist, dass einige Spieler lange vorher ein Angebot erhalten hatten, das Land heimlich zu verlassen, es aber nicht annahmen. Modrý hatte versucht, mit seiner Familie auf offiziellem Weg nach Kanada auszureisen. Später warf man ihm vor, über den Kontakt mit einem Vertreter der amerikanischen Botschaft seine Ausreise geplant zu haben. Seinen Kameraden wurde noch zur Last gelegt, dass sie in einem Wirtshaus über die Regierung geschimpft hätten. Aus diesen Vorwürfen konstruierte das Regime einen Schauprozess. Vermutlich auch, um andere nationale Aushängeschilder von der Emigration abzuschrecken. Zuvor waren mehrere Spieler gefoltert worden, einige hatten ihre Kameraden mit widersprüchlichen Aussagen belastet. Modrý wurde zu 15 Jahren verurteilt, die anderen bekamen zwischen acht Monaten und 14 Jahren.

Wie Haslinger auf diese Geschichte gestoßen ist? Der österreichische Schriftsteller, bekannt vor allem durch seinen Roman „Opernball", Professor am Deutschen Literaturinstitut der Universität Leipzig, suchte auf dem Weg nach Wien immer neue Wege durchs Erzgebirge. Und landete dabei per Zufall einmal im Museum in der ehemaligen Königlichen Münze von Jáchymov. Dort fand er eine tschechischsprachige Ausstellung zum Uranbergbau, sah Menschen in Sträflingskleidung, Totenscheine. Er sprach eine aus Tschechien stammende Bekannte an. Ihr Name: Blanka Modrá. Sie war niemand anders als Modrýs Tochter – und hatte ihm bereits die Geschichte ihres Vaters erzählt. „Da hat das Ganze für mich eine ganz andere Brisanz gehabt", sagt Haslinger.

Als die Lagerstätten ab 1960 erschöpft waren, hatte man 7199 Tonnen Uran aus der Erde geholt

Er begann zu recherchieren. Tschechisch spricht er nicht, aber er fand andere Quellen, etwa in Kanada, dem historischen Konkurrenten der Tschechen und Slowaken auf dem Eishockeyfeld. Dort interessierte man sich für die Geschichte, die in Mitteleuropa weithin unbekannt war. In Tschechien und der Slowakei gebe es jede Menge Leute, die verharmlosen wollen, was gewesen ist: „Vielleicht ist das auch Ausdruck einer gewissen Ostalgie in der Gesellschaft." Oft habe er gehört, die Gefangenen seien Kriminelle gewesen. Doch es gebe auch tschechische Historiker, die sich um Aufklärung bemühen. Besonders positiv habe er eine Lesung vor 700 tschechischen Schülern erlebt: „Sie saßen eine Dreiviertelstunde lang da, hörten aufmerksam zu und stellten Fragen."

Im Jahr 2011 ist das Buch erschienen, Jáchymov bietet weiterhin dasselbe, widersprüchliche Bild. Die mondäne Kurstadt im Tal, das restaurierte Rathaus und die Münze in der Oberstadt, die verfallenen Häuser und Spielhallen dazwischen. Der Uran-Boom und dessen schnelles Ende, der Zuzug von Zehntausenden, die danach keine Arbeit mehr hatten, Modernisierungen in den 1970er-Jahren, die Fehler der 1990er-Jahre, als Privateigentümer Häuser kauften und sie nicht instand setzen mussten, das alles liegt wie Blei auf der Stadt. Der Rote Turm des Todes ist zum Nationaldenkmal erklärt worden. Eine für Besucher zugängliche Gedenkstätte gibt es aber nicht, einzig der Lehrpfad „Joachimsthaler Hölle“ führt rund um die Stadt. Über allem thront metallisch das Fördergerüst des Einigkeiter Schachts, aus dem einst Uran für die Atombombe gewonnen wurde und bis heute das Radonwasser für das Kurbad kommt.

Weiterlesen? Über ein anderes Fanal der Geschichte und dessen Aufarbeitung geht es im Kapitel „Schuld und Neuanfang im Bergmannsdom“ ab Seite 198.

Foto: Eva-Maria Hommel

Das Fördergerüst der Grube „Einigkeit“ überragt das enge Tal, in dem Jáchymov liegt. Das radonhaltige Wasser aus der Grube nutzt man bis heute für Kurbäder.

Information:

Lehrpfad „Joachimsthaler Hölle“: Der 8,5 Kilometer lange Weg führt zu 12 Stationen rund um die Stadt. Ein Begleitheft ist in der Touristeninformation erhältlich. Unter www.taggmanager.cz/reference/trail/256 können Informationen (auch auf Deutsch), Karte und GPS-Daten aufs Smartphone geladen werden. Die Touristeninformation im Rathaus an der Hauptstraße ist montags bis freitags von 8 bis 17 Uhr geöffnet, am Wochenende von 9 bis 17 Uhr, an Feiertagen von 10 bis 15 Uhr. Mittagspause ist von 12 bis 12.30 Uhr. An Heiligabend, Neujahr und am 1. Mai ist geschlossen.

Besucherbergwerk „Stollen Nr. 1“: Der Stollen entstand ab 1952 zum Abbau von Uranerz. Zu sehen sind Grubenausbauten und Grubentechnik. Er liegt nahe der Oberstadt, von Sachsen kommend an der Hauptstraße rechts ist er ausgeschildert (Štola č. 1). Geöffnet ist von Mai bis Oktober mittwochs bis samstags. Zugang nur mit Führung, 10, 11, 13, 14, 15 und 16 Uhr. Eintritt 50 Tschechische Kronen (2 Euro), ermäßigt 30 Kronen (1,20 Euro). Kontakt: Telefon 00420 601 289 121, E-Mail muzeum@muzeum-sokolov.cz.

Kreuzweg zur Freiheit: Das Mahnmal für die Gefangenen besteht aus 15 Gedenksteinen, die zur Statue „Tor der Freiheit“ führen. Die Skulpturen tragen die Namen von Konzentrationslagern und Uranschächten aus den 1950er-Jahren. Vor der Kirche St. Joachim und St. Anna, Straße Československé armady (Hauptstraße).

Jáchymov ist heute zweigeteilt. In der Oberstadt sind viele Häuser verfallen, in der restaurierten Unterstadt herrscht wieder Kurbetrieb.

Foto: Heilbad Jáchymov

EIN HÜGEL VOLLER LÖCHER

Im und am Kupferhübel von Mědĕnec verbergen sich rund 70 Bergbau-Relikte. Wer sie entdecken will, muss abenteuerlustig sein.

Kopf einziehen! Dünnmachen! Festhalten! Auf Entdeckungstour im Gelobtland-Stollen ist es eng, sind die Fahrten, also die Leitern, schmal. Feuchte Luft, rotes Gestein, immer wieder dunkle Stellen. Es sind Reste vom Brandsetzen. Die Bergleute nutzten Feuer, um das silberhaltige Kupfererz aus dem Gestein zu gewinnen. In einer kleinen Ausbuchtung steht eine Puppe mit Kittel und Geleucht. So sahen wohl die Bergknappen aus, die hier das begehrte Erz gewannen.

Malachithöhlen im Kupferhügel.

Eintrittskarte Nr. 5987

Preis 50 Heller.

Giltig für einmaligen Besuch.

Foto: Archiv Ivan Cáder

Die Malachithöhlen im Mariahilf-Stollen gehörten zu den größten Attraktionen des böhmischen Erzgebirges. Für 50 Heller konnte man sie sich anschauen.

Draußen ist schier endlose Weite. Das Land grün, weitgehend menschenleer. Ein Hügel erinnert daran, dass es hier einmal anders war. Kupferberg, das heutige Mědĕnec, im böhmischen Erzgebirge, war einmal eine bedeutende Bergstadt. Denn dieser Hügel barg Reichtum. Nicht umsonst nannte man ihn den Kupferhübel, tschechisch Mědník. Rund 70 Bergbau-Überreste sind dort erhalten. Der Hügel ist durchlöchert wie ein Schweizer Käse.

Die meisten Schächte und Stollen liegen tief unter der Erde. Nur den Gelobtland-Stollen an der westlichen Seite können Besucher erkunden. Dann ist da noch die kleine Herz-Jesu-Kapelle von 1937. Und oben, wie eine Krone, die Rotundenkapelle von 1674. Wer dort steht, 908 Meter über Meereshöhe, blickt bei gutem Wetter weit über das Erzgebirge, das Duppauer Gebirge, das Böhmische Mittelgebirge und den Krugwald. Seine exponierte Lage setzt den Hübel nach allen Seiten Wind und Wetter aus. Das macht den Besuch manchmal ungemütlich. Aber es sorgt auch dafür, dass sich an den Hängen auf engem Raum eine außergewöhnliche Vegetation angesiedelt hat, zum Beispiel besondere Lilien und Luzerne.

Wer wissen will, was unter der bunten Pflanzendecke steckt, fragt am besten Ivan Cáder. Mit seiner Frau Alena führt er das Lokal „Mědník“ an der Hauptstraße. Vorn lassen sich Einheimische und Wanderer die Knödel schmecken.

Im hinteren Raum kann man einen Blick erhaschen auf die reiche Bergbaugeschichte des kleinen Ortes. Mineralien, Werkzeug, Schilder – alles hat Ivan Cáder gesammelt. Auch alte Fotos und Karten von den Bergwerken im Kupferhübel. Die letzte Grube von Měděnec schloss erst 1992 – viel später als in den meisten Regionen des Erzgebirges. „Bei uns wohnen noch einige ehemalige Bergleute“, sagt Ivan Cáder, der selbst Bergmann war, „wir müssen die Tradition erhalten.“ Der Verein „Historische Erzgruben Kupferhübel“, den er mit einer Handvoll Gleichgesinnter gründete, machte den Gelobtland-Stollen für Besucher zugänglich – mit viel Zeit und Kraft und wenig Geld. Taubes Gestein wurde weggeräumt, Wege wurden gesichert, Informationen gesammelt. Ziel ist, auch weitere Untertage-Anlagen für Besucher herzurichten. Die Enthusiasten pflegen den Austausch mit anderen Vereinen und Interessierten. Zur jährlichen Kupferberger Wallfahrt treffen sich auch ehemalige Bewohner, die heute in Deutschland leben, an der Kapelle.

Manche vermuten, dass hier schon im 10. Jahrhundert Bergbau betrieben wurde. Gesichert ist, dass „Kuppersbergk“ im Jahr 1449 erwähnt wurde. Der erste schriftliche Beleg für Bergbau stammt von 1488: Ein Bürger aus Kaaden/Kadaň kaufte zwei Kuxe, also Bergwerksanteile. 1516 ging es in der Region erst richtig los: Im rund 30 Kilometer entfernten Conradsgrün, das bald in Joachimsthal umbenannt wurde und heute Jáchymov heißt, fand man unvorstellbare Mengen Silbererz. In der Folge explodierte die Region förmlich, bis 1620 entstanden 14 neue Städte oder Städtchen. Neben Kupferberg gehörten unter anderem Weipert/Vejprty, Bergstadt Platten/Horní Blatná und Abertham/Abertamy dazu. Menschen strömten herbei, brachten Arbeitskraft, Abenteuerlust und Bergbauerfahrungen mit.

Foto: Archiv Ivan Cáder

Wie bedeutend die Malachithöhlen waren, macht diese Ansichtskarte deutlich. Sie zeigt, wie es im frühen 20. Jahrhundert auf dem Kupferhübel aussah.

Um das Jahr 1520 wurde das rechtwinklige Straßennetz von Kupferberg angelegt. Von 1540 an gewann man aus kupfer- oder eisenhaltigen Mineralien Vitriol, das zum Beispiel zum Färben und Desinfizieren diente. So entwickelte sich Kupferberg – unter verschiedenen Herrschern – zur bedeutenden Bergstadt.

Doch als die Vorkommen zur Neige gingen, gingen auch viele Bergarbeiter wieder. Im 30-jährigen Krieg wurde Kupferberg stark zerstört, 1640 brannte es nieder. Die Rekatholisierung in Böhmen verstärkte den Wegzug gen Sachsen. Später ging es zwar wieder aufwärts, man baute auch Eisenerz ab. Doch bald gingen die Vorkommen zurück, außerdem fehlte es an Holz, das man zum Abstützen und Feuersetzen in den Stollen sowie für die bergmännischen Künste brauchte. Mitte des 19. Jahrhunderts stellte man den Abbau von Kupfererzen ein – und auch die Arbeit der Vitriolhütte.

Der Gelobtland-Stollen unterhalb der Herz-Jesu-Kapelle ist als Besucherbergwerk geöffnet.

Foto: Eva-Maria Hommel

Foto: Ivan Cäder

Wer den Gelobtland-Stollen am Kupferhübel besucht, muss beweglich sein und darf keine Platzangst haben.

Foto: Ivan Cäder

Die Höhlen und Kammern des Mariahilf-Stollens waren einst eine Attraktion für Touristen. Irgendwann sollen sie wieder geöffnet werden. In einigen Kammern und Bereichen haben sich kleine Seen gebildet.

Ab 1910 aber spielte der Tourismus eine wachsende Rolle. Auf dem Kupferhübel stand bis 1939 sogar ein Hotel. Wie seine Vorgängerbauten ist es abgebrannt. Beim Aufräumen im Gelobtland-Stollen fanden Ivan Cáder und seine Mitstreiter noch einige Wandkacheln. Vor allem die Malachithöhlen des Mariahilf-Stollens, der wahrscheinlich ab dem 16. Jahrhundert in Betrieb gewesen war, lockten Fremde. Die grünlich schimmernden kupferhaltigen Erze, die in Linsen oder unregelmäßigen Nestern vorliegen, faszinierten. Ein Werbeschild aus der Zeit spricht von dem „größten Anziehungspunkt des böhmischen Erzgebirges". Für 50 Heller konnte man das Wunder bestaunen. Heute hofft der Verein, eines Tages auch den Mariahilf-Stollen wieder zugänglich zu machen.

Ein anderes Bergbau-Relikt kann man zumindest von außen bestaunen: Das Bergwerk mit dem charakteristischen Förderturm, in dem von 1968 bis 1992 Eisenerz abgebaut wurde. Vor Ort bereitete man auch den eisenhaltigen Magnetit auf. In dieser Zeit baute man zwischen 800.000 und 900.000 Tonnen Eisen ab, außerdem Kupfer und Silber. Dann waren die erreichbaren Lagerstätten weitgehend erschöpft.

Foto: Archiv Ivan Cáder

Auch im modernen Bergwerk, das in der zweiten Hälfte des 20. Jahrhunderts in Betrieb war, mussten die Bergleute noch hart körperlich arbeiten.

Wer heute im böhmischen Erzgebirge unterwegs ist, denkt kaum an pulsierende Bergstädte. Eher an einsame Wanderungen, Fahrradtouren oder Skilanglauf. Auf den Winter kann man sich meist verlassen – in Měděnec haben manche Bürgerhäuser eine zweite Haustür im ersten Stock, damit man sie auch bei extremen Schneehöhen betreten kann. Viele der ehemaligen böhmischen Bergstädte sind heute nach unserem Verständnis nur noch Dörfer. Měděnec zählt gerade mal rund 150 Einwohner. Der Rückgang des Bergbaus, aber auch die Vertreibung der deutschsprachigen Bevölkerung nach 1945, ließen die Orte schrumpfen.

Doch oft setzen sich kleine Vereine oder Gruppen dafür ein, dass historische Stollen wieder geöffnet werden – so auch in den nahegelegenen Bergbauorten Boží Dar/Gottesgab und Hřebečná/Hengstererben. Da verleiht ein Welterbetitel für die Montanregion vielleicht ja Flügel. Ivan Cáder will die Faszination, die Vielfalt des Kupferberger Bergbaus auch an andere weitergeben. „Das macht viel Arbeit", sagt er, „aber es ist schön, dass die Leute Interesse daran zeigen."

Weiterlesen? Wie die Hüttenleute Silber und Kupfer zu trennen verstanden, das steht im Kapitel „Aus den Gruben, auf die Dächer" (Seite 120).

Information:

Gaststätte Mědník mit Infozentrum und Museum: In der Hauptstraße (Nádražní 266), geöffnet ist montags, dienstags und mittwochs von 13 bis 22 Uhr, freitags und samstags von 11 bis 22 Uhr und sonntags von 10 bis 20 Uhr. Donnerstag ist

Ruhetag. Im Juli und August ist montags bis samstags von 11 bis 22 Uhr geöffnet, sonntags von 10 bis 20 Uhr. Warme Küche gibt es bis 20 Uhr, sonntags bis 18 Uhr. Kontakt: Telefon 00420 739040664, www.ivancader@seznam.cz.
Gelobtland-Stollen: Im Besucherbergwerk an der Westseite des Kupferhübels erfahren Interessierte, wie mit einfachen Mitteln kupfer- und silberhaltige Erze abgebaut wurden. Feste Schuhe und robuste Kleidung sind Pflicht. Eine Beschreibung in deutscher Sprache wird zur Verfügung gestellt. Die Führungen für Gruppen von zwei bis acht Personen (mindestens fünf Jahre alt) beginnen in der Gaststätte Mědník. Geöffnet ist im Mai, Juni, September und Oktober am Wochenende von 11 bis 17 Uhr, im Juli und August dienstags bis sonntags von 11 bis 17 Uhr. Die letzte Führung ist immer um 16.15 Uhr. Führungen außerhalb der Öffnungszeiten sind in der Nebensaison möglich, bitte telefonisch anmelden. Der Eintritt kostet 50 Tschechische Kronen (2 Euro), ermäßigt 40 Kronen (1,60 Euro).
Sphinx (Sfingy): Die Formationen aus verwittertem Gestein liegen links der Straße Kadaňská, die nach Süden aus dem Ort herausführt.

Foto: Ivan Cáder

Vom Menschen weitgehend ungestört haben Fledermäuse im Mariahilf-Stollen eine Heimat gefunden.

AM RANDE DES HIMMELS

Ganz oben im böhmischen Erzgebirge liegt die Bergstadt Boží Dar. Ein junger Mann wollte einst hier sein Asthma heilen. Dann wurde er Bürgermeister, Parlamentsabgeordneter und Vermittler zwischen Tschechien und Sachsen.

Jan Horník wurde 1990 Bürgermeister des kleinen Städtchens Boží Dar. Er setzt sich besonders für Kontakte über die Grenze hinweg ein.

Es ist Spätsommer, aber in Boží Dar reichen die Wolken bis zum Boden. Jan Horník zieht den Kragen seiner roten Windjacke fester zu und scherzt: „Heute ist das Wetter gut. Heute regnet es mal nicht!" Auf dem Erzgebirgskamm beginnt der Winter früh, und wenn der Frost die Fichten auf dem Keilberg in verzauberte Kristallbäume verwandelt, dann ahnt man, dass der Ort mit dem deutschen Namen Gottesgab wohl tatsächlich ein Geschenk Gottes ist. Es gibt Tage, an denen Wanderer in Straßencafés Eis essen, als wären sie nicht im Erzgebirge, sondern in Italien. Und es gibt Tage, da bestellt man lieber einen heißen Tee, während Jan Horník erzählt, wie es ihn an den Rand des Himmels verschlagen hat und warum ein Ort mit 223 Einwohnern eine Stadt ist.

Nicht wegen der Landschaft stritten sich sächsische und böhmische Herrscher jahrzehntelang um das Gebiet an der Grenze. Es ging um das viele Silber und Zinn, das man an der Wende zum 16. Jahrhundert in der Gottesgaber Erde gefunden hatte. Zuvor war das karge Land lange böhmisch gewesen und dann sächsisch. Kurfürst Johann Friedrich erwarb das Territorium, ließ den Ort errichten und ernannte ihn 1546 zur Freien Bergstadt. Nachdem man ihm bei einem Besuch einen Sessel aus Silber angeboten hatte, soll er gesagt haben: „Dieses edle Metall ist euer Brot, eine Gabe Gottes." So kam es wohl zu dem Namen.

Trotz Welterbe-Status: Die Zeugnisse des Bergbaus übersieht man leicht zwischen den grünen Wäldern und dem Torfmoor mit Wollgras, Trunkelbeeren und Zwergbirken. Aber wer genauer hinschaut, entdeckt die langgestreckten, schmalen Hügel, die aussehen, als hätte ein Riesenkind eine Sandburg gebaut. Tatsächlich entstanden diese Raithalden, als man aus dem Schwarzwasser Zinn aussiebte. Bergbau und Natur bilden hier oben eine Einheit. Inmitten einer Montanlandschaft mit unzähligen Halden liegt in der Goldenhöhe (Zlatý Kopec) nahe Boží Dar der Johannesstolln mit bis zu zwölf Meter hohen Kammern. Trotz des Namens baute man hier aber kein Gold ab, sondern vor allem Zinn, Eisen, Kupfer und später Zink. Goldenhöhe heißt der Ort nach der Farbe, die die Blätter der Buchen im Herbst annehmen.

Im nahegelegenen Hřebečná/Hengstererben gibt die Mauritiusgrube Zeugnis davon, wie vom 16. bis 19. Jahrhundert Zinn abgebaut wurde. In der Umgebung können Wanderer zwischen Preiselbeeren und knorrigen Bäumen beeindruckende Pingen entdecken – die der Roten Grube ist mehr als 230 Meter lang.

Oder man folgt ab Boží Dar dem Plattner Kunstgraben. Die knapp 13 Kilometer lange Anlage aus dem 16. Jahrhundert führt bis in die Bergstadt Platten/Horní Blatná, versorgte Hütten und Pochwerke mit Wasser. Gegründet 1532, quadratisch angelegt im Stil der Renaissance, zeugt die Stadt vom einstigen Reichtum der Region. Über einen Wanderweg gelangt man zur 20 Meter breiten Wolfspinge. Mit ihren bizarren Granitformationen erinnert sie daran, was passieren kann, wenn man den heimatlichen Boden aushöhlt. Die Pinge hat ihren Namen von St. Wolfgang, Schutzpatron der Bergleute. Und die benachbarte Eispinge heißt so, weil der Schnee an den engsten Stellen auch im Sommer nicht schmilzt.

Diese landschaftlichen Schönheiten, vom Bergbau hinterlassen, kennen selbst viele Einheimische bis heute nicht. „Erst seit den Neunziger-Jahren wird uns langsam bewusst, was unsere Vorfahren geschafft haben“, sagt Jan Horník. Bei Bergbau dächten viele zunächst an die dunkle Zeit der Uranförderung nach 1945. Boží Dar lag am Rande der Sperrzone, war fast abgeschnitten, zumal es zunächst keinen Grenzübergang nach Deutschland gab. Dass die unwirtliche Gegend nur dank ihrer Bodenschätze überhaupt besiedelt wurde, wird oft vergessen. Über sich selbst sagt Horník: „Ich muss mich ja für Bergbau interessieren, schon allein wegen meines Namens.“

Dass die unwirtliche Gegend nur dank ihrer Bodenschätze überhaupt besiedelt wurde, wird oft vergessen

Denn der bedeutet nichts anderes als Bergmann. Ob es einen solchen unter seinen Vorfahren gegeben hat, weiß er nicht sicher. Er selbst studierte Agrarwissenschaft. Geboren 1954, aufgewachsen ihn Karlovy Vary/Karlsbad, kannte er Boží Dar nur vom Skilaufen als Kind. Als junger Mann hatte er mit Allergien und Asthma zu kämpfen, seine Ärztin riet ihm, ins Gebirge zu ziehen. „Gebirge, das war für uns die Hohe Tatra“, sagt Horník. Nur aus Spaß sagte er: „Dann kann ich ja auch nach Boží Dar gehen!“ Die Ärztin antwortete: „Ja, tun Sie das!“ Und so kam Jan Horník in die kleine Stadt im Erzgebirge. Das war vor gut 30 Jahren. Das Asthma verflog, die Natur faszinierte ihn, er wurde heimisch. Nach einigen Gelegenheitsjobs wurde er Leiter des Skigebiets, er heiratete, wurde Vater von drei Kindern.

Foto: Jan Albrecht

Der Christoph-Stolln als Teil der Bergbaulandschaft Abertamy-Boží Dar-Horní Blatná ist Bestandteil der Welterbe-Region „Montanregion Erzgebirge".

Foto: Eva-Maria Hommel

Auf 1028 Metern über dem Meer ist das Wetter rau, aber die Natur einzigartig.

Foto: Archiv Frank Nestler

Sonderbrief zu Anton Günther mit Stempel Bozi Dar.

In den Wirren der 1990er-Jahre begann er, sich für seine neue Heimatstadt einzusetzen. Der Ort gehörte zu Jáchymov. Horník und andere wollten die Selbstständigkeit. Und setzten sich durch – Boží Dar bekam auch sein Stadtrecht zurück, das ihm das tschechoslowakische Regime aberkannt hatte. Ein rein symbolischer Sieg, der für Verwaltung und Finanzen keine Bedeutung hat, sagt Horník. Doch für die kleine Stadt sei er wichtig gewesen: „Wir wollten nicht akzeptieren, was die Genossen gemacht haben."

So wurde Jan Horník 1990 Bürgermeister der zweitkleinsten Stadt Tschechiens – nur das nahegelegene Loučná pod Klínovcem, Böhmisch Wiesenthal, zählt noch weniger Einwohner. Dank Horník ist Boží Dar zum deutsch-tschechischen Begegnungsort geworden. Zahlreich sind die Kooperationen über die Grenze hinweg, etwa mit der benachbarten Gemeinde Breitenbrunn. Die Feuerwehren halten gemeinsame Übungen ab, an der Grenze bei Tellerhäuser will man Skulpturen aufstellen, die an die Bergbauvergangenheit erinnern. Und der Stadtrat hat noch mehr Pläne: Im Haus an der Grenze soll ein Erzgebirgsmuseum entstehen – mit einem künstlichen Besucherbergwerk für Kinder, die noch zu klein sind, um in einen Stollen einzufahren.

Repro: Archiv

Das gute Verhältnis der Nachbarn im Erzgebirge zeigt auch diese Sonderpostkarte, 2013 vom Rittersgrüner Partnerschaftskomitee herausgegeben.

Horníks Netzwerke reichen bis Prag, wo er Abgeordneter im Senat wurde, dem Oberhaus des tschechischen Parlaments. Nicht für eine Partei, sondern als Mitglied der Bewegung „Bürgermeister und Unabhängige". Wenn ein Journalist etwas zu einem Thema aus der Region wissen will, wenn jemand ein grenzüberschreitendes Projekt plant, dann ruft er in Boží Dar an. Dabei hilft es, dass Jan Horník die Sprache des Nachbarlands fließend spricht. „Bis ich sechs Jahre alt war, habe ich fast nur Deutsch gesprochen." Denn seine Großmutter war deutschsprachig. Eigentlich sollte sie vertrieben werden, doch in den Wirren der Nachkriegszeit wurde sie in Karlsbad aus dem Zug geschickt und blieb dort.

Heute sind noch 16 Prozent der Menschen deutschsprachig in dem Ort, in dem auch der erzgebirgische Heimatdichter Anton Günther im Jahr 1876 geboren wurde. Die Vertreibung hat ihre Spuren hinterlassen. Hunderte Dörfer wurden geschleift oder verfielen. So wie Ryžovna, Seifen, auf der anderen Seite des Hochmoors. Ein Kreuz, ein Hügelgrab und die Miniatur der Kirche erinnern daran, dass dort einst mehrere hundert Menschen lebten. Jan Horník wäre nicht Jan Horník, wenn er nicht einen Plan hätte für den Ort: „Wir wollen in Ryžovna wieder Häuser bauen lassen und so zur Wiederbelebung des Sudetenlands beitragen."

Solche Wachstumspläne macht nur der Tourismus möglich. Im Winter lockt der Keilberg, mit 1244 Metern der König des Erzgebirges, tausende Besucher auf die Pisten mit den modernen Skiliften. Boží Dar will auch zu den anderen Jahreszeiten mehr Menschen begeistern. Die Region solle sich grenzüberschreitend als Reiseziel vermarkten, sagt Jan Horník. Dazu gehört etwa der Christkindweg mit Holzfiguren und Rätseln für Kinder. Boží Dar ist nämlich nebenbei auch noch die Heimat des Christkinds. Wer's nicht glaubt, der sollte mal hinfahren.

Weiterlesen? Wie ein Bürgermeister in Deutschland seine Gemeinde prägte, steht in Kapitel „Das Wunder von Schlema" ab Seite 212.

Information:

Der Johannesstolln in der Goldenhöhe kann vom 1. Mai bis 31. August täglich um 9.30, 12 und 14.30 Uhr mit Führung besichtigt werden. Dabei können alle Besucher (ab zehn Jahren) den überschwemmten Grubenbau, die große Kammer mit Schacht und den Handgöpel sehen. Der große Rundgang (montags, donnerstags und samstags, 14.30 Uhr) beinhaltet außerdem ein Labyrinth sowie einen Aufstieg über Fahrten (Leitern) durch einen 40 Meter langen Schacht. Die Teilnahme am allgemeinen Rundgang kostet 350 Tschechische Kronen (14 Euro), ermäßigt 250 Kronen (10 Euro). Eintrittskarten im Infozentrum, Reservierung erforderlich unter +420 603 539 020, oder www.stolajohannes.cz

In Hřebečná ist der Christophstollen, Teil der Grube Mauritius, zwischen 1. Mai und 30. September geöffnet. Die Führungen (ab zwei Personen) beginnen um 10, 11.30, 13, 14.30 und 16 Uhr. Kindern unter zehn Jahren und Menschen mit Bewegungseinschränkungen ist der Zutritt nicht gestattet. Die Grube liegt nahe der Straße Pohraničníků.
Kontakt: Gita Kořínková, 00420 608 205 940, infomauritius@seznam.cz

8. TEIL

IN DER WARTESCHLEIFE – DAS ERZGEBIRGSVORLAND

Groß war der Schock im Erzgebirge, als die Gutachter des Weltdenkmalrats den ersten Welterbe-Antrag der Montanregion im Jahr 2016 zerpflückt hatten. Das Konzept zu unübersichtlich, zu zerpflückt – und zu ausufernd. Der Rat, den die Erzgebirge zu hören bekamen, lautete: größere Einheiten schaffen. Und sich wirklich auf das konzentrieren, das der Montanregion Erzgebirge den Namen gab: den Erzbergbau. Letzteres führte dazu, dass viele Zeugnisse, die eine indirekte Verbindung zum Bergbau aufwiesen, aus dem Welterbe-Antrag genommen worden. Das betraf auch so prominente Stätten wie Schloss Augustusburg. Das Schloss ist eine der größten Sehenswürdigkeiten des Erzgebirges. Es geht zurück auf einen Kurfürsten, der sich im Bergbau verdient machte. Und es hat einen tiefen Brunnen, der von Bergleuten ausgeschachtet wurde. All diese Verbindungen zum Erzbergbau waren den Antragstellern aber zu lose, als sie den Antrag deshalb gefährden wollten. Lange Gesichter gab es auch in Oelsnitz im Erzgebirge. Die Bergbau-Zeugnisse dort sind vielfältig und gut erhalten, die Knappschaft eine der aktivsten im Landesverband. Es half alles nichts, in Oelsnitz wurde kein Erz abgebaut, sondern Steinkohle. Doch für die Region war der neue Antrag ein Grund, nur mehr zusammenzurücken. Die allermeisten der Kommunen, die sich plötzlich außen vor sahen, unterstützten den Antrag mit gleichem Elan weiter. Die betreffenden Sachzeugen bekamen den Status der assoziierten Objekte. Ein Ziel: die Welterbe-Region um diese Stätten erweitern. Für uns gehören die assoziierten Objekte in Oelsnitz und Augustusburg sowieso unbedingt in diesen Band. In Oelsnitz lässt sich so anschaulich wie nirgends sonst sehen, wie Bergbau, Industrie und Eisenbahn zusammen das Leben der Menschen an der Schwelle zum 20. Jahrhundert umgekrempelt haben. Und Schloss Augustusburg symbolisiert mit seiner Geschichte, seiner Lage, seinen Sammlungen das Erzgebirge schlechthin.

Assoziierte Objekte der Welterbe-Region „Montanregion Erzgebirge" im Erzgebirgsvorland: Sachzeugen des Steinkohlebergbaus Oelsnitz, Schloss Augustusburg, Wismut-Hauptverwaltung in Chemnitz.

Foto: Eric Fresia

Die Anlagen des Kaiserin-Augusta- und späteren Karl-Liebknecht-Schachts beherbergen heute das Bergbau-Museum Oelsnitz.

DIE EISENBAHN IN VOLLER BLÜTE

Mehr als 100 Jahre lebte ihre Stadt im Zeichen des Steinkohlen-Bergbaus. Um an die bewegte Zeit zu erinnern, fanden die Menschen von Oelsnitz im Erzgebirge einen eigenen Weg – der auch mit neuem Leben zu tun hat.

„Man muss sich das heutige Gelände um das Bergbaumuseum vorstellen als ein sumpfiges, mit kleinen Waldstücken und losem Gebüsch überwuchertes Grasland."

Als der erste Zug am 1. Oktober 1878 das Viadukt in Oelsnitz erreichte, verliehen die Menschen ihren Hoffnungen nach Wohlstand und Entwicklung in Festgesängen Ausdruck. In einem Lied dichtete jemand: „Nun wird aus dem Dorfe ein Riesendorf schnell. Nun schafft uns die Bahn die Markschein zur Stell'." Als nach dem Ende der Steinkohlen-Ära im Lugau-Oelsnitzer Revier 1971 viele Zeugnisse verschwanden, hielt wieder die Bahn als lyrisches Symbol für den Wandel her. Diesmal nicht im Überschwang. Ute Dietrich beschreibt im Gedicht „An der Schranke", wie Menschen an der geschlossenen Bahnschranke warteten, als ein gesprengter Schornstein in sich zusammensank. Während Frauen sich freuten, dass sie nicht mehr fürchten müssen, Ehemänner und Söhne im Schacht zu verlieren, nahmen diese Ehemänner und Söhne die Hüte ab und wischten sich die Tränen aus den Augen.

Natürlich verschwanden in Oelsnitz die Bergbau-Hinterlassenschaften nicht komplett. Im alten Kraftwerk von 1900 rotieren heute Trainingsgeräte eines Fitnessstudios. Auf der Halde des Deutschlandschachts steht ein Aussichtsturm. Der Kaiserin-Augusta-Schacht, später in Karl-Liebknecht-Schacht umbenannt, ist heute Bergbaumuseum. Eine elektrische Turmfördermaschine und die größte vorführbare Dampfmaschine Sachsens sind dort in Aktion zu erleben.

Das vielleicht schönste Denkmal für die Oelsnitzer Vergangenheit aber ist ein Blumenbeet von nahezu 15 Hektar. Auf dem einstigen Rangierbahnhof des Städtchens wurde 2015 eine Landesgartenschau ausgerichtet. Jetzt heißt das Areal Bürger- und Familienpark und ist die grüne Lunge der Stadt. Wer dort wandelt und sich die historischen Fotos vors innere Auge holt, von Dutzenden Gleisen, von einem Gewirr aus Weichen und von reger Betriebsamkeit, dem kommt es so vor, als höre er die Geister der alten Rangierloks schnaufen, wie sie die mit Kohle beladenen Wagons den Rangierberg hinaufschieben. Hier galt es einst, den Kohle-Hunger der aufstrebenden Industrie zu stillen. Die Entwicklung von Chemnitz zum deutschen Maschinenbau-Zentrum wäre ohne die Kohle aus Oelsnitz nicht denkbar gewesen.

Die Gartenbau-Architekten haben ein Gleis im Boden des Parks belassen. Es erinnert an das Gestern des Ortes, gibt ihm Struktur, Perspektive, Raum. Reinhart Oertel, der sich freiwillig meldete, als die Landesgartenschau Ehrenamtler für Führungen suchte, war nie Bergmann. Die Sitten und Gebräuche der Bergleute kennt er trotzdem von frühester Jugend an. Die Oelsnitzer begreifen sich als der erzgebirgischen Bergbau-Tradition zugehörig. Obwohl die Stadt eher am Rand des Erzgebirges liegt und zunächst „nur" assoziierter Ort der Welterberegion ist. In Oelsnitz wurden keine Erze gefördert, sondern Steinkohle.

Die Knappschaft des Lugau-Oelsnitzer Steinkohlenreviers, die als Förderverein des Bergbaumuseums wirkt, gehört dennoch zu den größten und aktivsten Sachsens.

Foto: Christof Heyden

Zum Heimatfest in Oelsnitz wurde 1970 die Traditionsfigur „Schachtziege" mitgenommen und vorgestellt.

Auch Reinhart Oertel fand dort Aufnahme. Das Interesse an den Führungen blieb auch nach der Schau erhalten. Dabei erzählt er etwa, dass der Bahnhof auf einem Plateau oberhalb der Stadt angelegt wurde, weil es ebenes Gelände in der erforderlichen Größe sonst nicht gab. Dass vier Stichstrecken zu den verschiedenen Schächten führten. Dass täglich bis zu 800 Waggons abgefertigt wurden. Dass der Rangierbahnhof damit beim Güteraufkommen in Sachsen zeitweise auf Platz drei lag. Dass die Eisenbahnstrecke von Stollberg nach St. Egidien mit Anschluss an die Hauptstrecke Dresden-Zwickau innerhalb zweier Jahre beschlossen, projektiert, gebaut und in Betrieb genommen wurde. „Zwei Jahre." Oertel wiederholt die Zahl, als könne er es selbst nicht glauben.

Für uns heute klingt das nach Utopie oder nach China. „Was aber sehr lange dauerte, waren die Bemühungen, überhaupt diesen Bahnanschluss zu bekommen", sagt Heino Neuber, Sammlungsleiter im Bergbaumuseum. „Bereits seit 1860 datierten die Bemühungen zu einem Anschluss des Hedwig-Schachtes in Oelsnitz, die dem zugrunde lagen." Bevor die Kohle das Leben umkrempelte, war Oelsnitz ein Rittergutsdorf mit Schafzucht. „Man muss sich das heutige Gelände um das Bergbaumuseum vorstellen als ein sumpfiges, mit kleinen Waldstücken und losem Gebüsch überwuchertes Grasland", erklärt Heino Neuber. Ein Forstbeamter stieß als erster auf Kohle. Eigentlich sollte er einen Entwässerungsgraben für den Bau einer Straße anlegen. Natürlich wusste der Forstmann um den Wert des Fundes. Versuche, die Lagerstätte zu erkunden, scheiterten aber an teils profanen Widrigkeiten. So entglitt den Arbeitern ein Bohrkopf in einem aufgeweiteten Bohrloch – man gab die Versuche an dieser Stelle auf.

Foto: Bergbaumuseum Oelsnitz

Der Karl-Liebknecht-Schacht in Oelsnitz 1968. Der vormalige Kaiserin-Augusta-Schacht war mit der Zusammenlegung mit dem Deutschlandschacht die bedeutendste Steinkohlenförderanlage in Oelsnitz. Nachdem die Vorkommen zur Neige gingen, wurde der Steinkohlenbergbau im Revier eingestellt. Die letzte Förderschicht war am 11. März 1971.

Foto: Sammlung Neuber Oelsnitz (Erzgeb.)

Zahlreiche Stichbahnen zweigten zu den Bergbau- und Industrieanlagen ab. Im Vordergrund die Deutschland-Schächte, in der Mitte ist der langgestreckte Rangierberg zu erkennen. Die Bahnhofsanlagen beginnen am linken Bildrand.

Foto: Sammlung Neuber Oelsnitz (Erzgeb.)

Das Elektrizitätswerk Oelsnitz 1928. Die Ausmaße demonstrieren den gewaltigen Energiebedarf der Industriestadt.

Der vermisste Gegenstand fand sich wenige Jahre später mitten in einem Kohlenflöz sitzend. Ein gewisser Karl Gottlob Wolf hat den Bohrkopf wiedergefunden. Wolf gilt heute als Pionier des Steinkohlenbergbaus. „Als Fachmann mit dem richtigen Gespür blieb es ihm vorbehalten, den Nachweis für die Bauwürdigkeit der Kohlenlager zu erbringen und in die Geschichte einzugehen", erläutert Neuber. Wolf stammte aus Langenau bei Freiberg und arbeitete in einem Steinkohlen-Bergwerk bei Zwickau. Während seiner Wanderungen von Zwickau in die Heimat nahm er die Versuchsorte selbst in Augenschein. Bis er die Anstellung kündigte, um auf eigene Faust die Kohle zu suchen. Er schloss einen Vertrag mit einem Gutsbesitzer. Der vierte Schacht auf heutigem Neuoelsnitzer Gebiet konnte schließlich erfolgreich betrieben werden. Am 7. Januar 1844 gegen drei Uhr morgens wurde die erste Steinkohle aus zehn Metern Tiefe gefördert. Wolf war auf ein Flöz von 1,70 Meter Mächtigkeit gestoßen.

„Man sah nur noch Alte auf den Straßen."

Vom Erzgebirgsbalkon aus, der Aussichtsplattform im Park, lässt sich das Revier gut überblicken. Links das Erzgebirgsbecken, wohin die Kohlenflöze abtauchten. Je weiter der Bergbau dorthin vordrang, umso tiefer gingen die Schächte. Rechts erstreckt sich Oelsnitz, dahinter der Höhenzug mit Lugau und Neuoelsnitz. Dort standen die Flöze tagesnah an. Anfangs kamen die kleinen Gruben nicht recht vom Fleck. Größere Gesellschaften konnten Kapital für moderne Technik auftreiben. Immer mehr Schächte wurden abgeteuft, nach wenigen Jahrzehnten in Tiefen bis 600 Meter und mehr. Rolf Vogel, früher selbst Werkleiter des VEB Steinkohlenwerk Oelsnitz (Erzgeb.), Gründer der Knappschaft und Autor des Standardwerks „Das Lugau-Oelsnitzer Steinkohlenrevier", zählte am Ende fast 200 Schächte und Erkundungsbohrungen. Aufbereitungsanlagen entstanden. Oelsnitz bekam ein anderes Gesicht. Und schon bald, sagt Heino Neuber vom Bergbaumuseum, stand eine Frage im Raum: „Wie kriegen wir die Kohle von hier weg?" Die Antwort: mit der Eisenbahn. 1858 wurde die Strecke von Neuoelsnitz über Lugau nach Wüstenbrand eröffnet. Personenverkehr war dort anfangs gar nicht vorgesehen. Und dann kam die Strecke Stollberg-Neuoelsnitz-Oelsnitz-St. Egidien dazu. Mit dem neuen Rangierbahnhof. Der Gleisplan wies zuletzt 55 Gleise aus.

Dann ging es erst mit dem Bergbau zu Ende und dann mit der DDR. Nicht nur der Bahnhof wurde nicht mehr gebraucht. Junge Menschen gingen weg. Oertel: „Man sah nur noch Alte auf den Straßen." Da kam die Idee der Landesgartenschau auf. Viele waren skeptisch. Millionen Euro für eine von Gras und Birken überwucherte Brache?

400.000 Besucher belehrten Skeptiker eines Besseren. Im Park reifen heute Blütenträume, finden Skater Rampen, Kinder Spielplätze, Schüler ein grünes Klassenzimmer. Oertel sieht wieder mehr junge Leute in der Stadt, Familien,

Frauen mit Kinderwagen. Manche übernahmen Patenschaften für kleine Themengärten im Park. Im 42 Meter langen und zehn Meter hohen Gradierwerk fließt salzhaltiges Wasser über aufgestapelte Reisigbündel. Wind und Wetter verteilen die Tröpfchen und sorgen für Meeresluft am Erzgebirgsrand. Bei Führungen ins Innere der Anlage ist der Andrang groß. Fast wie damals, als die Gartenschau eine neue Blütezeit nach Oelsnitz brachte.

Information:

Bürger- und Familienpark Oelsnitz: einstiges Landesgartenschau-Gelände auf dem Areal des früheren Rangierbahnhofs, Spielplätze, Gradierwerk, Aussichtspunkt, Liegewiesen, Veranstaltungen, Führungen, Bahnhofstraße 94, durchgängig geöffnet, Eintritt frei.

Bergbaumuseum Oelsnitz/Erzgebirge: Das Museum im ehemaligen Steinkohlenbergwerk „Karl Liebknecht" mit dem markanten Förderturm (Aussicht) berichtet über die Geschichte der Steinkohle und des Steinkohlenbergbaus. Im Übertagebereich gibt es Großmaschinen und Anlagen wie Leonard-Umformer, elektrische Turmfördermaschine, Dampf-Förderanlage, Hängebank zu sehen, auf dem Freigelände eine Dampflok der BR 52, ein Fördergerüst und eine elektrische Trommelfördermaschine der Steinkohlen/Uran-Lagerstätte Freital, Anschauungsbergwerk.
Zahlreiche Veranstaltungen, dazu Sonderausstellungen, Erlebnisführungen, Ferienprogramm, Bergbauspielplatz. Adresse: Pflockenstraße 28. Achtung: Bis 24. April 2020 ist das Museum wegen Umbau geschlossen, anschließend ist es Schauplatz der Landesausstellung zur Industriekultur.
www.bergbaumuseum-oelsnitz.de.

Querschlag Lugau-Oelsnitz der Sächsischen Kohlenstraße: Tour zu 44 Stationen über die vom Bergbau geprägte Region durch Lugau, Oelsnitz, Hohndorf, Gersdorf und Niederwürschnitz, Informationen an der Kasse des Bergbaumuseums sowie unter www.macht-kohle.de.

Foto: Jens Uhlig

Auf dem Gelände des einstigen Rangierbahnhofs befindet sich heute der Bürger- und Familienpark. Dort fand 2015 die Sächsische Landesgartenschau statt. Mehrere Hunderttausend Besucher kamen.

DAS TRAUMPAAR DER RENAISSANCE

Kurfürst August und Kurfürstin Anna haben Sachsen geprägt wie kaum ein anderes Herrscherpaar. Das steinerne Symbol ihrer Macht kann man heute besichtigen. Und damit auch die Kunst der Bergleute.

Die Männer sind harte Arbeit gewohnt. Gestein brechen, mit Schlägel und Eisen, ist für viele das täglich Brot. Manchmal bedienen sie sich auch der bergmännischen Methode des Feuersetzens: Der Wechsel von Feuer und Wasser macht das Gestein mürbe. Doch dieser harte Quarzporphyr ist eine besondere Herausforderung. Immer tiefer müssen sie sich vorarbeiten, dazwischen einen Schacht für die Bewetterung aus dem Gestein schlagen und vermauern. Ein Windfang am Mundloch leitet Frischluft nach unten. Der Lohn ist kläglich, die Arbeitsbedingungen schlecht, vor allem für die gefangenen Wilddiebe unter ihnen. Doch die Männer müssen tun, was der Kurfürst will. Nach zehn Jahren endlich haben sie gefunden, was sie suchen: Wasser. Zwei Jahre später ist der Brunnen für das Schloss Augustusburg endlich fertig. Er ist 130,60 Meter tief.

Das von Kurfürst August von Sachsen, der sich auch Augustus nannte, in den Jahren 1568 bis 1573 errichtete Jagdschloss thront auf dem 516 Meter hohen Schellenberg, weithin sichtbar, noch heute steinernes Symbol von Macht und Reichtum eines der einflussreichsten Männer im Heiligen Römischen Reich Deutscher Nation.

„Bei diesem hohen Berg muss man natürlich tief graben, bis man grundwasserführende Schichten erreicht", erklärt Museumsmitarbeiter Tonio Schulze. Ochsen zogen die Kübel mithilfe eines Göpelwerks nach oben. Pro Stunde konnte man so etwa 1000 Liter Wasser fördern. Knechte schütteten es in Wasserkästen, von dort floss es in ein Reservoir und weiter durch kupferne Rohre gleich in die Badstuben, Küchen, Waschhäuser und in den Bärengarten – damals ein ungewöhnlicher Luxus.

Bis 1882 erfüllte der Brunnen seinen Zweck, verborgen im Brunnenhaus. Und so wie der bergmännisch geschaffene Brunnen in all dem Prunk des Schlosses leicht übersehen wird, so blieb auch die harte Arbeit der Bergleute oft unsichtbar. Dabei war sie es, die Reichtum und Macht der sächsischen Fürsten mehrte. Gleichzeitig halfen Sachsens Herrscher dem Bergbau über Krisen hinweg.

Kurfürst August regierte Sachsen 33 Jahre lang. An seiner Seite: Anna von Dänemark, Kurfürstin von Sachsen. Menschen ihrer Zeit nannten die beiden in einer Mischung aus Respekt und Vertrauen „Vater August" und „Mutter Anna". Sie haben Sachsen geprägt wie kaum ein anderes Fürstenpaar. Es war das Jahr 1553, das alles im Leben von August und Anna veränderte. Fünf Jahre zuvor hatte August, der jüngere Sohn aus dem Herrscherhaus der Wettiner, albertinische Linie, die 16-jährige Prinzessin von Dänemark geheiratet. Dann kam die Nachricht: Sein Bruder, Kurfürst Moritz, war in einer Schlacht gestorben, ohne männlichen Nachkommen. So wurde August zum Kurfürsten von Sachsen.

Durch die Belagerung Gothas gelang es ihm 1567, die konkurrierende ernestinische Linie der Wettiner weitgehend zu entmachten. Der Sieg wurde mit Augustusburg verewigt: Der Kurfürst ließ anstelle einer teils zerstörten Burg ein Jagdschloss erbauen, wie es Sachsen noch nicht gesehen hatte. Vier Flügel, symmetrisch nach den Idealen der Renaissance und französischen Vorbildern, die sich wiederum an den Lehren des antiken Architekten Vitruv orientierten. Die vier quadratischen Eckhäuser mit den Verbindungstrakten verleihen dem Hof eine griechische Kreuzform. Und das alles weithin sichtbar, so dass es bis heute nicht übertrieben ist, Schloss Augustusburg „die Krone des Erzgebirges" zu nennen.

Foto: Tonio Schulze

Das gezimmerte Göpelwerk des Schlossbrunnens ist nach bergmännischen Vorbildern entstanden. Von einem eingezogenen Boden aus können Besucher es aus der Nähe betrachten.

Baumeister war Hieronymus Lotter. Bald wurde das Geld knapp, Lotter musste sogar eigene Ersparnisse zuschießen. Doch der Kurfürst warf ihm das Gegenteil vor: in die eigene Tasche gewirtschaftet zu haben. Manche vermuten, dass daher die Bezeichnungen „Lotterwirtschaft" und „Lotterleben" kommen. Jedenfalls entließ August 1571 seinen Bauleiter. Der Graf Rochus zu Lynar als Oberbauleiter und Baumeister Erhardt van der Meer vollendeten das Schloss. Hunderte Arbeiter und Handwerker hatten mitgewirkt, unter ihnen auch Gefangene. Bauern mussten Transporte leisten. Die Arbeitsbedingungen waren miserabel, sechs Mal brachen Unruhen aus. Die Rebellierenden wurden hart bestraft.

Der Wirkung des Renaissanceschlosses tut das keinen Abbruch. Aber müsste es nicht eigentlich Schloss Augustus-und-Annenburg heißen? Das würde der Rolle der Kurfürstin vielleicht gerecht. Ihre lange Ehe mit dem Kurfürsten galt als vorbildlich und glücklich – keine Selbstverständlichkeit in einer Zeit, in der Verbindungen aus machtpolitischen Erwägungen heraus arrangiert wurden und ein Herrscherpaar wegen der vielen Reisen oft voneinander getrennt war.

Doch Anna reiste mit ihrem Mann, so oft es ging. 15 Kinder gebar sie, allerdings lebten nur vier von ihnen länger als die Eltern. In Briefen sprach sie ihren Gatten liebevoll an als „unser freundlicher herzliebster Herr und Gemahl". Das Paar bestand auf einem gemeinsamen Schlafzimmer, auch auf Reisen. Um die Erziehung ihrer Kinder sorgte sich die Kurfürstin ebenfalls, bei den Mädchen legte sie auf Handarbeit und Lesen großen Wert.

Geachtet war sie für ihre vorbildliche Haushaltung. Die kursächsische Küche war berühmt. Die Hofordnung - streng, mit klaren Regeln - wurde zum Vorbild vieler Fürstenhäuser im Reich. August und Anna betrieben umfangreiche Landwirtschaft. In Ostra bei Dresden entstand ein Mustergut, das die Festung Dresden versorgen konnte. Dabei war sich die Kurfürstin nicht zu fein, selbst mitzuarbeiten. Außerdem förderte das Paar die Veredlung sächsischer Obstsorten.

Wie umfangreich die Kurfürstin tatsächlich in den Regierungsgeschäften mitmischte, ist heute unklar. Vermuten kann man allerdings, dass sie viel Einfluss hatte. Ihr Verhältnis zum Gatten war von Respekt geprägt, er vertraute ihr zumindest in vielen Haushaltsdingen. Die Machtpolitik der Frauen in jener Zeit, das war vor allem die Heiratspolitik. Mit Leidenschaft vermittelte Anna Ehen für Verwandte, andere Fürstenhäuser und ihr anvertraute Jungfrauen.

So hat die Kurfürstin viele Spuren hinterlassen. Bei Wittenberg trägt Schloss Annaburg, ab 1572 erbaut, tatsächlich ihren Namen, ebenso der zugehörige Ort. In Dresden gründete sie die Hofapotheke. In dieser Zeit der großen Umbrüche, zwischen Aberglauben und Aufklärung, interessierte sich der Kurfürst für Technik, besonders für Messinstrumente, Uhren und Handwerkszeug.

Es war eine spannende Zeit für das Kurfürstentum Sachsen. Das Große Berggeschrei, ab 1470 in Schneeberg und 1491 in Annaberg, hatte bedeutende Bergstädte entstehen lassen. Und der größte Bergbauunternehmer Sachsens war - Kurfürst August. Denn er hielt eine bedeutende Anzahl von Kuxen, also Beteiligungen. Außerdem setzte er sich für neue Hüttenverfahren ein und für die Errichtung von Eisenhämmern. Darüber hinaus erließ er 1554 eine Bergordnung. Damit sicherte er vor allem ab, dass der Adel weiterhin nicht am Bergregal beteiligt war.

Trotz des Wirtschaftsaufschwungs blieb der Staat verschuldet. Einerseits war August ein vorausschauender Wirtschaftspolitiker. Andererseits waren die prächtigen Feste bei Hofe, die Mahlzeiten, die auch im Alltag oft 21 Gänge umfassten, und die Politik des Landgewinns teuer. Außerdem soll der Kurfürst etwa 50 große Bauvorhaben verwirklicht haben.

Foto: Eva-Maria Hommel

Vor dem Motorrad war die Kutsche: Das Kutschenmuseum im Schloss Augustusburg zeigt historische Wagen.

Foto: Eva-Maria Hommel

Das Brunnenhaus wurde in seiner Form dem Göpelwerk angepasst: Auf der einen Seite ist es rechteckig, auf der anderen halbrund.

Foto: wikipedia

Kurfürst August von Sachsen, porträtiert von Cyriacus Reder (ca. 1560-1598). Das Gemälde befindet sich in den Staatlichen Kunstsammlungen Dresden.

In der Politik setzte er weitgehend auf friedliche Expansion. Eine seiner wichtigsten Amtshandlungen war die Landesordnung von 1555, die fast alle Bereiche des gesellschaftlichen Lebens reglementierte. Schließlich erschien der „Codex Augusteus", eines der ersten Landesgesetzbücher überhaupt.

In Sachen Religion bemühte sich der Fürst um Ausgleich zwischen katholischen und lutherischen Herrscherhäusern. Während sich die Spannungen zwischen Katholiken und Anhängern der Reformation noch in Grenzen hielten, wurden die Gegensätze zwischen den orthodoxen Lutheranern und den Calvinisten beziehungsweise Reformierten immer größer. Das ging so weit, dass Kurfürst August Calvinisten aus seinem Umfeld einsperren ließ. Zwei starben nach Folter. Möglicherweise spielte die Kurfürstin dabei eine wichtige Rolle. Streng lutherisch erzogen, stand sie den Calvinisten unversöhnlich gegenüber.

Die schönen Seiten der Religiosität kann man in der Schlosskirche von Augustusburg bewundern. Der Altar des Wittenberger Hofmalers Lucas Cranach des Jüngeren, zu dem besonders die Kurfürstin engen Kontakt hielt, zeigt die Familie betend unter dem Gekreuzigten. Anna liebte die Malerei. Noch heute kann man als Besucher schmunzeln über den Bilderzyklus „Verkehrte Welt" des Hofmalers Heinrich Göding, der das Hasenhaus im Schloss ziert: Die Hasen spielen mit Reifen, ziehen gegen die Jäger in den Krieg und errichten ihr Hasenreich. In mehreren Städten entstanden Kunstkammern, die in Dresden war der Ursprung des heutigen Grünen Gewölbes.

Das Fazit eines solch langen Ehelebens? Klar ist: Das Bild vom gutmütigen Vater und der weichherzigen Mutter geht an der Realität vorbei. Beide herrschten, teils mit harter Hand, aber doch stets im Interesse des Kurfürstentums. Kurfürst August verlor seine Gattin im Jahr 1585. Er heiratete bald darauf die junge Agnes Hedwig von Anhalt-Dessau, doch schon kurz darauf starb auch er. Ihre letzte Ruhe fanden er und seine Gattin nicht auf Schloss Augustusburg, sondern an einem Ort, der heute schon offiziell Teil der Welterberegion „Montanregion Erzgebirge" ist: August von Sachsen und Anna von Dänemark sind im Freiberger Dom bestattet.

„Das Bild vom gutmütigen Vater und der weichherzigen Mutter geht an der Realität vorbei."

Weiterlesen? Wettiner mit ähnlich viel Einfluss lernen Sie in den Kapiteln „Der Otto-Motor" (ab Seite 56) und „Licht und Luft" (ab Seite 128) näher kennen.

Information:

Jagdschloss Augustusburg: Die symmetrische, vierflügelige Anlage ist weithin sichtbar. In den Innenräumen sind Wandmalereien des Hofmalers Heinrich Göding zu sehen. Außerdem sind Waffen, historische Möbel und höfische Kleidung ausgestellt. Der Brunnen mit dem bergmännischen Göpelwerk kann bei Führungen besichtigt werden. In der Schlosskirche sind die Orgel sowie Altar und Kanzel aus der Werkstatt Lucas Cranach des Jüngeren zu sehen. Außerdem gibt es im Schloss Augustusburg verschiedene Dauerausstellungen: Motorradmuseum mit mehr als 170 Exponaten, darunter Unikate. Einblick in die Geschichte der Zschopauer Motorradfirmen DKW, Auto Union und MZ. Soundsimulator und historisches Filmmaterial. Kutschenmuseum. Jagdtier- und Vogelkundemuseum mit 120 Dioramen von Säugetieren und Vögeln. Gruppen können außerdem an einer multimedialen Zeitreise („Time Warp") teilnehmen. Geöffnet ist von April bis Oktober von 9.30 bis 18 Uhr, von November bis März von 10 bis 17 Uhr. Am 3. Dezember und an Heiligabend ist geschlossen, Silvester nur bis 14 Uhr geöffnet, am Neujahrstag ab 11 Uhr. Der Eintritt für Schloss, Museen und Sonderausstellung kostet 18 Euro, ermäßigt 14 Euro, Karten für Teilbereiche sind ebenfalls erhältlich. Führungen finden mehrmals täglich statt, in der Nebensaison an Wochentagen nur auf Bestellung. www.die-sehenswerten-drei.de

Schloss Annaburg: Das Museum im Renaissanceschloss gibt einen Überblick über die Baugeschichte und das Wirken von Kurfürstin Anna und Kurfürst August. Schloss 22 in Annaburg (Sachsen-Anhalt), geöffnet ist von April bis Oktober dienstags von 10 bis 12, freitags von 11 bis 14, samstags von 14 bis 17 und sonntags von 14 bis 16 Uhr. Jedes erste Wochenende im Monat bleibt das Museum geschlossen. www.mv-sachsen-anhalt.de

Foto: wikipedia

Kurfürstin Anna von Sachsen, gemalt von Lucas Cranach dem Jüngeren. Kunsthistorisches Museum Wien

Foto: Eva-Maria Hommel

Historische Fahrzeuge, Simulationen und Filme machen das Motorradmuseum zu einem Ziel für Zweirad-Fans.

9. TEIL

AUSKLANG: GESTERN – HEUTE – MORGEN

Damit sind wir mit unserer Reise durch die Welterberegion „Montanregion Erzgebirge" schon fast zu Ende. Aber noch nicht ganz. Denn bei soviel Erbe und Historie, so bedeutsamer Vergangenheit, da stellt sich fast automatisch die Frage: Wie sieht es denn in der Zukunft aus? Nun, was den Erzbergbau im Erzgebirge angeht, da gibt es durchaus Bestrebungen, die auf eine Renaissance hoffen lassen. Früher war die Anzahl der Metalle, die die Menschen zu gebrauchen wussten, begrenzt. Heute sind, der Mikroelektronik sei Dank, viel mehr Elemente von Interesse. Auch solche, die sich erwiesenermaßen noch im Erzgebirge finden lassen. Fragt sich nur, ob die erwarteten Erlöse mit den Kosten Schritt halten. Im Oberbergamt in Freiberg jedenfalls finden alle Aktivitäten in dieser Richtung tatkräftige Unterstützung. Doch die Wirkmächtigkeit erzgebirgischer Bergbau-Geschichte reicht über die Grenzen des Gebirges weit hinaus. Es heißt ja schließlich auch Weltkulturerbe. Oder Kulturerbe der Menschheitsgeschichte. Und so nimmt Freiberg mit seiner Universität und seinen Bergbau-Unternehmen nach wie vor die Zukunft des Bergbaus weit über seine Grenzen hinaus in den Blick. Darüber hinaus richtet sich allgemein die Weltwirtschaft zunehmend an einem Begriff aus, der nirgendwo anders als in Freiberg erfunden wurde: der Nachhaltigkeit. Das Erzgebirge hat also auch bei diesem Thema der Zukunft ein Stück voraus gegriffen.

Foto: Albrecht Holländer/Wirtschaftsförderung Erzgebirge

Die Vergabe des Welterbe-Titels wurde in Freiberg mit einem Feuerwerk an der Reichen Zeche gefeiert. Wo einst das Glück unter Tage zum Vorschein kam, wachsen so noch immer Blütenträume in den Himmel.

WENN DER BERG GANZ LEISE SCHREIT

2011 sorgte ein Schwabe für Aufregung im Erzgebirge. Er wollte ausgerechnet das symbolträchtige Silber abbauen. Daraus ist bisher nichts geworden. Der Bergbau im Erzgebirge hat dennoch Zukunft, sagen Experten. Nur wo?

Im Winter des Jahres 2010/2011 sorgte eine Mitteilung des Oberbergamts Freiberg im Erzgebirge für Aufregung. Ein Unternehmer aus Baden-Württemberg hatte die Lizenz bekommen, in alten Stollen bei Zschorlau nach Silber zu suchen. Gestiegene Weltmarktpreise würden den Abbau lohnenswert machen. Schon im Frühjahr könne die Erkundung losgehen. Neuer Silberbergbau im Erzgebirge? Die Story schaffte es auf die Wirtschaftsseiten und ins TV. Die Zeit sei reif für ein neues Berggeschrey, sagte Sachsens damaliger Wirtschaftsminister Sven Morlok. Als der Investor und seine Gattin ihre Pläne in Zschorlau vorstellten, platzte der Saal aus allen Nähten. Skepsis oder gar Widerstand gab es kaum. Vielmehr wurde es den Menschen warm ums Herz. Endlich würde der Stolz des Erzgebirges neue Nahrung bekommen.

Jahre später ist noch kein neues Silberbergwerk entstanden. War der Ruf nach dem Berggeschrey verfrüht? Illusorisch? Besuch bei einem, der das wissen muss. Bernhard Cramer ist der Beamte mit dem schönsten Titel in ganz Sachsen: Er ist Oberberghauptmann, also Leiter des Oberbergamts. Die Aufsichts- und Verwaltungsbehörde vergibt Lizenzen zum Aufsuchen, Erkunden und zum Abbau von Bodenschätzen im Freistaat. Dann wird kontrolliert, ob alles mit rechten Dingen zugeht. „Laut Paragraf 1 Bundesberggesetz gilt es, das Aufsuchen, Gewinnen und Aufbereiten von Bodenschätzen zu ordnen und zu fördern", sagt Cramer. „Und wir wollen fördern. Wir wollen den bestmöglichen Bergbau für das Land." Das Amt sitzt seit Jahrhunderten in der Kirchgasse in Freiberg. Heute zählt es 90 Mitarbeiter und trägt Verantwortung für Bergbau auf Braunkohle, Steine und Erden sowie Erze und Spate. Im Büro, in dem Cramer regelmäßig mit Investoren aus aller Herren Länder über mögliche Vorkommen im Erzgebirge fachsimpelt, hängt ein lebensgroßes Porträt von Sigismund August Wolfgang von Herder (1776-1838). Der Sohn des berühmten Dichters war einer der Amtsvorgänger Cramers, er war Vordenker des heutigen Rothschönberger Stollns.

Bevor die Kinder in Flusssedimenten nach Bodenschätzen suchen, lernen sie, wie sich anhand der topografischen Karten die Untersuchungsgebiete eingrenzen lassen.

Foto: Frank Hommel

Auf die Frage nach dem Berggeschrey lässt Cramer die Zahlen sprechen. „Eigentlich gilt im Bergbau die Regel: Nur bei jedem 100. Projekt entsteht wirklich ein Bergwerk", sagt er. Und bis dahin braucht es zehn Jahre. 2011 kam Cramer nach Freiberg. Seitdem betreute das Oberbergamt rund 50 ernstzunehmende Projekte im Bereich Erz- und Spatbergbau im Erzgebirge. Ein neues Bergwerk wurde in dieser Zeit eröffnet – in der Grube Niederschlag bei Oberwiesenthal wird seit 2013 Fluss- und Schwerspat abgebaut. Drei, vier interessante Projekte haben seiner Meinung nach ebenfalls das Potenzial für kommerziellen Abbau. Sprich: So schlecht läuft es gar nicht. „Bergbau verträgt keine Euphorie, aber auch keine Verteufelung", sagt Cramer. Es sei sowieso längst nicht klar, ob sich nicht im Erzgebirge irgendwo noch bis dato völlig unbekannte Erzfunde auftun.

Wird das Berggeschrey irgendwann doch wieder laut? Wird es ein Goldrausch? Ein Schüler aus Freiberg reibt sich die Augen. Er hat sich an einem trüben Samstagmorgen aus dem Bett gequält, um hautnah mitzuerleben, wie die Schatzsuche heutzutage abläuft. Sie ist der Goldsuche damals am Klondike in Alaska gar nicht so unähnlich. Schatzsucher von heute durchsieben wieder die Bäche und Flüsse. Wistamerz hieß das Forschungsprojekt, um das es bei diesem Ferien-Workshop geht. Der Name steht für Prognose wirtschaftsstrategischer Hochtechnologiemetalle am Beispiel des Erzgebirges. Dass man sich da die Augen reibt, hat nichts mit Müdigkeit zu tun. Sondern mit einem Aha-Effekt. Eben blickt man auf eine Handvoll braunen Sand, den die Mulde an ihrem Rand bei Freiberg abgelagert hat. Bei 20-facher Vergrößerung unterm Mikroskop sieht der Sand ganz anderes aus. Es zeigen sich rötliche Brocken, weiße Partikel, scharfkantige Abbrüche, rostrote Krümelchen. Dazwischen: silbrig glänzende Flächen. Ist die Schatzsuche schon erfolgreich?

„Bergbau verträgt keine Euphorie, aber auch keine Verteufelung."

So einfach ist das nun auch wieder nicht, sagt Tobias Petermann. Die weißen Brocken sind Quarz. Das Glänzen weist auf Glimmer hin. Also kein Silber. Geologen suchen sowieso eher Zinn und Wolfram, Germanium und Indium, Niob, Tantal, Gallium, dazu Scandium, Selen, Antimon, Tellur, Rubidium, Cäsium. Einst unbekannte Metalle, die aber heute gebraucht werden. Petermann leitet den Workshop. Er ist Wissenschaftler an der TU Bergakademie Freiberg und beteiligt bei Wistamerz. Ziel: Von der Zusammensetzung der Sedimente der Bäche und Flüsse im Erzgebirge darauf zu schließen, was sich im Einzugsgebiet der Gewässer finden lässt. Das Untersuchungsgebiet ist riesig. Mehrere tausend Proben wurden entnommen und analysiert. Die Methode gibt es schon seit DDR-Zeiten. Nur hat eben damals niemand nach so exotischen Elementen gesucht.

„Der erzgebirgische Bergbau wird immer klein- und mittelständisch bleiben", prognostiziert Cramer. Trotzdem sind viele Lagerstätten wirtschaftlich interessant, findet der Oberberghauptmann. Und es gibt Rohstoffe wie Lithium,

Zinn, Wolfram, deren Vorkommen zwischen Zinnwald und Adorf für Deutschland noch eine riesengroße Rolle spielen könnte. Da sei es charakteristisch für das Erzgebirge, dass die Leute Verständnis für die Belange des Bergbaus aufbringen. Natürlich interessiert auch hierzulande, ob mit Erzen beladene Lkw die holprigen Dorfstraßen hinunterdonnern und wenn ja, wie viele. Natürlich wollen sich auch die Erzgebirger das Trinkwasser nicht mehr vergiften, neue Halden vor die Haustür schütten und den Boden unter den Füßen wegbaggern lassen. Aber Diskussionen darüber laufen sachlich ab. Auch das befördert Bergbau.

Zwei, drei neue Bergwerke will er in seiner Amtszeit schon noch erleben, sagt Cramer. Dafür hat er sogar seinen Frieden gemacht mit der Welterbe-Idee. Das Gebäude des Oberbergamts gehört ja selbst zu den von der Unesco geschützten Objekten. „Ich war in der Fundamental-Opposition", bekennt Cramer. Dass aktiver Bergbau und denkmalgeschützte Bergbau-Anlagen nicht leicht unter einen Hut zu bringen sind, war ihm sofort klar. Er intervenierte. Mit Erfolg. „Jetzt haben wir ein eindeutiges Bekenntnis zu einer dynamischen Region", urteilt der Oberberghauptmann. Sprich: Aktiver Bergbau gehört zur Tradition des Welterbes mit dazu. Falls sich aktiver und historischer Bergbau und Denkmalschutz irgendwo in die Quere zu kommen drohen, wird Konfliktmanagement aktiviert. „So konkret ist das meines Wissens nach bei einer Welterbe-Stätte einmalig", sagt Cramer. Nun steht er voll und ganz hinter dem Welterbe, versichert er. „Traditionspflege ist auch gut für aktiven Bergbau."

Weiterlesen? Wie sich Privatleute um die Hinterlassenschaften früherer Berggeschreye kümmern, finden Sie beispielhaft beschrieben im Kapitel „Wohnen im öffentlichen Interesse" ab Seite 35.

Information:

Terra mineralia: Ausstellung von 3500 Mineralien, Edelsteinen und Meteoriten im modernen Ambiente im Schloss Freudenstein Freiberg, zahlreiche Sonderausstellungen, an den Wochenenden und während der Ferien Angebote für Kinder, geöffnet täglich von 10 bis 17 Uhr, am Wochenende und Feiertagen bis 18 Uhr, gelegentliche Schließtage montags, Eintritt 10 Euro, Schüler und Studenten 5 Euro, Schlossplatz Freiberg, www.terra-mineralia.de.

Roter Graben: angelegt am Anfang des 17. Jahrhunderts, eine der wichtigsten Anlagen der bergmännischen Wasserwirtschaft des Freiberger Reviers, versorgte den Raum Halsbrücke mit Aufschlagwasser. Von der Reichen Zeche Freiberg über eine Wandertour erreichbar. Mehr zu Bergbaugeschichtlichen Erkundungswegen in der Tourismusinformation Freiberg, Schlossplatz, www.freiberg-service.de.

DAS BERGWERK DER ZUKUNFT

Eines Tages wird die Montanindustrie vielleicht fast ohne Bergleute auskommen. Wie das funktionieren soll? Wissenschaftler der TU Bergakademie Freiberg haben da ein paar Ideen.

In den engen, dunklen Gängen der Reichen Zeche verlieren Julius und Alexander nicht mehr so leicht die Orientierung. „Inzwischen lassen wir sie schon alleine ihre Runden drehen", sagt Bernhard Jung, Informatiker an der TU Bergakademie Freiberg, „aber ein bisschen müssen wir immer noch aufpassen."

Es klingt, als spräche er von zwei Halbwüchsigen, die ihre ersten Schritte in der Welt machen. So ähnlich ist es auch. Julius und Alexander sind Roboter. Eines Tages werden sie – oder ihre Nachfolgemodelle – vielleicht Gruben erkunden, Proben nehmen und Rohstoffe abbauen, nur aus der Ferne überwacht von einem Techniker.

Der unbemannte Bergbau ist eine Zukunftsvision. Man will billiger auch an schwer erreichbare Rohstoffe kommen, ohne dass sich Menschen in Gefahr begeben müssen. Um dieses Bergwerk der Zukunft mit aufzubauen, fahren die Wissenschaftler der Bergakademie tief in die Vergangenheit ein: ins Forschungs- und Lehrbergwerk Himmelfahrt Fundgrube, Schacht Reiche Zeche, wo schon vor 600 Jahren Erze abgebaut wurden.

Damals ahnte noch niemand etwas von Indium und Germanium. Heute werden sie dringend gebraucht, für Elektronikbausteine, Glasfasernetze und Flachbildschirme. Die beiden Elemente wurden zwar im 19. Jahrhundert in Freiberg entdeckt, doch heute kommen mehr als 70 Prozent der Weltproduktion von Germanium aus China. Auch bei Indium ist das Land führend.

Nun forschen Wissenschaftler daran, die Fördermengen in Deutschland und Europa zu erhöhen. Unter Europas Erde – auch im Erzgebirge – liegen nach EU-Angaben noch Rohstoffe im Wert von etwa 100 Milliarden Euro. Das Problem: Sie befinden sich meist in Tiefen von 500 bis 1000 Metern, in stillgelegten

Bergwerken oder kleinen Lagerstätten, wo sich der Abbau mit herkömmlicher Technik nicht lohnt. Hinzu kommen Auflagen für Umwelt- und Arbeitsschutz, deutlich höher als in Schwellenländern, und höhere Löhne. Helmut Mischo, der wissenschaftliche Direktor des Forschungs- und Lehrbergwerks, glaubt trotzdem an Erfolge: „Im Bergwerk der Zukunft wird man immer tiefere, immer ärmere Lagerstätten ausbeuten – mit immer geringerem Energie- und Kosteneinsatz und immer kleinerem ökologischen Fußabdruck."

In der Reichen Zeche arbeiten die Wissenschaftler rund 150 Meter unter der Erde daran. Die Hochschule, die sich heute „die Ressourcenuni" nennt, blickt auf eine lange Geschichte zurück. Gegründet wurde sie im Jahr 1765. Schon damals ging es darum, Bodenschätze effizient nutzbar zu machen. Bis heute sind die Freiberger weit vorn, wenn es um Bergbau und Metallurgie geht. Dabei pflegen sie die Tradition, sogar die Roboter sind nach zwei ihrer berühmtesten Köpfe benannt: Dem Naturforscher Alexander von Humboldt und dem Ingenieur Julius Weisbach, der die Markscheidekunst revolutionierte, also die Vermessung unter Tage.

Die Informatik ist im Vergleich dazu recht neu. Mit einem tragbaren Computer beobachten Jung und seine Mitarbeiter, wie Alexander beim Fahren eine Karte des Bergwerks erstellt. Unter Tage funktioniert das satellitenbasierte GPS nicht. Deshalb haben die Forscher zunächst Laserscanner an Alexander befestigt. Sie zeigen ihm, wo ein Hindernis ist. Doch der Boden ist matschig, mittendrin liegen Schienen, und jede noch so kleine Unebenheit verschiebt die Scan-Ebene. „Wir probieren regelmäßig über Tage Dinge aus, um dann festzustellen, dass sie unter Tage nicht funktionieren", sagt Bernhard Jung. Dann heißt es: den Algorithmus umprogrammieren und es nochmal versuchen.

Langfristig soll sich der Roboter an 3D-Aufnahmen orientieren, die er selbst produziert. So entsteht ein dreidimensionales Modell eines Bergwerks. Bergbau-Roboter sollen aber auch aktiv mitarbeiten. Da kommt Alexanders großer Bruder Julius ins Spiel. Der hat einen beweglichen Greifarm mit drei Fingern. Damit soll er WLAN-Router unter Tage verteilen, damit sich die Roboter daran orientieren können. Außerdem soll er mit seinen drei Fingern einen Scanner halten, um vor Ort die Zusammensetzung von Mineralien zu bestimmen.

Darüber hinaus könnten Roboter wie Julius unbekanntes Terrain erkunden und nebenher Temperatur, Luftdruck, Strahlung und Gaskonzentrationen kartieren – dort, wo es für Menschen zu tief oder zu gefährlich ist. Irgendwann könnten sie auch selbst Rohstoffe abbauen. Autonome Bergarbeiter auf Rädern gibt es bereits – allerdings nur im untertägigen Salzbergbau, wo viel Platz ist, oder in großen Tagebauen, etwa in Australien. Für die engen erzgebirgischen Stollen bräuchte es aber kleine, bewegliche Exemplare.

Roboter wie Julius können auch enge oder gefährliche Bereiche eins Bergwerks befahren, die für Menschen gesperrt sind.

Foto: TU Bergakademie Freiberg, Institut für Informatik

Ralf Schlüter, wissenschaftlicher Mitarbeiter, erstellt mit einem Kernbohrgerät eine Laugungsbohrung, um Metalle mithilfe von Bakterien aus dem Gestein zu lösen.

TU Bergakademie Freiberg/Detlev Müller

Foto: TU Bergakademie Freiberg, Institut für Informatik

Roboter Alexander ist nach einem der berühmtesten Studenten der TU Bergakademie Freiberg benannt: nach Alexander von Humboldt. Der Roboter erstellt exakte 3D-Aufnahmen des Forschungs- und Lehrbergwerks.

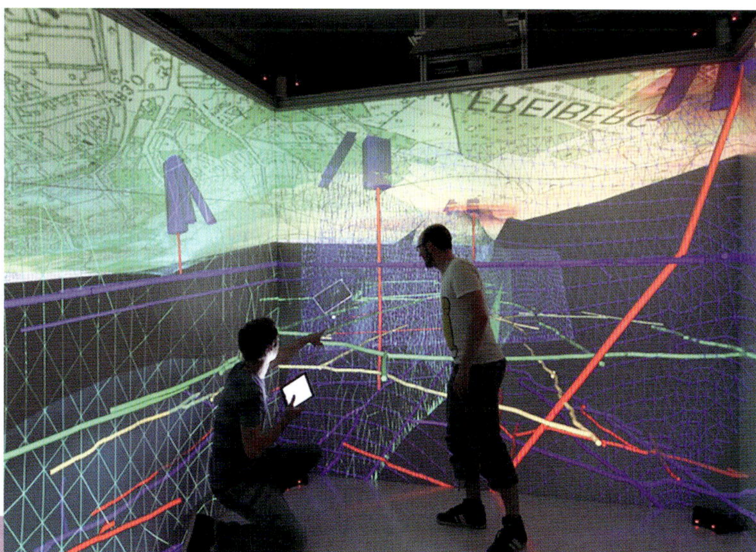

Foto: TU Bergakademie Freiberg, Institut für Informatik

Aus den Aufnahmen des Roboters Alexander entsteht im Simulationsraum „Cave" des Instituts für Informatik eine 3D-Karte des Bergwerks.

Sollte die „Robolution“ im Bergbau wirklich kommen, könnte man wohl deutlich günstiger Rohstoffe fördern. Nicht nur, weil Löhne und Sozialkosten sinken. Man spart auch die Bewetterung, also die Frischluftversorgung. Außerdem brauchen Roboter keine Pausen. Vor allem aber müssten keine Menschen mehr in lauten, feuchten und gefährlichen Gruben arbeiten.

Ähnliche Argumente zählt auch Ralf Schlüter vom Institut für Bergbau und Spezialtiefbau auf. Er zitiert einen Ausspruch, der dem französischen Soziologen Frédéric le Play zugeschrieben wird: „Das wichtigste, was aus einem Bergwerk herauskommen sollte, ist der Bergmann selbst.“ Schon lange übernehmen Maschinen Arbeiten unter Tage. Doch sie brauchen Benzin oder Strom. Und dann müssen auch noch die Rohstoffe und das taube Gestein transportiert werden. Schlüters Ziel: ein Bergwerk, in dem kein Material mehr aus dem Fels gebrochen wird oder ungenutzt liegen bleibt.

Gelingen könnte das mithilfe von kleinen Helfern. Eisen- und schwefeloxidierende Bakterien sollen helfen, die begehrten Metalle mit Wasser aus dem Gestein herauszulösen. Die Metalle kommen im Mineral oft in Form von Sulfiden vor, das sind Salze des Schwefelwasserstoffs. Diese Sulfiderze sind in Wasser schwer löslich. An dieser Stelle greifen die Bakterien ein. Durch biologische Teilreaktionen bauen sie Sauerstoff aus der Umgebung ein. So wird aus Sulfid ein Sulfat, das sich gut in Wasser löst. Die Forscher müssen also, vereinfacht gesagt, nur das Erzvorkommen anbohren, eine Lösung hindurchspülen, in der die Bakterien enthalten sind, Sauerstoff hinzufügen, und schon erhalten sie eine Lösung, aus der sich das Metall gewinnen lässt. Das wiederum geschieht mithilfe eines Lösungsmittels oder per Elektrolyse, indem man Strom durch die Flüssigkeit leitet und so die chemische Verbindung aufspaltet.

Die Methode funktioniert bereits gut mit dem Mineral Chalkosin, aus dem Kupfer gewonnen wird. Die Freiberger Forscher wollen nun zeigen, dass sie es auch mit Sphalerit können. Dieses Mineral enthält oft auch das begehrte Indium und Germanium.

Der besondere Charme ist, dass die Bakterien natürlicherweise im Grubenwasser vorkommen. Die Forscher gewinnen sie dort, vermehren sie im Labor und entlassen sie wieder in ihre natürliche Umgebung. Für den Menschen sind sie ungefährlich, an der Tagesoberfläche würden sie schnell absterben.

Ralf Schlüter will diese Forschung in einem großen Forschungsverbund voranbringen. Bislang wird die Biolaugung, wie das Verfahren auch heißt, vor allem auf Halden angewendet, in denen noch verwertbare Rohstoffe stecken. Die Freiberger wollen lieber die Bakterien direkt unter Tage durch das Gestein jagen. Wenn das klappt, können sie zielgerichtet nur die Erzgänge abbauen. „Der Gneis wird überhaupt nicht angegriffen“, erklärt Ralf Schlüter, „es gibt dann auch kein taubes Gestein.“ Übrig bleibt nur Schwefelsäure, die man neutralisieren muss. Das Verfahren biete sich für Bergwerke an, wo mit herkömmlichen Methoden nicht mehr gewinnbringend abgebaut werden könne, bald vielleicht auch für den Bohrloch-Bergbau. „Wir suchen ein Verfahren mit einem geringstmöglichen Einfluss auf die Umwelt“, betont Schlüter.

Kollege Roboter und die Mikrobergleute – sie könnten neuen Bergbau im Erzgebirge möglich machen. Und dann muss es noch einen geben, der diese Ideen zusammenbringt. Und das ist David Horner, Wirtschaftsingenieur im Uni-Projekt „Real Time Mining“.

Das soll alle Bergbauprozesse – von der Erkundung über die Gewinnung bis hin zur Aufbereitung – kontinuierlich überwachen, um Fehler so früh wie möglich zu erkennen. Wenn irgendwo etwas schiefläuft, erfährt es der Überwacher binnen Millisekunden bis Sekunden. Dazu entwickeln die Forscher eine IT-Plattform. „Wenn die Produktion nicht rund läuft, weil ein Erzgang nicht richtig ausgemessen war, dauert es zurzeit Tage bis Wochen, bis man darauf reagieren kann“, erklärt Horner. Also entwickeln die Wissenschaftler Methoden, um sofort zu erkennen, wie mächtig ein Erzgang oder wie hoch der Metallanteil eines Erzes ist, damit man es gleich unter Tage sortieren und zwischenlagern kann. Sensoren könnten obendrein schneller Ergebnisse liefern, als wenn Proben erst ins Labor geschickt werden müssen.

„Wenn die Produktion nicht rund läuft, weil ein Erzgang nicht richtig ausgemessen war, dauert es zurzeit Tage bis Wochen, bis man darauf reagieren kann.“

Horners Vision geht aber noch weiter: Alle Maschinen sollen in diesem System „miteinander verheiratet werden“. Wenn irgendwo etwas kaputt ist, wird das sofort gemeldet. So lässt sich das Bergwerk weitgehend aus der Ferne verwalten. „Man kann es sich so vorstellen wie die Kommandobrücke auf einem Schiff“, erklärt David Horner, „da hat man sofort den Überblick.“ Ein solcher Kontrollstand ist in der Grubenwarte entstanden – traditionell der zentrale Überwachungsraum eines Bergwerks.

In modernen, großen Gruben oder Tagebauen ist Computerüberwachung längst gang und gäbe. In kleineren Bergwerken sei das aber oft nicht bezahlbar, erklärt Horner. Deshalb müsse das System einfach zu bedienen sein, so dass ein einzelner diensthabender Ingenieur alles im Blick behalten kann. Wenn Fehler schneller erkannt, Chancen besser eingeschätzt werden könnten, senke das die Kosten. So könne Europa besser mithalten.

Somit haben sie alle ein gemeinsames Ziel: David Horner, die Bergleute mit den Bakterien und die Informatiker mit Alexander und Julius. Sie wollen das

Beste aus Europas Erzen herausholen. Auf diese Weise könnte die Reiche Zeche noch heute reiche Erträge bringen.

Weiterlesen? Wie Bergleute sich noch ohne Roboter im Berg orientieren konnten, steht im Kapitel „Wasserstandsmeldungen" (Seite 70).

Information:

Führungen im Schacht „Reiche Zeche" ohne Voranmeldung gibt es mittwochs bis freitags um 10.30 und 12.30 Uhr, samstags 11, 12 und 13 Uhr. Zusätzliche Führungen für Gruppen sind mittwochs bis sonntags von 9 bis 17 Uhr möglich, bitte spätestens sieben Tage vorher anmelden. Zu diesen Zeiten bietet auch eine Übertageführung Einblick in die Bergbau- und Forschungslandschaft der Reichen Zeche. Sie ist eine Alternative für Kinder unter sechs Jahren und Senioren über 75, die aus Sicherheitsgründen nicht einfahren dürfen. Führung für Besucher ab zwölf Jahren über den untertägigen Sagenpfad.
www.silberbergwerk-freiberg.de

Foto TU Bergakademie Freiberg/Detlev Müller

Bergbau-Professor Helmut Mischo und seine Mitarbeiter fahren regelmäßig in die Reiche Zeche ein, um den Erzabbau mithilfe von Bakterien zu erforschen.

SAXONY FOR AFRICA

Geologen und Informatiker von Beak Consultants Freiberg suchen weltweit nach Bodenschätzen. Das bedeutendste Projekt: Ein Rohstoff-Informationssystem für Tansania. Das Land ist dreimal so groß wie Deutschland.

Inmitten gelber Erde ein schwarzes Loch. Es führt einen Mann senkrecht ins Nichts. Er ist barfuß und klemmt sich in den Schacht in der Art, wie Bergsteiger enge Kamine bezwingen. Der Mann spreizt seine Beine, stemmt Füße und Hände gegen die gegenüberliegenden Wände. Zehen und Finger suchen Halt in der Krume. Ein Seil führt in die Tiefe, der Mann beachtet es nicht. „Es ist vielleicht 20 Meter tief", sagt Andreas Barth. „Wenn er herunterfällt, ist er tot."

Andreas Barth hat diesen Moment mit seiner Kamera festgehalten. Das Foto hängt in seinem Büro in Freiberg. Der fotografierte Mann fährt ins Bergwerk ein. Glück auf singt er nicht. Seine Hautfarbe ist schwarz. Es ist ein Bergwerk in Ruanda. Andreas Barth geht an einen Schrank, entnimmt eine Plastikbox. Darin: Erde in derselben ockergelben Farbe. Und glänzende, anthrazitfarbene Brocken: Coltan, ein Erz, aus dem Tantal gewonnen wird, ein Metall, das bei der Herstellung medizinischer Instrumente und Implantate eingesetzt wird. Ein Foto aus derselben Serie zeigt zwei Männer, die mit bloßen Händen dieses Erz aus dem Schlamm klauben. Auf einem dritten Bild ist eine gelbe Brühe zu sehen, die über gelbe Erde rauscht. Das Wasser soll Coltan aus dem Boden spülen. Der stetige Strom nimmt den halben Hang mit sich. „So kann man sich die Zinnseifen einstmals im Erzgebirge vorstellen", sagt Barth. „Die Fotos zeigen Bergbau wie bei uns – nur vor 500 Jahren."

Untragbare Zustände, sagt Barth. „Andererseits: Wenn Sie dort eine Maschine hinstellen, verlieren 30 Leute ihren Job." Dennoch trägt er, trägt das Ingenieurbüro Beak Consultants, dessen Geschäftsführer er ist, dazu bei, den Bergbausektor zu entwickeln und die Arbeits- und Lebensbedingungen der Menschen zu verbessern. Barths Büro hängt voller Fotos, aufgenommen bei den vielen Projekten, die Mitarbeiter des Ingenieurbüros um den Globus führten. Auf schneebedeckte Berge, in Steppen, in Wüsten, in die Savanne. Das Büro ist ein dreidimensionales Tagebuch. Überall Minerale, Gesteinsproben, Mitbringsel. Die Schätze der Erde machen das Leben der Zivilisation erst möglich. Schätze wie Tantal. Es wird auf primitive Weise in Afrika gewonnen. Anderswo, zum Beispiel in Fabriken in Asien, stecken die Menschen kleinste Mengen davon in Smartphones, die damit die Kühlschrank-Temperatur vom Wohnzimmer aus überwachen und den mittleren Jahresniederschlag in Timbuktu anzeigen.

Für Andreas Barth und sein Team ist Afrika die zweite Heimat geworden. Tansania, Ghana, Ruanda, Uganda, Namibia, Marokko, Algerien, Kongo, Südafrika, schließlich Mosambik: Fähnchen auf einer Karte markieren, wo das Ingenieurbüro in Afrika aktiv war und ist, etwa Rohstoffinformationssysteme erstellte. Ziel: für den vielfach unterentwickelten Bergbausektor Investoren zu finden. In Zeiten, in denen Bekämpfung der Fluchtursachen einer der wenigen Leitsätze ist, auf den sich die politischen Lager verständigen können, kommt dem weltweite Bedeutung zu.

Barth weiß, was die Aufgabe mit sich bringt. Für Tansania haben seine Leute ein umfassendes Informationssystem fertig. Die Leistungen der Freiberger beinhalteten eine umfangreiche Dokumentation, ein digitalisiertes Rohstoff-Archiv, flächendeckende geologische Kartensätze, die in einem eigens programmierten Web-Shop gekauft werden können, und darüber hinaus mit GMIS ein kartenbasiertes Informationssystem über potenzielle wie bereits genutzte Rohstoff-Lagerstätten und geologische Strukturen. Per Internet kann es von jedem Punkt der Welt aus genutzt werden. So haben Investoren die Möglichkeit, sich vom Schreibtisch aus einen Überblick zu verschaffen. Zehn Beak-Mitarbeiter – Geologen, Kartografen, Programmierer, IT-Spezialisten – arbeiteten mit Experten vor Ort jahrelang daran, Tausende und Abertausende Daten zu digitalisieren, zu systematisieren, in die Datenbank einzupassen. „Es ging darum, das Wissen zusammenzutragen, zusammenzufassen und an kritischen Stellen zu ergänzen", erklärt Barth. „Wir haben vielleicht 150, 200 Lagerstätten vor Ort besucht, 200 Proben genommen, bezogen auf 40 Elemente analysiert", ergänzt Claus Legler, der bei den geologischen Erkundungen den Hut aufhatte.

Foto: Andreas Barth/Beak Consultants

Risikoreich: Der Schacht führt etwa 20 Meter in die Tiefe. Wenn der Mann den Halt verliert und in den Schacht stürzt, sagt Andreas Barth von Beak Consultants, ist er tot.

„Das Elend in den Bergarbeitersiedlungen ist teilweise extrem", sagt er. In Tansania hat er ein wildes Verkehrschaos in den Städten erlebt. Er hat aus Beton geformte Becken mit hochgiftigen Substanzen zur Auslaugung von Gold besucht, es gab keine Absperrung, zwischen den Becken spazierten Hühner. Er hat im Busch kartiert, auf der Suche nach geeigneten Stellen für Gesteinsproben, und ist dabei auf hilfsbereite, aufgeschlossene Menschen gestoßen. Unsicher, sagt er, hat er sich dabei nicht gefühlt. Auch Kartografin Ellen Dickmayer berichtet von Herzlichkeit.

Man darf den Kontinent nicht auf Armut reduzieren, sagen die Leute bei Beak. Und so finden sich in Tansania auch hochtechnisierte Gruben, wo riesige

Lkw, Warnwesten und Schutzhelme Standard sind. Es komme darauf an, insbesondere den Kleinbergbau sicherer, umweltfreundlicher und ertragreicher zu machen und flächendeckend Standards zu verbessern, erläutert Barth. Auf dem Besprechungstisch liegen faustgroße Gesteinsbrocken, die mitunter in winzigsten Mengen irgendwelche Bodenschätze enthalten. Zum Beispiel ein rostfarbenes, mit orangenen Adern überzogenes Gebilde. Erz, sagt Barth. Da und dort haben sich leuchtend grüne Ausfällungen gebildet. Kupfererz. Das Kupfer wird zwar gewonnen, aber die Menge allein lohnt den Abbau nicht. Ein Nebenprodukt macht das Erz eigentlich interessant: Dieser löchrige Brocken Erdgeschichte enthält Gold. Ohne Labor lässt sich das nicht nachweisen. Barth: „Aber wenn man weiß, welche Prozesse zur Bildung dieses Stücks geführt haben, dann weiß man, dass darin Gold sein könnte."

Foto: Andreas Barth/Beak Consultants

Freiberger Afrika-Spezialisten: Ellen Dickmayer, Claus Legler und Andreas Barth waren teils Monate in Tansania unterwegs.

Wusste er damals auch, dass schon 1993 in der Idee, die er mitentwickelte, Gold steckte? Damals erdachten sich fünf Gründer ein Konzept für ein Beratungs-Unternehmen an der Schnittstelle zwischen Geo- und Umweltwissenschaften sowie IT aus. Das Geld trieben sie bei einem Investor in Kanada auf; von ihm stammt auch der Name „Beak". Freiberg, Zentrum der sächsischen Bergbauforschung, wurde Firmensitz. Heute gehört den Mitarbeitern das Unternehmen zu 100 Prozent, ist der Stamm auf 40 Leute gewachsen. Beak hat Lizenzen zur Rohstofferkundung im Erzgebirge, hat mit der TU Bergakademie Freiberg den geologischen Aufbau des Erzgebirges als Computer-Simulation entwickelt, hat eine Software programmiert, die mittels künstlicher Intelligenz Prognosen für Rohstoffvorkommen errechnet. Pin-Nadeln, die auf der Weltkarte die Länder markieren, in denen die Freiberger schon mit ihrem Bergbau-Wissen gefragt waren, stecken nicht nur in Afrika, sondern auch in Südamerika, in Kuba, Kanada, Australien, Südostasien, Russland. Der Auftrag aus Tansania spielte in einer eigenen Liga. Das Projekt begleitet die Freiberger weiter. Die Datenbank wird gepflegt, Mitarbeiter des Geologischen Dienstes in der tansanischen Hauptstadt Dodoma werden in Freiberg und vor Ort geschult. Die Sonne Afrikas wird noch lange über den Mitarbeitern der Freiberger Consulting-Firma strahlen.

Weiterlesen? Auch am Projekt Wistamerz wird Beak Consultants beteiligt, das Projekt wird in Kapitel „Wenn der Berg ganz leise schreit" (Seite 262) vorgestellt.

Foto: Andreas Barth/Beak Consultants

Die Bedingungen im afrikanischen Bergbau sind mit denen in Europa nicht immer identisch. Das Foto zeigt einen Mahlplatz für Erz.

Foto: Andreas Barth/Beak Consultants

Man darf Afrika nicht auf Armut reduzieren, sagen die Leute bei Beak. Mancherorts aber wirkt der Bergbau wie im Erzgebirge – vor 500 Jahren.

WO DIE NACHHALTIGKEIT HERKOMMT UND WO SIE HINGEHT

Was hat ein sächsischer Oberberghauptmann mit dem Erdgipfel von Rio zu tun? Wie verjüngt man einen Wald? Und wie können Weisheiten aus dem Barock bei der Begrenzung des Klimawandels helfen?

Gebannt schauen die Menschen nach vorne. Der Mann auf der Bühne im Opernhaus Chemnitz spricht leise. Seine Botschaft ist aufwühlend, dramatisch: Der Meeresspiegel wird steigen, Inselstaaten einfach verschwinden – wenn die Menschen nicht schnell ihren CO_2-Ausstoß reduzieren: „Bevor wir etwas ändern, wird es sehr weh tun.“

„Bevor wir etwas ändern, wird es sehr weh tun.“

Die Erderwärmung darf höchstens zwei Grad im Vergleich zu vorindustriellen Verhältnissen betragen – darauf haben sich Regierungen weltweit geeinigt. Der Mann auf der Bühne unterstützt dieses Ziel nachdrücklich. Hans Joachim Schellnhuber, Physik-Professor und Gründungsdirektor des Potsdam-Instituts für Klimafolgenforschung, ist einer der bekanntesten Klimaforscher der Welt. Er ist Mitglied des Weltklimarats IPCC und gehört dem Wissenschaftlichen Beirat der Bundesregierung für Globale Umweltveränderungen an. Er berät Politiker und verbreitet seine Botschaft.

Wie kommt dieser Mann nach Chemnitz? Die Antwort wurzelt in der alten Bergstadt Freiberg. Auf der Liste der dort tätigen Oberberghauptmänner findet sich einer, dessen Namen heute nicht mehr viele kennen. Doch ein Begriff, den er prägte, ist in aller Munde. Es ist die Nachhaltigkeit, und der Bergbeamte hieß Hans Carl von Carlowitz. Im Jahr 1713, als der erzgebirgische Bergbau am Holzmangel zu Grunde zu gehen drohte, forderte er in seinem Werk „Sylvicultura oeconomica“ oder „Anweisung zur wilden Baumzucht“ eine „nachhaltende Nutzung“ des Holzes.

Aus dem alten Buch gelangte das Wort in die Weltnaturschutzstrategie internationaler Organisationen 1980, ins Leitbild „Sustainable Development – nachhaltige Entwicklung" des UN-Erdgipfels von Rio 1992, in Zeitungsartikel und Schulbücher. Längst richten Unternehmen ihr Wirtschaften daran aus. In Erinnerung an den vorausschauenden Oberberghauptmann, der 1645 geboren wurde, vergibt die Sächsische Hans Carl von Carlowitz Gesellschaft zur Förderung der Nachhaltigkeit jedes Jahr einen Nachhaltigkeitspreis. Im Jahr 2017 ging er an den ecuadorianischen Politiker Alberto Acosta – und an Hans Joachim Schellnhuber. In Chemnitz war die Preisverleihung. „Die Wissenschaft", so der Geehrte, „soll nicht nur wissen, sie soll auch verantworten."

Ein Satz, der irgendwie auch zu Carlowitz passt. Der war zwar selbst kein Forscher, wenn er auch humanistisch gebildet war und in Jena Jura studiert hatte. Doch aus seinem Werk spricht der Wille, auf wissenschaftlicher Grundlage praktische Lösungen zu suchen.

Foto: Hollin

Hans Joachim Schellnhuber ist Professor am Potsdam-Institut für Klimafolgenforschung und einer der profiliertesten Wissenschaftler zum Thema Klimawandel.

Carlowitz wuchs auf der trutzigen Burg Rabenstein auf, westlich von Chemnitz. Sein Vater diente dem Kurfürsten als Oberjägermeister und Oberaufseher der Flöße. Die Arbeit der Köhler, Jäger und Flößer war dem Sohn also vertraut. Es zog ihn nach Freiberg, das viergeschossige Patrizierhaus mit dem prächtigen Giebel am Obermarkt, in dem er lebte, ist bis heute erhalten. Im Jahr 1677 wurde er zum „Vice Berg-Hauptmann" ernannt, 1713 zum Oberberghauptmann. Damals litt Sachsen unter den Folgen des Dreißigjährigen Kriegs. Dem Bergbau drohte das Aus. Die Wälder ringsum waren abgeholzt. Die hölzernen Ausbauten unter Tage sowie die Erzgewinnung durch Brandsetzen hatten ihren Preis gefordert. Vor allem aber verschlangen die Öfen der Hammerwerke und Schmelzhütten Unmengen von Holzkohle.

Das Problem betraf das gesamte industrialisierte Europa. Das hatte Carlowitz auf einer fünfjährigen Bildungsreise durch die Niederlande, England, Dänemark, Schweden, Frankreich, Italien und Malta mit eigenen Augen gesehen. Der große Stadtbrand von London im Jahr 1666 trieb das Problem auf die Spitze, und dann versenkten auch noch holländische Kriegsschiffe die Flotte des Empires fast vollständig. Günther Bachmann, der Generalsekretär des Rats für nachhaltige Entwicklung der Bundesregierung, sagte im Jahr 2012: „Die Bedeutung der Forstpolitik war im damaligen Europa etwa dort angesiedelt, wo wir heute den Euro, die Schuldenbremse und die Energiepolitik sehen."

In Frankreich reagierte man. Der König erließ die „Ordonnances": Er befahl, weniger Holz einzuschlagen, und ordnete Maßnahmen zur Wiederherstellung und Erhaltung des Waldes an. Für die damalige Zeit ein revolutionärer Vorgang, den Carlowitz vor Ort miterlebte.

Die Forststadt Tharandt liegt wie versunken im Tal der Wilden Weißeritz.

Foto: Kristina Funke, Sachsenforst

Einheimischer Buchenmischwald ist die vorherrschende Vegetation im Tharandter Wald.

Foto: Kristina Funke, Sachsenforst

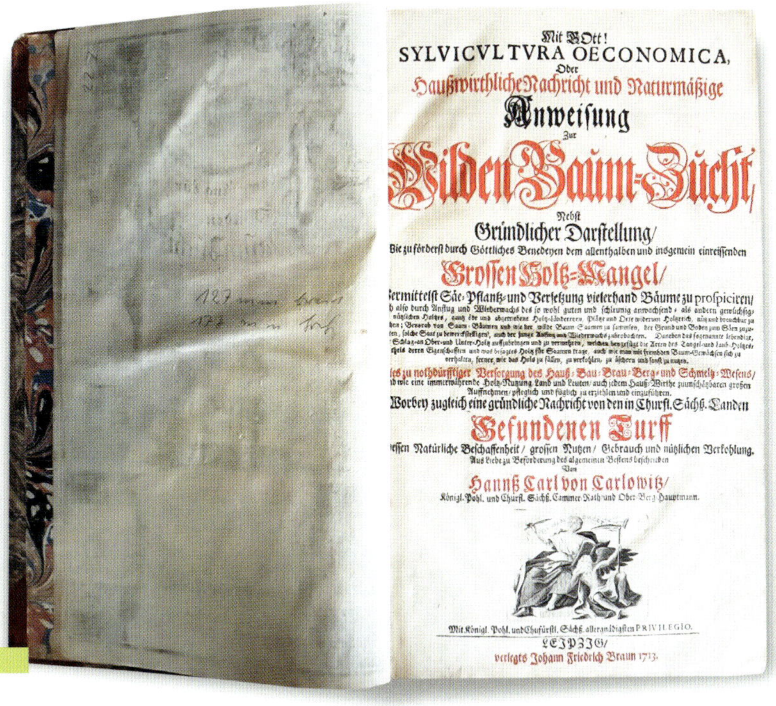

Foto: Sächsische Hans-Carl-von-Carlowitz-Gesellschaft

Mit seinem Werk „Sylvicultura oeconomica" oder „Anweisung zur wilden Baumzucht" von 1713 brachte Hans Carl von Carlowitz den Nachhaltigkeitsbegriff in die Forstwirtschaft ein. Heute ist er zum Schlagwort geworden.

Foto: Frank Hommel

Das repräsentative Patrizierhaus am Freiberger Obermarkt (mittleres Gebäude), in dem Carlowitz wohnte, ist bis heute erhalten.

Im Jahr 1713 griff er die Idee in seinem Hauptwerk auf: die „Sylvicultura oeconomica“, der Carlowitz-Gesellschaft zufolge das erste geschlossene Werk über Forstwirtschaft. Die Vorsorge für nachfolgende Generationen war ihm wichtig. Deshalb forderte er, so zu wirtschaften, dass dort, wo Holz „abgetrieben“ ist, „an dessen Stelle junges wieder wachsen möge.“ Und dann folgt der Schlüsselsatz: „Wie eine sothane (eine solche) Conservation und Anbau des Holzes anzustellen, daß es eine continuirliche beständige und nachhaltende Nutzung gebe...“

Konkret forderte Carlowitz dreierlei: Erstens sollte man Holz effizienter nutzen, etwa die Gebäude besser dämmen und energiesparende Öfen einsetzen. Zweitens sollte man Ersatz finden, zum Beispiel Torf. Und drittens forderte er „das Säen und Pflanzen der wilden Bäume“. Die Idee breitete sich bald in ganz Europa aus. Carlowitz selbst erlebte das allerdings nicht mehr. Er starb ein Jahr, nachdem er sein Hauptwerk veröffentlicht hatte. Bestattet wurde er in der Familiengruft in der Freiberger Petrikirche.

Foto: Stadt- und Bergbaumuseum Freiberg, R. Jungnickel

Hans Carl von Carlowitz war Oberberghauptmann und ein Vorreiter der nachhaltigen Forstwirtschaft. Sein Porträt ist im Stadt- und Bergbaumuseum Freiberg zu sehen.

Der Nachhaltigkeitsgedanke aber war in der Welt. In Sachsen griff ihn ein Thüringer auf, Heinrich Cotta. Cotta war Forstmann und hatte in Jena Kameral-Wissenschaften studiert, heute würde man sagen Finanz-, Wirtschafts- und Verwaltungslehre. Im Jahr 1811 gründete er auf Wunsch der sächsischen Regierung sein Privatforstlehrinstitut in Tharandt, zwischen Freiberg und Dresden. Wer heute mit dem Zug nach Tharandt fährt und die dicht bewaldeten Hänge sieht, die Bäume, die über das steile Tal der Wilden Weißeritz herrschen, der versteht, dass eine der berühmtesten forstwissenschaftlichen Hochschulen der Welt genau an diesem Ort entstehen musste. Im Jahr 1816 übernahm der Staat das Institut und machte es zur „Königlich-Sächsischen Forstakademie“.

Cotta und seine Mitstreiter verwirklichten im ganzen Königreich Sachsen eine flächendeckende Forsteinrichtung. Sie schätzten ein, wie lange es dauert, bis aus einem Keimling ein fertiger Baum gewachsen ist. Danach teilten sie die Fläche in Parzellen ein, von denen jedes Jahr eine abgeholzt wird. Wenn die letzte abgeerntet ist, ist auf der ersten theoretisch wieder die gleiche Anzahl Bäume nachgewachsen. Die Forstleute kümmerten sich um die Verjüngung – künstlich, indem sie säten und pflanzten. Oder natürlich, indem sie den Boden bearbeiteten und für starke Kronen und ausreichend Licht sorgten, damit sich die Bäume von selbst fortpflanzten. Dafür waren sie so berühmt, dass Studenten aus ganz Europa, aber auch aus Japan, China und Indien kamen. In den Jahren 1816 bis 1945 verließen nach Informationen der Hochschule 4507 Absolventen die Akademie. Etwa ein Drittel von ihnen kam aus dem Ausland.

So hinterließ Cotta, und damit indirekt auch Carlowitz, weltweit Spuren. Auch wenn Carlowitz den Begriff der Nachhaltigkeit wohl nicht erfunden hat

– er hat ihn bekanntgemacht und damit eine Entwicklung beschleunigt. Das Prinzip ist in der Forstwirtschaft längst Standard.

Wer heute von Nachhaltigkeit spricht, denkt meist nicht zuerst an den Wald. Aber der Gedanke von Carlowitz schwingt in dem Wort mit: nicht mehr Ressourcen zu entnehmen, als man wieder ins Ökosystem zurückgeben kann, nicht mehr Schadstoffe auszustoßen, als man einsparen kann. Carlowitz-Preisträger Hans Joachim Schellnhuber sagt: „Im Rausch der industriellen Revolution ist die Idee des nachhaltigen Wirtschaftens verloren gegangen." Heute formuliert er ein klares Ziel: Weg von den fossilen Brennstoffen. „Es wird wehtun, aus der sächsischen Braunkohle auszusteigen, aber wir werden es überleben." Den Carlowitz-Preis bekommt man nicht dafür, dass man Dinge sagt, die jedem gefallen. Und Hans Joachim Schellnhuber hat mit dem Oberberghauptmann bestimmt mehr gemeinsam als den Vornamen. Auch für ihn spielt der Rohstoff aus den Wäldern eine Rolle: „Wir müssen wieder mit Holz bauen." Nicht nur, weil Stahlbeton klimaschädlich sei; bei der Herstellung muss unter anderem Kalk gebrannt werden. Sondern auch, weil Holz Kohlenstoffdioxid bindet. Schellnhuber erinnert daran, dass Kohle, Öl und Gas aus urzeitlichen Wäldern entstanden sind: „Wenn wir den unterirdischen Wald abholzen, müssen wir den oberirdischen Wald wieder aufforsten."

Weiterlesen? Den Gelehrten Adam Ries lernen Sie im Kapitel „Adam im Alltag" ab Seite 144 näher kennen.

Information:

Tharandter Wald: Das Naherholungsgebiet umfasst etwa 200 Kilometer ausgeschilderte Wanderwege. An der „Diebeskammer" des Räuberhauptmanns Lips Tullian, der um 1700 in der Gegend zu Gange gewesen sein soll, soll sich der Mittelpunkt Sachsens befinden. Für Familien sind besonders die leicht begehbaren Erlebnispfade bei Grillenburg zu empfehlen, mit Abenteuerpfad entlang eines Baches, Sinnespfad und Holzweg (hin und zurück etwa 2,5 Kilometer). www.sachsen-tourismus.de/reisethemen/aktiv/wandern/details/tour/Walderlebnis-Grillenburg Forstbotanischer Garten: Eine der größten wissenschaftlichen Gehölzsammlungen der Welt mit rund 3200 verschiedenen Arten. Der Garten liegt beiderseits der Freiberger Straße und ist vom Bahnhof oder den Parkplätzen zu Fuß erreichbar. Sein westlicher Teil ist auch für Kinderwagen und Rollstuhlfahrer geeignet. Ausstellung, Café, Veranstaltungen und Startpunkt für die Walderlebniswerkstatt im Schweizerhaus, Am Forstgarten 1, nahe Eingang Tharandt im Norden des östlichen Teils. Geöffnet ist der Forstbotanische Garten von April bis Oktober, montags bis donnerstags, am Wochenende und an Feiertagen von 8 bis 17 Uhr. Der Eintritt ist frei, eine Spende wird erbeten. www.info.forstpark.de.

HERZLICHEN DANK

Viele Menschen haben zum Entstehen dieses Buchs beigetragen. Sie haben uns Orte gezeigt, die wir sonst nie kennen gelernt hätten. Sie haben mit uns ihre Erinnerungen und ihr Wissen geteilt, uns mit wertvollen Anmerkungen zum Manuskript weitergeholfen. Allen, die uns unterstützt haben, möchten wir herzlich danken.

Nicht möglich wäre dieses Buch ohne die vielen Fotos und Abbildungen. Danke allen, die uns damit unterstützt haben. Unser innigster Dank gilt allen Gesprächspartnern, die in den Kapiteln zu Wort kommen, die die Texte gelesen haben, die uns dabei halfen, dass wir uns nicht in Fallstricken verheddern. Sie mögen uns verzeihen, hier nicht noch einmal im Einzelnen genannt zu werden. Es ist ihr Wissen, das diese Seiten füllt, es ist ihr Herzblut, ihr Engagement, dass dafür gesorgt hat, dass das Erzgebirge das ist, was es war, ist und sein wird. Unser besonderer Dank geht an Autorin Sabine Ebert, Thomas Maruschke vom Museum Huthaus Einigkeit in Brand-Erbisdorf, Sven Volkmann von der Oldtimer-Interessengruppe in Brand-Erbisdorf, die Bewohner des Abrahamschachts – Bernhard Wolf, Angela Ohnesorge und Mathias Weidenmüller mit ihren Partnern und Familien, Heimatforscher und Künstler Dieter Schräber, Markus Lehmann von der Saxonia Standortentwicklungs- und Verwaltungsgesellschaft, Roland Kowar von der Historischen Freiberger Berg- und Hüttenknappschaft, Martin Fischer von der Muldenhütten Recycling und Umwelttechnik GmbH, Lothar und Tobias Patzig von der Feinhütte Halsbrücke, Dieter Füsslein von der Sächsischen Hans-Carl-von-Carlowitz-Gesellschaft zur Förderung der Nachhaltigkeit, Undine Theml von der Stadtverwaltung Marienberg, Andrea Börner und Ulrich Reimann vom Museum Saigerhütte – Kupferhammer Olbernhau, Konrad Auerbach vom Erzgebirgischen Spielzeugmuseum Seiffen, Helmuth Albrecht, Helmut Mischo, Bernhard Jung und ihre Mitarbeiter von der TU Bergakademie Freiberg, Jens Kugler vom Oberbergamt Sachsen, Jan Horník, den Bürgermeister von Boží Dar, Ivan Cáder vom Verein Historische Erzgruben Kupferhübel in Měděnec, Michal Urban von der Montanregion Krušné hory – Erzgebirge gGmbH, Petr Rojík von der Bergbaugesellschaft Sokolovská uhelná, Sonja Hauschild vom Deutschen Uhrenmuseum Glashütte, Marion Vogler und ihre Kollegen und Schüler von der Uhrmacherschule Glashütte/Berufliches Schulzentrum „Otto Lilienthal" Freital -Dippoldiswalde, Tonio Schulze von den Schlossbetrieben Augustusburg/Scharfenstein/Lichtenwalde, den Autor und Geologen Bernd Lahl, Manuela Fischer von der Klöppelschule Barbara Uthmann in Annaberg-Buchholz, darüber hinaus Mike Haustein von der Nickelhütte Aue, Jana Hecker aus Aue, Helmut Stehlik vom Eisenwerk Erla, der Zeit für so viele Treffen fand, Angela Kugler-Kießling von der TU-Bibliothek Freiberg, den Freiberger Historiker Uwe Richter. Bei der Recherche halfen obendrein die Mitarbeiter des Erzgebirgsmuseums in Annaberg wie der Wirtschaftsförderung Erzgebirge, die sich um das Management der Montanregion kümmert. Ein ganz besonderer Dank gilt auch an Christiane Hemker von Landesamt für Archäologie in Dresden und allen Mitarbeitern des Archaeo-Montan-Teams. Nicht nur für die Hilfe, sondern mindestens ebenso für die Inspiration, für die Anregungen, fürs Kennenlernen. Volkmar Müller vom Bergbauverein Schneeberg sticht unter seinesgleichen noch heraus. Nicht nur, dass er standesgemäß im Huthaus wohnt, sein Einsatz für die Hinterlassenschaften der Altvorderen sucht seines gleichen. Nicht minder der Freiberger Rainer Sennewald, der in einer kleinen Wohnung in einem Wohngebiet am Rande Freibergs ein Archiv unterhält mit einer Stichwortsuche für tausende wissenschaftliche Aufsätzen. Und dann war da noch Heide Hönig vom Landesamt für Archäologie, ohne deren mutiges Zureden Franks Höhenangst beim Einstieg in die Untertagewelt von Dippoldiswalde fast die Oberhand behalten hätte. Aber zum Glück eben nur fast. Der Verlag dankt sehr dem Grafiker Ingolf Höhl für viele Ideen und viel Geduld bei der Gestaltung dieses Buches.

QUELLEN

Altmann, Götz: Carl Gotthilf Nestler : Landwirt, Vieh- und Getreidehändler, Landfuhrmann, Eisenhüttenbesitzer, Techniker in der ersten Hälfte des 19. Jahrhunderts. In: Sächsische Heimatblätter : Zeitschrift für sächsische Geschichte, Denkmalpflege, Natur und Umwelt. Dresden, Band 59 (2013), Seite 192-199. **Altmann, Götz:** Erzgebirgisches Eisen. Geschichte-Technik-Volkskultur. Dresden 1999. **Autorenkollektiv:** 800 Jahre Freiberger Bergbau. In: Freiberger Forschungshefte D 70, Freiberg, Reprint 2004. **Barth, Konrad:** Alles hat(te) seine Zeit. Vom Tal des Todes zum Radiumheilbad. Private Veröffentlichung, Bad Schlema 2014. **Blaschke, Karlheinz:** Otto der Reiche, Markgraf von Meißen. In: Neue Deutsche Biographie. Band 19. Berlin 1999 **Blechschmidt, Manfred:** 600 Jahre Eisen in Erla. Vom Erlahammer zum volkseigenen Eisenwerk. in: Rat der Gemeinde Erla (Hg.): Zwischen Magnetenberg und Schwarzwasser. Acht Jahrhunderte Erla und Crandorf. Erla 1989 **Delau, Richard:** Der Fürstenzug zu Dresden. Dresden 2006. **Ebert, Martin:** Das Schwerste ist immer der Anfang. Bad Schlema 1998 **Ebert, Sabine und Gunther Galinsky:** Silbermanns Erben. Ansichten. Geschichten. Anekdoten. Leipzig 2003 **Ebert, Sabine:** Das Geheimnis der Hebamme, München 2006. **Ebert, Sabine:** Der Fluch der Hebamme, München 2010. **Ebert, Sabine:** Der Traum der Hebamme, München 2011. **Ebert, Sabine:** Die Entscheidung der Hebamme, München 2008. **Ebert, Sabine:** Die Spur der Hebamme, München 2008. **Ermisch, Hubert:** Urkundenbuch der Stadt Freiberg in Sachsen. Band 1. Leipzig 1883. **Finck, Emil:** Bericht über den Frohnauer Hammer an die Königliche Kommission zur Erhaltung der Kunstdenkmäler. In: Dokumente zur Geschichte des Frohnauer Hammers. Heft 1. Bearbeitet von Bernd Schreiter. **Förderverein Drei Brüder Schacht:** Die saubere Kraft. Das Kavernenkraftwerk im Freiberger Drei-Brüder-Schacht. DVD, Kreischa, ohne Jahresangabe. **Freiberger Forschungshefte:** Bergbau und Bergleute Neue Beiträge zur Geschichte des Bergbaus und der Geologie. Berlin 1955 **Galinksi, Gunther:** Kavernenkraftwerk Drei-Brüder-Schacht. Geschichte und Überlegungen zur Rekonstruktion. 2. Auflage, Freiberg 2001. **Gebhardt, Rainer (Hrsg.):** Die Annaberger Brotordnung von Adam Ries. Annaberg-Buchholz 2004. **Grober, Ulrich:** Die Entdeckung der Nachhaltigkeit, München 2010. **Haslinger, Josef:** Jáchymov, Frankfurt a.M. 2011. **Haustein, Mike:** Das Erbe des Blaufarbenwerks. Impressionen aus 375 Jahren Geschichte der Nickelhütte Aue. Aue 2010. **Heilfurth, Gerhard:** Bergmannslied. Sonderdruck aus Handbuch des Volkslieds, Band I: Die Gattungen des Volkslieds. **Hoffmann, Yves und Uwe Richter (Hrsg.):** Die Frühgeschichte Freibergs im überregionalen Vergleich. Halle 2013. **Hoffmann, Yves und Uwe Richter (Hrsg.):** Entstehung und Blüte der Stadt Freiberg. Halle 2012. **Hösl, Dietmar:** Der Schlüssel zum besonderen Klang. Eine Hommage an Gottfried Silbermann. DVD. Freiberg 2013. **Institut für Industriearchäologie, Wissenschafts- und Technikgeschichte der TU Bergakademie Freiberg:** Umsetzungsstudie Aktive Revierwasserlaufanstalt Freiberg. Freiberg 2013. **Kabel TV Marketing GmbH:** Entlang des Rothschönberger Stollns. DVD, Brand-Erbisdorf 2012. **Keller, Dietmar:** Die Entwicklung der Hütte nach dem Ersten Weltkrieg. In: Thiel, Ulrich/Gemeinde Halsbrücke (Hrsg.): Halsbrücke. Zur Geschichte von Gemeinde, Bergbau und Hütten. Halsbrücke 2012. **Kolmschlag, Franz-Peter/Muldenhütten Recycling und Umwelttechnik GmbH:** Sieben Jahrhunderte Hüttenstandort Muldenhütten, Freiberg 2010. **Kowar, Roland:** Die Hütte Halsbrücke von ihrer Gründung 1612 bis zum Ersten Weltkrieg. In: Thiel, Ulrich/Gemeinde Halsbrücke (Hrsg.): Halsbrücke. Zur Geschichte von Gemeinde, Bergbau und Hütten. Halsbrücke 2012. **Kramarczyk, Andrea:** Ottilia Arnold (um 1485-1557) und ihre Familie. Eine Spurensuche zur Mutter Barbara Uthmanns. In: Andrea Geldmacher/Katja Margarethe Mieth/Elvira Werner (Hrsg.): Barbara Uthmann 1514-1575. Eine erzgebirgische Unternehmerin im mitteleuropäischen Kontext. Dokumentation der Fachtagung der Sächsischen Landesstelle für Museumswesen in Annaberg-Buchholz 2014, Dresden 2017. **Kratzsch, Klaus:** Marienberg – eine Idealstadt der Renaissance. In: Freiberger Altertumsverein: Herzog Heinrich der Fromme (1473-1541), Beucha 2007. **Kroker, Evelyn und Michael Farrenkopf:** Grubenunglücke im deutschsprachigen Raum. Katalog der Bergwerke Opfer Ursachen und Quellen. 2., überarbeitete Auflage. Bochum 1999. **Krüger, Malte:** Der Luxus-Automobilbau der Elite-Werke in Brand-Erbisdorf. In: Regionale Wirtschaftsgeschichte. Die Geschichte der Verwaltung in Sachsen und der Region Freiberg; Andreas-Möller-Geschichtspreis 2006 und 2007, Freiberg 2008. **Kugler, Jens:** Die Geschichte des Bergbaus von St. Joachimsthal (Jáchymov). In: 8. Internationaler Bergbauworkshop 2005/Sankt Andreasberger Verein für Geschichte und Altertumskunde e.V., Sankt Andreasberg 2005. **Kugler, Jens:** Die Geschichte des Bergbaus von St. Joachimsthal (Jáchymov). In: 8. Internationaler Bergbauworkshop 2005/Sankt Andreasberger Verein für Geschichte und Altertumskunde e.V., Sankt Andreasberg 2005. **Lahl, Bernd:** Barbara Uthmann. Ihr Leben, ihre Stadt und ihre Zeit, Chemnitz 2014. **Lahl, Bernd:** Neue Forschungsergebnisse zu Barbara Uthmann. In: Andrea Geldmacher/Katja Margarethe Mieth/Elvira Werner (Hrsg.): Barbara Uthmann 1514-1575. Eine erzgebirgische Unternehmerin im mitteleuropäischen Kontext. Dokumentation der Fachtagung der Sächsischen Landesstelle für Museumswesen in Annaberg-Buchholz 2014, Dresden 2017. **Landesamt für Umwelt, Landwirtschaft und Geologie (Hrsg.):** Die Zinnerz-Lagerstätte Altenberg/Osterzgebirge. Bergbau in Sachsen Band 9. Dresden 2011 **Landestalsperrenverwaltung des Freistaats Sachsen:** Staumeisterei Revierwasserlaufanstalt Freiberg. Auf: https://www.smul.sachsen.de/ltv/13778.htm. Abgerufen am 30. Mai 2018 **Lummer, Stefan:** 300 Jahre BKK. In: BKK Dachverband eV. (Hrsg.): Betriebskrankenkassen. Magazin des BKK Dachverbands. Heft 4/2017, Seite 42 ff. **Matejková, Eva:** Das Titelblatt aus dem Kuttenberger Kanzionale und das Einzelblatt aus der Werkstatt des Meisters Mathaeus „Illuminator“ - Neue Ergebnisse zur Frühzeit des Kuttenberger Montanwesens. In: Der Anschnitt, 63. Jahrgang, Heft 6/2011, Seite 207-222. **Meinel, Frank:** Die Ereignisse um die Zerstörung der St. Wolfgangskirche am 19. April 1945,

Vortrag vom 7. Mai 2015, Sonderdruck des Schneeberger Stadtanzeigers. **Meißner, Gabriele und Angela Kugler-Kießling:** Zwischen Herd und Haspel, Frauen im Bergbau. In: Bibliotheken - Archive - Museen - Sammlungen : Beiträge des 10. Internationalen Symposiums „Kulturelles Erbe in den Geo- und Montanwissenschaften" Halle, 2010, Seite 9-23. **Meißner, Gabriele:** Frauen im Bergbau hat es nie gegeben? Teil 1: Über Freiwilligkeit und Zwang im Bergbau der SBZ/DDR 1945-1950. In: Der Anschnitt, Heft 3/2013, Seite 105-111. **Müller, Werner:** Gottfried Silbermann. Persönlichkeit und Werk. Leipzig 1982. **Naumann, Friedrich:** Georgius Agricola. Berggelehrter, Naturforscher, Humanist, Erfurt 2007. **Naumann. Friedrich:** Aufbruch zu neuen Technologien im Berg und Hüttenwesen des 16. Jahrhunderts. Chemnitz 2015. **Neef, Anna:** 50 Jahre Bergsicherung Schneeberg. Freiberg 2007. **Nicklaus, Jörg:** Emil Finck – Mitbegründer des Annaberger Altertums- und Erzgebirgsmuseums. In: Erzgebirgische Heimatblätter 2/2010. **Oeser, Hannelore:** Kleine Chronik großer Meister: Erzgebirger, auf die wir stolz sind, Aue 2003. **Pätzold, Stefan:** Die frühen Wettiner. Adelsfamilie und Hausüberlieferung bis 1221. Köln, Weimar, Wien 1997. **Pforr, Herbert:** Der Freiberger Stadtphysikus Ulrich Rülein von Calw (1465-1523) als Wegbereiter der Bergbauwissenschaften und als Vorläufer von Georgius Agricola (1494-1555). In: Wolfram Kaiser/Arina Völker: Montanmedizin und Bergbauwissenschaften. Hallesches Symposium 1986, Halle 1987. **Postberg, Christian:** Macht und Geld: Über die gesellschaftliche Bedeutung monetärer Verfassungen. Frankfurt, New York 2013. **Hans Prescher und Gerhard Mathé (Hrsg.):** Georgius Agricola: Ausgewählte Werke. Kommentierte Gesamtausgabe, Deutscher Verlag der Wissenschaften Berlin, Hüthig Verlagsgemeinschaft Heidelberg-Berlin, 1956-1996. **Richter, Uwe und Wolfgang Schwabenicky:** Der Beginn des Freiberger Bergbaus, die Grenzbeschreibung des Klosters Altzelle und die Entstehung der Stadt Freiberg. In: Rainer Aurig, Reinhardt Butz, Ingolf Gräßler, André Thieme (Hrsg.): Burg – Straße –Siedlung – Herrschaft. Studien zum Mittelalter in Sachsen und Mitteldeutschland. Festschrift für Gerhard Billig zum 80. Geburtstag. Beucha 2007, Seite 311–330. **Rössing, Roger:** Wahre Geschichten um Gottfried Silbermann. Taucha, 2000. **Rühlicke, Dietrich:** Der Hüttenstandort Halsbrücke im Zeitraum von 1961 bis 2012. In: Thiel, Ulrich/Gemeinde Halsbrücke (Hrsg.): Halsbrücke. Zur Geschichte von Gemeinde, Bergbau und Hütten. Halsbrücke 2012. **Sachs, Liane:** „Weder vor die Hitz noch vor die Kält sondern bloß zur Hoffahrt". Frühe Klöppelspitzen im Bestand der Kunstsammlungen Chemnitz mit Anmerkungen zum Spitzenklöppeln des Erzgebirges. In: Andrea Geldmacher/Katja Margarethe Mieth/Elvira Werner (Hrsg.): Barbara Uthmann 1514-1575. Eine erzgebirgische Unternehmerin im mitteleuropäischen Kontext. Dokumentation der Fachtagung der Sächsischen Landesstelle für Museumswesen in Annaberg-Buchholz 2014, Dresden 2017. **Sächsisches Ministerium für Wissenschaft und Kunst:** Kultur Land Sachsen. Dresden 2017. **Sandner, Ingo:** Hans Hesse, Maler der Spätgotik. Dresden 1983. **Schellhaas, Walter:** Der Rechenmeister Adam Ries und der Bergbau. Freiberg 1977. **Scholz, Joachim:** Die Muldner Hütten bei Freiberg. Teil 1 – Überblick über mehr als 600 Jahre Hüttengeschichte. In: Mitteilungen des Freiberger Altertumsvereins, 76 (1995). **Scholz, Joachim:** Die Muldner Hütten bei Freiberg. Teil 2 – Überblick über mehr als 600 Jahre Hüttengeschichte. In: Mitteilungen des Freiberger Altertumsvereins, 77 (1996). **Scholz, Joachim:** Die Muldner Hütten bei Freiberg. Teil 3 – Überblick über mehr als 600 Jahre Hüttengeschichte. In: Mitteilungen des Freiberger Altertumsvereins, 80 (1998). **Schräber, Dieter:** Der Abraham Schacht der Himmelfahrt Fundgrube zu Freiberg – eine große Schachtanlage des erzgebirgischen Silberbergbaus im 18. und 19. Jahrhundert. In: Bergbau. Zeitschrift für Rohstoffgewinnung, Energie, Umwelt. Offizielles Organ des RDB e.V. Ring Deutscher Bergingenieure, 64 (2013), Heft 10. **Schreiter, Bernd:** Das Heimatbuch vom Frohnauer Hammer. Arnsfeld 2016. **Schwengeler, Christoph A.:** Adam Ries der Rechenmeister. Eine Bildergeschichte. Annaberg-Buchholz 2012. **Sennewald, Rainer:** Die Uthmanns und ihre Montanunternehmen in einem mitteleuropäisch geprägten Wirtschaftsraum. In: Andrea Geldmacher/Katja Margarethe Mieth/Elvira Werner (Hrsg.): Barbara Uthmann 1514-1575. Eine erzgebirgische Unternehmerin im mitteleuropäischen Kontext. Dokumentation der Fachtagung der Sächsischen Landesstelle für Museumswesen in Annaberg-Buchholz 2014, Dresden 2017. **Smolnik, Regina, Sächsisches Landesamt für Archäologie:** Silberrausch und Berggeschrey. Archäologie des mittelalterlichen Bergbaus in Sachsen und Böhmen. 2. Auflage, Dresden 2016. **Thieme, André:** Zur Frühgeschichte von Altzelle und Freiberg. In: Neues Archiv für sächsische Geschichte. 74/75 (2004), Seite 383-390. **TU Bergakademie Freiberg, Institut für Industriearchäologie, Wissenschafts- und Technikgeschichte:** Unser Welterbe. Die montane Kulturlandschaft Erzgebirge/Krusnohori. Freiberg 2017. **Ulbricht, Sabine:** Fürstinnen in der sächsischen Geschichte. 1382-1622, Markkleeberg 2010. **Unger, Reinhart:** Barbara Uthmann und andere Verlegerinnen in Annaberg. In: Andrea Geldmacher/Katja Margarethe Mieth/Elvira Werner (Hrsg.): Barbara Uthmann 1514-1575. Eine erzgebirgische Unternehmerin im mitteleuropäischen Kontext. Dokumentation der Fachtagung der Sächsischen Landesstelle für Museumswesen in Annaberg-Buchholz 2014, Dresden 2017. **Vogel, Rolf:** Das Lugau-Oelsnitzer Steinkohlenrevier. Oelsnitz Voigtmann, Joachim/Sächsische Landesstelle für Museumswesen/ Stadt Olbernhau: Saigerhütte Olbernhau/Grünthal und Technisches Museum Kupferhammer, Chemnitz 2004. **Werner, Elvira:** Barbara-Uthmann-Rezeption in der Regionalkultur. In: Andrea Geldmacher/ Katja Margarethe Mieth/Elvira Werner (Hrsg.): Barbara Uthmann 1514-1575. Eine erzgebirgische Unternehmerin im mitteleuropäischen Kontext. Dokumentation der Fachtagung der Sächsischen Landesstelle für Museumswesen in Annaberg-Buchholz 2014, Dresden 2017. **Wetzel, Michael:** Nachbarschaft zwischen Vorbildfunktion und Konkurrenz – Die erzgebirgische Städtelandschaft im Zeitalter Barbara Uthmanns. In: Andrea Geldmacher/Katja Margarethe Mieth/ Elvira Werner (Hrsg.): Barbara Uthmann 1514-1575. Eine erzgebirgische Unternehmerin im mitteleuropäischen Kontext. Dokumentation der Fachtagung der Sächsischen Landesstelle für Museumswesen in Annaberg-Buchholz 2014, Dresden 2017. **Wismut GmbH:** Die Chronik der Wismut. CDROM

IMPRESSUM

Bergbau – Erde – Mensch
Welterbe mit Erz und Seele

von Frank Hommel und Eva-Maria Hommel

1. Auflage, 2019

Layout/Satz: Colormat | Grafisches Büro
Gesamtherstellung: Westermann Druck Zwickau GmbH
Titelbild: Wikipedia, Landesamt für Archäologie Dippoldiswalde

www.chemnitzer-verlag.de

ISBN 978-3-944509-63-1